U0284044

坝基混凝土损伤识别
与防控技术

王勇　张建伟　李海峰　张翌娜　著

中国水利水电出版社
www.waterpub.com.cn
·北京·

内 容 提 要

坝基软弱面及层间结合面均为易发生损伤的关键部位，在大型水利工程建设过程中，复杂工况下的坝工混凝土结构软弱面的损伤识别和防控问题一直是工程界和学术界关注的重点和难点。本书结合具体工程，从坝基面混凝土断裂损伤原位大尺度试验及碾压混凝土层间断裂损伤原位大尺度试验入手，结合精细化数值仿真技术，探究混凝土软弱面的断裂损伤演变规律；采用声波、地质雷达、动力学等多角度对损伤进行识别，融合温控、灌浆、信息技术等方法对坝基混凝土损伤进行预防、控制与监测，取得一系列具有实用价值的研究成果。

本书可供水利水电工程设计人员、技术人员和管理人员阅读，也可作为高校相关专业师生的参考书。

图书在版编目（ＣＩＰ）数据

坝基混凝土损伤识别与防控技术 ／ 王勇等著. -- 北京 ： 中国水利水电出版社，2022.12
ISBN 978-7-5226-1259-1

Ⅰ．①坝… Ⅱ．①王… Ⅲ．①坝基－混凝土－损伤（力学）－研究 Ⅳ．①TV64

中国国家版本馆CIP数据核字(2023)第004962号

书 名	坝基混凝土损伤识别与防控技术 BAJI HUNNINGTU SUNSHANG SHIBIE YU FANGKONG JISHU
作 者	王 勇 张建伟 李海峰 张翌娜 著
出版发行	中国水利水电出版社 （北京市海淀区玉渊潭南路 1 号 D 座　100038） 网址：www.waterpub.com.cn E-mail：sales@mwr.gov.cn 电话：（010）68545888（营销中心）
经 售	北京科水图书销售有限公司 电话：（010）68545874、63202643 全国各地新华书店和相关出版物销售网点
排 版	中国水利水电出版社微机排版中心
印 刷	北京中献拓方科技发展有限公司
规 格	184mm×260mm　16 开本　16.25 印张　274 千字
版 次	2022 年 12 月第 1 版　2022 年 12 月第 1 次印刷
定 价	**138.00 元**

凡购买我社图书，如有缺页、倒页、脱页的，本社营销中心负责调换

版权所有·侵权必究

前言
FOREWORD

我国是世界上水资源最丰富的国家之一。随着国民经济的发展，国家对水利工程等基础设施建设投入力度也不断增加。大型水利工程在农业灌溉、水力发电等领域为提高人民生活水平和促进社会经济发展起着重要作用。

混凝土重力坝具有结构荷载作用清晰、设计简单，较强的适应性，便于机械化快速施工等特点，广泛应用于国内外大型水利工程建设中。大型水利工程的建设极大地促进了我国经济的蓬勃发展，给人们的生产生活带来极大的便利。

坝工结构的安全至关重要。水工结构软弱面处易于形成裂缝，在高压水的作用下，缝面内水压随着裂缝的开裂扩展及水深的增大而增大，对大坝稳定产生影响；同时裂缝扩展到一定范围将影响大坝的安全运行，最终造成坝体的失稳。对我国已建成的大坝监测资料显示，部分混凝土大坝都不同程度地产生了裂缝。水工结构软弱面开裂是导致大坝失事的主要原因之一。裂缝的存在削弱了结构系统的承载能力，也极大地威胁大坝的安全使用。因此，开展水工结构软弱面混凝土损伤识别与防控技术研究十分必要，其研究内容和技术理论可以为水工结构的设计和安全运行提供技术支持和有效指导，也可为类似工程的维护和安全防控提供借鉴参考。

本书系统介绍了作者所在团队近年来关于水工结构坝基面混凝土损伤识别与防控技术方面的最新成果。全书共7章：第1章绪论，总体介绍了水工结构在损伤识别及安全防控方面的研究成果及发展方向；第2章坝基混凝土断裂损伤原位大尺度试验研究；第3章碾压混凝土层间断裂损伤原位大尺度试验研究；第4章坝基混凝土断裂损伤机理研究；第5章水工结构混凝土损伤识别技术与应用；第6章水工混凝土结构损伤防控与监测技术研究；第 7 章结论，对全书研究内容进行了总结。

本书是在广州市基础研究计划（NO.202002030467）研究成果的基础上，由珠江水利委员会珠江水利科学研究院王勇、李海峰，华北水利水电大学张建伟，黄河水利职业技术学院张翌娜共同撰写完成的。华北水利水电大学曹克磊、江琦、王文轩、刘佳冰、李香瑞，珠江水利委员会珠江水利科学研究院吴光军、李伟挺等参与了本书的撰写。在本书撰写过程中，中国水利水电第八工程局有限公司科研设计院和广西壮族自治区巴马瑶族自治县水利局的有关领导给予了大力支持，在此一并表示感谢！

由于作者水平有限，难免存在疏漏、不妥或错误之处，恳请广大读者批评指正。

作者

2022 年 12 月

目录
CONTENTS

第1章 绪　　论

1.1　研究背景及意义

大坝、水电站厂房等水工建筑物一般直接浇筑在岩基面上，浇筑的混凝土与岩基成为整体结构，二者之间所形成的胶结面是两种力学性质不同材料的分界面或不连续面。混凝土与岩石具有非均质性与各向异性等属性，其接触面为容易发生断裂损伤现象的水工结构软弱面。碾压混凝土坝不同于普通现浇混凝土坝，它是由每层铺筑定量混凝土碾压而成，若层间结合差，抗剪强度低，则层间结合面也容易成为影响坝体安全的水工结构软弱面。

混凝土重力坝因其结构荷载作用清晰、设计简单，便于机械化快速施工等特点，在国内外大型水利工程建设中得到广泛应用。但是由于其自重大，对地基承载力的要求较高，地震、渗流作用、软弱岩层以及基岩变异等因素均会使水工结构软弱面混凝土产生断裂损伤，给大坝带来严重安全隐患，影响大坝运行安全。据统计，全世界失事的大坝总数多达 15 万座，而在众多的失事原因中，坝基失稳破坏是最主要的原因之一，因坝基面产生断裂损伤导致坝体失稳造成的事故约占 40%。

此外，运行中的大坝不仅承受着巨大的水压力和温度等环境荷载，甚至还会受到地震荷载的冲击，工作条件十分复杂；同时由于筑坝材料性能、施工过程中的人为扰动等因素的影响，随着时间推移，大坝还存在不同程度的老化、损伤和裂缝等问题。这些已经产生的损伤或缺陷若不能及时地被诊断识别并采取措施，将会时刻影响水工结构的安全运行，严重情况下将会产生大坝溃决等灾难性事故。例如法国 Malpasset 坝垮坝、美国 Teton 土坝溃决等均造成了非常严重的后果。

随着大型水利工程建设逐步完善，各国水利水电开发程度已经达到很高的

水平；同时，21 世纪将是"老坝加固""病坝除险"的高峰期，研究重点将逐渐转移到水工结构的损伤诊断与风险预测等领域。截至目前，我国已建成水电站大坝 150 余座，虽未发生过重大坝体垮塌事故，但由于工程完工时间不同，部分水工结构工程已经产生不同程度的损伤，甚至有些已存在局部破损等安全隐患，安全现状不容乐观。如果这些水工结构的损伤和隐患不能及时进行诊断识别和安全防控，轻则影响结构设计功能的正常发挥，重则可能造成坝溃厂毁，殃及下游，给人民的生命财产、国民经济建设乃至生态环境和社会稳定都将带来极大的灾难。因此对水工结构进行的损伤识别和安全防控研究具有必要且长远的意义。

1.2　国内外研究现状

1.2.1　混凝土断裂损伤

1.2.1.1　混凝土结构断裂力学研究现状

自 20 世纪 60 年代以来，国内外学者对混凝土结构断裂损伤方面的数值模拟开展持续研究，早期应用有限元方法为主，如 Ngo D 和 Scordelis A C 最早提出分离裂纹模型并分析了预设裂缝的钢筋混凝土梁，模拟了裂缝开裂的整个过程；Babuska I 等系统归纳了自适应网格方案……这些改进工作解决了分离裂纹模型需要预知裂纹位置的问题，在混凝土二维裂纹扩展的应用中取得一定的成功，但无法解决复杂的三维问题或多条裂纹。弥散裂纹模型采用将裂纹均匀分布到单元内部，通过改变混凝土材料本构矩阵来反映裂纹对混凝土结构整体力学行为的影响，由于该方法不需要预设裂纹也无需重新划分网格，具有较强的适用性。如 ANSYS、ABAQUS 等有限元分析软件均包含这种裂纹模型。因此，该模型被广泛运用在混凝土结构的数值模拟中。值得注意的是，这种裂纹模型难以反映实际裂纹的形态特征，因此无法区分不同的破坏模式。随后在前者基础上衍生出一些使用较为广泛的混凝土裂纹模型，如虚拟裂纹模型、内聚带模型和钝带裂纹模型等。尽管这些基于有限元的裂纹模型可以很大程度改善有限元处理裂纹问题的能力，并在各自的适用领域内取得一定的应用成果，但是由于有限元难以突破变形协调和连续性条件的限制，因此这些模型在求解过程依然受网格畸变、沙漏模态等问题的困扰，也难以描述裂纹具体形态和结构破坏模式。

Belytschko T 等在散射单元法基础上提出无网格伽辽金方法并采用该方法处理裂纹扩展问题，随后各种无网格方法开始被广泛运用于工程中求解各种裂纹扩展问题。袁振等采用无网格法模拟金属板的复合型疲劳裂纹的扩展，计算了 J 积分和应力强度因子 $K\,\mathrm{I}$ 和 $K\,\mathrm{II}$，按照最大周向应力理论获得了裂纹扩展偏斜角；陆新征等将钢筋混凝土梁中的裂纹分为微观裂纹和宏观裂纹，使用传统的弥散裂纹模型模拟微观裂纹，用无网格伽辽金方法分析宏观裂纹。无网格方法克服了以往有限元方法对网格的依赖，在处理网格畸变问题具有很大优势，可以高效率高精度处理有限元法难以处理的问题，然而该方法在模拟裂纹时通常需要借助断裂力学准则，如应力强度因子准则，能量释放率准则等，因此模拟多条裂纹扩展及裂纹分叉时也容易受限。

扩展有限元方法是另一种较为有效的模拟断裂方法，由 Belytschko T 等于 20 世纪 90 年代末提出。该方法主要结合了单元分解、水平集函数等断裂力学方面的理论，可以允许裂纹穿透单元向前扩展，经过多年发展已经可以实现对所有弱不连续问题（夹杂界面、孔洞）的解决。Unger J F 等把扩展有限元和自适应网格技术结合用于分析混凝土裂纹扩展。杜效鹄等结合扩展有限元和虚拟裂纹模型，研究了混凝土重力坝的开裂问题。张晓东等基于扩展有限元研究了预制裂纹混凝土板在单向拉伸作用下的裂纹扩展问题。茹忠亮等基于扩展有限元分别对素混凝土梁和钢筋混凝土梁的复合断裂过程进行模拟，分析了纵向钢筋对裂纹扩展路径的影响。扩展有限元方法的研究起步较晚，在混凝土结构中的应用多限于线弹性开裂问题，忽略材料非线性对结果的影响，且难以考虑裂纹闭合后刚度恢复，同时也存在开裂准则需要参数多，难以模拟多裂纹扩展交叉问题。

1.2.1.2 混凝土结构损伤力学研究现状

混凝土损伤是指混凝土在使用过程中因荷载、湿度、温度、周围介质等的作用，使混凝土的微细结构发生变化而形成微缺陷，微缺陷经孕育、扩展和汇合，逐渐导致混凝土力学性能的降低，最终造成混凝土的破坏。从连续介质力学的观点来看，混凝土损伤又被认为是混凝土内部微细结构发生的一种不可逆的、逐渐耗能的演变过程。

　　1976 年 Dougill J. W. 最早将损伤力学用于混凝土，他认为混凝土的非线性是由渐进损伤发展所引起的刚度衰减而造成的。1983 年李灝、黄克智等将损伤力学引入我国，推动了损伤力学的发展。由于混凝土是一种含有初始缺陷的多相复合材料，外力作用以前就会有初始损伤存在。受力后，其内部沿着骨料界面产生许多微裂纹，其开裂面大体上同最大拉应变或拉应力垂直，裂纹主要是沿着骨料界面发展，使混凝土的应力-应变曲线出现"应变软化"效应。因此，混凝土的损伤是一个连续的过程，在很小的应力应变下就已发生，随着荷载的增加损伤不断累积，直至破坏。基于对混凝土破坏机理和力学性质的深入研究，许多学者认为损伤理论比较适合于混凝土的研究。

　　典型的混凝土损伤模型有各向同性弹性损伤模型，如 Loland 损伤模型、分段线性损伤模型、分段曲线损伤模型、双线性损伤模型、幂函数损伤模型等。这些模型是以单轴试验所得到的应力-应变曲线为基础采用应变等价原理建立的。Loland 损伤模型认为在混凝土受到轴向拉伸作用时，当应变小于峰值应力所对应的应变时，几乎在整个试件长度内都会产生微裂纹；当应变大于峰值应力所对应的应变时，主要在破坏区内开裂。Mazars 损伤模型认为在单轴拉伸峰值应力前，应力-应变为线性关系，材料无损伤或初始损伤不扩展；应力大于峰值应力后，应力-应变为曲线关系。Mazarsi 损伤模型还可以推广到两向或三向应力状态下应用。为了体现混凝土损伤的各向异性，又出现了一些以能量等价原理为基础的各向异性损伤模型，该类模型中损伤变量为一矢量，如 Sidoroff 损伤模型、正交各向异性损伤模型等。其中 Sidoroff 损伤模型将损伤与弹性耦合，在能量等价原理的基础上，导出了损伤能量释放率和应力与应变的关系，提出损伤面的概念，并认为损伤发生在损伤面上。Krajcinovic 损伤模型认为随着损伤的发展，混凝土塑性变形往往很小，故将其视为理想脆性材料，并假设损伤演变的速度方向垂直于损伤面。刘华等将 Mazars 损伤理论与拉伸破坏准则相结合，以应变阈值作为损伤判据，建立了损伤、开裂、破坏统一本构方程。徐道远等在幂函数损伤模型的基础上，考虑温度荷载的特点并引入拉、压损伤等价系数对混凝土坝体损伤进行了仿真计算。唐雪松等采用弹性各向异性损伤模型对从旧桥上拆下的两根钢筋混凝土拱肋的破坏过程进行了数值模拟，所得的基于损伤理论的计算结果在加载后期至失效阶段明显优于线弹性理论的结果。杜荣强等利用考虑多轴拉、压损伤破坏准则的各向异性弹塑性损伤模型模拟了混凝土多轴状态下的损伤破坏，分析了损伤变量、塑性和有效主应力的影响。

损伤是一个复杂而广泛的概念，对损伤指标分类是困难的，通常可从问题层次、损伤指标物理意义等角度进行分类。

（1）从问题层次角度可以分为：

1）基于材料层次。

2）基于构件层次。

3）结构整体层次。结构整体层次上的损伤指标又可分为两类：①构件损伤乘以加权系数合成的结构损伤，即加权组合法；②结构受损前后的特征值变化模型，即整体模型。

此外，有学者提出基于结构层损伤加权组合的结构层综合模型，可以认为介于两者之间的损伤指标。

（2）从损伤指标物理意义分为：

1）基于结构变形的指标，如最大层间位移。

2）基于结构模态参数的指标。

3）基于结构刚度的指标。

4）基于结构变形与能量的指标。

1.2.2 水工结构损伤识别

结构的损伤识别开始于 20 世纪 60 年代的航空航天领域，进而研究出了一系列的无损识别技术。土木工程领域学者于 70 年代尝试将无损识别技术应用到土木工程结构损伤识别，并积极开展这方面的研究工作。目前结构损伤检测技术分为传统损伤识别技术和基于动力参数的损伤识别技术两大类。传统损伤识别技术也称为局部损伤识别技术，以是否使用设备划分为外观目测法和基于仪器设备的局部损伤识别方法。外观目测法得到的结果精度取决于检测人员的经验及水平，且只能检测到结构外部损伤，结构内部损伤完全识别不出。

1.2.2.1 局部损伤识别方法

基于仪器设备的局部损伤识别方法包括如超声检测法、射线检测法、雷达波检测法、红外热成像技术等。

1. 超声检测法

超声检测法是一种传统的检测技术，它不仅具有穿透能力强、设备简单、使用条件和安全性好、检测范围广等根本性的优点外，而且其输出信号是以波形的方式体现，使得当前飞速发展的计算机信号处理技术、模式识别和人工智能等高新技术能被方便地应用于检测过程，从而提高检测的精确度和可靠性。

超声检测法是通过向构件发射高频声波并测量其折射情况，对超声波波速、波幅以及波形等进行判断，来确定混凝土整体结构构件内部的完整情况，从而识别出结构的损伤。超声检测最常用的方法是脉冲回波法。超声检测原理示意图如图 1-1 所示。如果结构中存在损伤，会对超声波的传播产生影响，导致波的参数被改变。通过对传感器接收到的超声信号进行分析处理，提取适当的特征参数，就可以得到结构中的损伤情况。

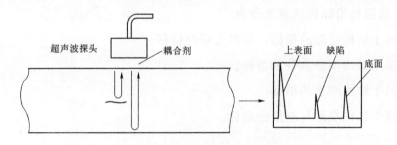

超声波探头　耦合剂　　　　　　上表面　缺陷　底面

图 1-1　超声检测原理示意图

2. 射线检测法

射线检测法主要是通过 X 射线、γ 射线和中子射线照射对应的混凝土构件，从而得到混凝土构件对应的内部二维图像，在对二维图像的观察分析中能够确定混凝土构件内部的缺陷形状、位置和大小，从而实现对损伤的识别。如图 1-2 所示，射线检测方法基于 X 射线可以穿透物质的特性。被射线透过区域的材料属性、厚度和损伤等差异会使射线的衰减程度不一样，从而使感光胶片呈现灰度不同的图像，因此可以通过胶片所成灰度图像来判断结构内部是否存在损

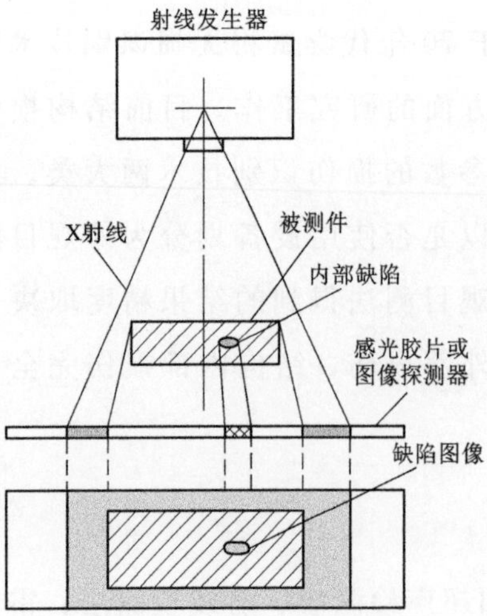

射线发生器

X射线　被测件

内部缺陷

感光胶片或图像探测器

缺陷图像

图 1-2　射线检测原理示意图

伤。通过图像探测器获取数字图像，设置不同的放射参数，以及利用信号处理方法，射线检测方法还能够对损伤进行三维层析成像。由于射线检测原理清楚，灵敏度高而且结果直观可靠，射线检测还可以用于对比其他检测方法的准确性。然而，其也存在检测设备庞大且射线具有放射性污染的缺点。因此，该方法难以推广到大面积材料或结构日常检测或维护中。

3. 雷达波检测法

雷达波检测法是利用发射天线将高频电磁波通过短脉冲宽频带的形式发射进混凝土结构内部，从而根据反映的参数分析判断混凝土的内部结构以及缺陷位置，能够有效确定其缺陷的形状、走向，检测结果具有快速性、直观性以及实时性。

4. 红外热成像技术

红外热成像技术的原理是对被测材料的表面进行脉冲加热或者周期性加热后，热流会在物体内部进行扩散，如果材料内部存在分层等缺陷，其会干扰热流的扩散，通过红外摄像机能够捕捉到这种差异，即温度序列值。通过傅里叶变换处理得到的温度序列值，可以提高损伤成像的信噪比，得到的相位图能够获得激励和响应的相位延迟，从而可以判断材料内部是否存在损伤以及损伤的位置。通常利用红外热成像仪来获取结构的温度场分布，相比于需要使用探头扫描的无损检测方法，红外热成像仪的检测速度提高了数十倍且能够实现原位检测，损伤成像的结果也非常直观。现在红外热成像技术已在航空发动机的涡轮叶片、喷管和高温防护材料等的无损检测中得到大量应用。但是红外热成像技术存在分辨率较低的问题，分辨率对红外热成像仪的依赖性较大，而且红外热成像仪对深处损伤的灵敏度较低，制约了其对较深层损伤的检测能力。

上述局部损伤识别技术对于小型均匀结构、结构局部构件有一定的优势，但这些方法实现的前提是预先获知其大致损伤部位。对于大型水工结构，由于无法预知其大致的损伤部位，故需要对结构的每个构件依次进行损伤检测，这将耗费巨大的人力和物力，难以进一步推广。

1.2.2.2 基于动力参数的损伤识别方法

近些年，基于振动的损伤识别方法受到了更多关注，建立准确的模型和选取适当的具有敏感性的指标是这类方法的关键。指标有结构位移曲率应变模态振型、结构固有振动频率、结构位移（速度、加速度）及应变频率响应函数等。

其中，试验模态是发展比较迅速的一个领域，试验模态根据模态参数在损伤前后的变化来确定损伤。孟吉复等用试验模态及有限元相结合的方法对一幢19层楼房结构的模型进行了分析。尚久锉等也用该方法识别出了海洋平台模型的损伤。结构模态识别是指通过试验获得结构振动的输入、输出数据，并利用所得的试验数据确定结构模态参数，其中包括结构的固有频率、模态阻尼比、模态质量、模态刚度和振型。采用系统识别方法如神经网络算法，遗传算法等可以对结构的损伤发生、损伤定位、损伤程度进行检测。

1. 传统的模态参数识别方法

传统的模态参数识别方法要求"激励输入"和"响应输出"均可测，而且应按"输入→结构→输出"的过程识别结构模态参数，因此该方法主要为频域分析法。这类识别方法依靠结构振动的输入和输出数据去识别结构的模态参数，分析方式主要是单输入和单输出频域分析方法，或者多输入和多输出的频域分析方法。传统水工结构模型的模态试验主要采用冲击锤激振方法，该方法操作简单、易于实施，并且能保证较高的精度，试验时激振点固定（Single Input），拾振点移动（Mutiple Output）。结构模态测试系统配置图如图1-3所示，主要有：高灵敏度加速度传感器、冲击力锤、电荷放大器、抗混滤波器、数据采集分析系统、激光打印机等。

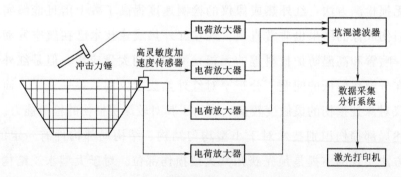

图1-3 结构模态测试系统配置图

由于水工结构模型是经原型按一定模型比尺缩小的模型，结构刚度小，人工激励简单易行，且该方法的测试精度较高，在水工结构模型试验方面尤其是水弹性模型模态试验领域得到了广泛的应用。而对于大型水工结构的原型动力试验，一般是在一定控制条件下，为了研究某一特定因素的影响和结构物的某一特定性能而进行的专门试验。

2. 基于环境激励的模态参数辨识方法

尽管传统的水工结构模态参数辨识方法在水工模型和原型模态测试中得到了广泛的应用，但传统的方法也有其不可避免缺陷。对于水工结构人工激励实施难度较大，并且需要采用专门的设备和技术人员，成本较高，并可能会影响结构的正常工作，造成经济损失；人工激励可能会引起结构的损伤。故传统的模态测试技术必须封闭现场或线路，无法实现不影响结构正常使用的在线试验，无法对结构实现实时的安全监测。然而，环境激励却是一种自然的激励方式，其中，"环境激励"是指自然激励或者不刻意进行下的人类行为激励，如：海浪对船舶的拍击，大地脉动、地震波对工程结构的作用，风载荷对楼、塔、桥梁的激励，路面对运行中车辆的激扰，火车、车辆对桥梁的作用，人流量大的天桥上行人对天桥的激励，大气对高速飞行中飞机、火箭的激励，尾流对火箭、飞船在外空间飞行时的作用等。由结构的环境振动或脉动响应，来识别结构的模态参数成为方便、简单、成本较低的可行方法，有其独特的优势：

（1）仅根据结构在环境激励下的响应数据来识别结构的模态参数，无需对结构施加激励，激励是未知的，仅需直接实测结构在水流等环境激励下的响应数据就可以识别出结构的工作模态参数。该方法识别的模态参数符合实际工况及边界条件，能真实地反映结构在工作状态下的动力学特性，如坝体在泄流工况下和非泄流工况下结构的模态参数是有一定差别的。

（2）便捷迅速，经济性强。该种识别方法不施加人工激励，而完全依靠环境激励，节省了人工和设备费用，也避免了对结构可能造成的损伤问题。

（3）利用环境激励的实时响应数据识别结构参数，能够识别由于环境激励引起的模态参数变化。这一点对于由于无法施加人工有效激励识别这些结构的模态参数的传统方法而言是一个长足的进步，破解了一些亟待解决的工程问题。

近些年来，众多学者基于结构模态参数展开了大量的损伤识别研究工作。Pandey A K 等以梁结构作为数值计算算例，应用坐标模态保证准则、模态保证准则、曲率模态法三种方法识别结构的损伤位置，结果表明曲率模态法的识别效果最好；Ruotolo R 等结合结构固有频率、位移模态和曲率模态参数组成新的特征值，通过寻找特征值的最优解识别出结构的损伤位置。Trendafilove I 等将损伤理论和模式识别技术相结合，通过建立损伤指纹库的方法识别出损伤位置；

Friswell M I 等以悬臂梁为研究对象，采用寻找最优解的方法识别出结构的损伤位置。

相比国外，国内很多学者也进行了大量的结构损伤识别计算研究。张开银等以一根带裂纹的等截面悬臂梁为研究对象，先提取其自由振动的应变响应信号，再以单元损伤的应变模态折线图作为模式向量，应用模式识别技术识别出单裂纹的位置；郭国会等利用结构频率变化量比值与损伤程度无关的结论，以一简支梁为研究对象，通过建立每个梁单元损伤前后的频变比指纹库，以模式向量和指纹库中单元的指纹最相似作为判别准则，对梁结构单损伤进行了较好的定位识别。

由此可见，模态识别已成为当今损伤识别的趋势，基于环境激励下的工程结构模态参数识别方法，能够识别出传统的试验模态分析技术所不能识别的模态参数，这种方法更适用于复杂的大型水工结构，理论上具有可信度，应用上具有可行性。

1.2.3 水工结构安全防控

大型水工混凝土结构，包括大坝、发电站厂房等建筑，使用年限一般超过几十年甚至上百年。在其运行过程中，由于荷载作用、温度变化、材料老化、构件存在缺陷等综合因素的影响，水工混凝土结构会逐渐产生损伤并不断积累，从而导致混凝土结构的承载力逐渐降低，抵抗变形的能力下降。在地震、洪水等灾难性的荷载作用时，可能会产生严重的破坏，带来不可预估的损失。因此，对水工混凝土结构产生的损伤进行预防、控制与监测显得尤为重要。

大坝是水利水电工程最重要的组成部分，其施工质量的好坏直接决定整个工程质量的好坏。而施工温度控制是保证大坝施工安全顺利进行的重要保障，在大坝施工中必须要做好温度的控制工作。温度变化对水工混凝土结构有很多的影响，主要有：引起结构内力的变化，导致混凝土裂缝；对结构的应力状态引起应力重分布，不能按照设计时确定的应力状态发展。温度变化引起的应力甚至超过其他荷载应力，尤其是在结构温度急剧变化时，将产生很大的拉应力，而混凝土为脆性材料，其抗拉强度非常低，常因温度应力导致混凝土结构受拉破坏。

国外对大坝混凝土的温度控制很早就开始进行了研究，并在工程实践中理论与工程经验越来越丰富。20 世纪 30 年代，美国在修建世界著名的胡佛大坝时就对大坝开始了温度控制方面的研究，施工中对大坝进行了分缝处理，采用低发热水泥、预埋冷却水管等措施，使得大坝温度控制取得了显著的效果。Ruper Springenschmid 等详细地分析了大体积混凝土温度应力的产生、分布。Frank J Vecchio 对混凝土结构进行了非线性分析，并给出了考虑温度作用的计算公式。George Earl Troxelle 等详细分析了混凝土中水泥组成成分对混凝土绝热温升的影响。Elgaaly M 对大体积混凝土温度场进行了大量的理论研究。Truman K. Z. 等考虑了混凝土的收缩、徐变变形以及混凝土绝热温升对混凝土的拉应力与拉应变的影响。Bobko Christopher P 等提出用于预测大体积混凝土温度发展的改进施密特法。Gajda 等从大体积混凝土的施工及养护方面提出了控制温度裂缝的措施。

在数值模拟方面，Tatro S B 等应用有限元仿真分析了美国碾压混凝土坝，计算分析了不同时期坝体的温度场，并与实际的温度监测进行对比分析，发现坝体温度场的计算结果与实际的温度监测结果的吻合性较好，证明了通过有限元软件计算的有效性。Majorana C 等对混凝土在浇筑过程中的热应力进行了非线性数值分析，并得到了整个时间瞬态的温度与应力场。Cervera 建立了一种混凝土的热力学模型，该模型可对早期混凝土的水化反应及混凝土在养护过程中的破坏过程进行模拟计算分析。

大坝混凝土温控防裂在我国研究的起步相对较晚。华攸和等以设计理论温度曲线指导精细化通水对大岗山高拱坝进行了多方位动态温控措施的应用和分析，实现了对坝体温度的实时调控，坝体未出现温度裂缝，取得了较好的温控效果。李松辉在围绕大体积混凝土防裂智能监控理论方法、模型、关键技术的基础上开发了一套大体积混凝土防裂智能化监控系统，该系统在鲁地拉、藏木、锦屏一级等过程中成功应用，达到了大体积混凝土防裂的根本目的。李小平等为提高大体积混凝土冷却通水效率，保证施工质量，研制了一套具有结构简单、安装容易、功率低、抗干扰能力强、规约开放等特点的大体积混凝土智能通水温控系统，在实际工程中开展了应用，应用效果良好，对提高我国大体积混凝土温控技术的智能化水平具有重要意义。田政等把大体积混凝土智能温控系统在丰满水电站重建工程中进行了应用，总结了系统软件的管理工作经验。井向阳等归纳总结了国内外混凝土拱坝温控的若干技术问题，提出了高拱坝施工期温控防裂时空动态控制措施。Yi L 和 Zhang Guoxin 等提出未来混凝土坝建设管理的发展方向是建立温度控制和防裂的智能监控系统，包括信息采集，传输，信息等关键环节。

性能研究方面，聂强通过对混凝土中掺加不同掺合料对水泥水化热的影响进行实验研究，研究结果显示，在大体积混凝土中掺加一定量的粉煤灰和矿渣，这些掺合料的添加可以在一定程度上有效降低水泥水化热，从而有效降低混凝土结构在施工阶段的内外温差值，避免温度裂缝的出现。吴景晖通过对混凝土中掺加不同掺合料对水泥水化热的影响实验研究，发现降低水泥水化热的最佳掺合料是粉煤灰其次是矿渣。张云升等通过对混凝土中掺加不同掺合料对水泥水化热的影响实验研究，发现掺合料等量取代部分水泥，不仅可以显著降低水泥水化热以及放热速率，同时还可以推迟达到最高温升的时间。李虹燕等通过实验研究发现，在大体积混凝土中用粉煤灰、矿渣粉等量取代部分水泥，其水化热比同质量的水泥水化热低；但研究也发现，并不是粉煤灰、矿渣粉的掺量越高，水化热的降幅降低越多。杨和礼详细地分析了混凝土原材料中水泥的品种对混凝土水化热温升的影响以及对浇筑后混凝土质量的影响、粗细骨料的选择对混凝土水化温升影响以及浇筑后混凝土质量的影响、混凝土中外加剂的应用对混凝土水化温升影响以及浇筑后混凝土质量的影响、混凝土中掺合料的应用对浇筑后混凝土质量的影响，并有针对性地提出了相应的预防和控制混凝土温度裂缝的措施和对策。

在数值模拟方面，王修森利用 ANSYS 有限元研究分析了不同配筋情况对混凝土温度场以及温度应力场的变化的影响，研究表明在混凝土中钢筋的配置能改变混凝土热学性能，因而给出了大体积钢筋混凝土的配筋原则及要求。樊悦应用 ANSYS 分析软件研究了混凝土采用跳仓法施工的温度场和温度场问题，研究表明跳仓法施工对于混凝土温控防裂具有重要作用。李昂应用 ANSYS 对一次浇筑、分层浇筑及跳仓浇筑下的超大面积混凝土工程进行温度-应力分析，得到了不同施工方式对预防控制混凝土开裂的影响，模拟分析研究表明大体积混凝土施工时应用跳仓法施工时混凝土的温度裂缝产生于出现比其他两种方法少，效果更好。目前，随着国内外的研究人员对大体积混凝土的持续关注，现在已经形成了一系列的研究成果，随着科学技术的不断发展，大型化、复杂化的建筑结构在工程中得到了广泛的应用。

1.3　研究内容

（1）采用平推直剪法对坝体建基岩体剪切力学参数进行试验研究，提出了基于原位大尺度试验的建基岩体性状精细测试及分区评价方法；基于现场大尺度试验试样破坏过程和破坏特征的精细描述和分析，总结了建基岩体与大坝混凝土接触面的变形破坏规律，提出了建基岩体性状是影响坝基破坏的主控因素。

（2）水工结构软弱面混凝土断裂损伤机理研究。以实地坝体基岩和实验混凝土块为研究对象，将混凝土损伤力学、断裂理论有效结合，进行坝体基岩胶结面处的损伤破坏研究。通过建立坝基面混凝土-基岩结合部位的直剪试验三维精细化仿真模型，研究了不同加载工况下坝基面混凝土-基岩结合部位的剪切断裂损伤过程，利用PFC2D模拟分析了坝基结合部位局部剪切破坏过程，从细观角度揭示了坝基面混凝土-基岩结合部位剪切断裂损伤机理。通过数值仿真建模与分析，充分揭示坝基胶结面处的断裂损伤演变规律。为坝工结构的建设及安全运行提供科学的理论依据。

（3）水工结构软弱面混凝土损伤识别技术与应用。介绍了基于动力特性的水工结构损伤识别方法，并以广西桂林小溶江水利枢纽工程为例，研究了声波透射法在结构损伤识别中的应用；针对水工结构流激振动问题，提出了基于泄流振动响应的导墙损伤诊断方法，并以某大型水电站导墙为研究背景，进行了结构损伤诊断，同时提出了该导墙的频率安全监控指标；结合水工结构的工作特点，从动力学角度，探索研究结构安全运行损伤敏感性指标体系，首先提出水工结构数据最佳分析长度的确定方法；针对水工结构运行过程中损伤诊断困难的问题，构建了基于排列熵指标的多指标运行诊断模型，揭示了闸坝结构多阶模态参数与多损伤位置之间的非线性映射关系；提出基于改进变分模态分解（IVMD）和 Hilbert - Huang（HH）边际谱的多种水工结构损伤灵敏度指数指标方法，解决了强干扰、强耦合条件下损伤敏感特征量的提取难题；提出了基于多元信息融合的结构损伤诊断模型修正方法，实现了水工结构运行安全动力学诊断；最后采用地质雷达扫描技术对公明水库进行水工结构损伤探测，简化了水工混凝土结构运行风险评价过程，为工程安全运行与防控提供了重要的科学依据和技术支撑。

（4）水工混凝土结构损伤防控与监测技术研究。介绍了水工混凝土结构温度控制、保温技术以及水工混凝土结构裂缝处理方法。以小溶江水利枢纽工程为例，介绍了化学灌浆技术在大坝混凝土结构裂缝处理中的应用；以莽山水库工程为例，介绍了固结、帷幕灌浆技术在大坝混凝土结构裂缝处理中的综合应用；依据大坝变形监测数据，运用尖点突变理论和 MWMPE 算法对大坝进行抗滑稳定监测。

总体技术框架图如图 1-4 所示。

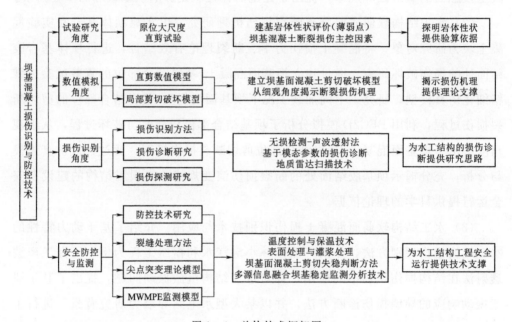

图 1-4　总体技术框架图

第 2 章　坝基混凝土断裂损伤原位大尺度试验研究

对于水利工程中的大坝建设来说，其设计、施工都要以坝体基岩的基本力学参数为依据，岩体力学参数合理取值对于工程稳定性的分析与评价以及工程实践都具有非常重要的意义。由于大坝是直接修建于基岩之上的，与基岩之间的相互作用对坝体沿建基面的抗滑稳定起着至关重要的作用，而分析大坝抗滑稳定的前提是能够正确获取坝体与基岩胶结面的抗剪强度参数。对于大尺度坝体基岩来说，所选择的抗剪强度参数大小是否合理将直接影响到工程建设的安全性和经济性。因此，如何获取可靠的抗剪强度参数，一直是国内外学者研究的重要课题。进行大型原位试验是目前获取抗剪强度参数最准确的方法。

本章介绍了坝基原位大尺度试验方法，根据莫尔-库仑破坏准则确定坝基面抗剪断强度参数，并以广西坡月水库坝体与基岩胶结面原位大尺度试验为案例进行研究，通过分析试验结果，探究基于现场试验的坝基混凝土断裂损伤形态及规律。

2.1　坝基原位大尺度试验目的

坝基岩体具有天然的不确定性，岩体中通常包含大量分布复杂、尺度各异的结构面，工程破坏大多与岩体中所存在的结构面空间位置及结构面抗剪强度等因素有关，结构面空间位置决定了工程岩体的破坏形式，结构面抗剪强度控制了工程岩体的破坏可能性，合理准确地确定岩体力学参数是进行工程开挖、加固、支护、保证施工安全、工程经济以及建筑物安全性的最基本的工程参数。混凝土-岩体胶结面本质上和岩体的结构面一样，均属于结构整体的薄弱部分，大多数情况对结构整体的稳定起着重要的控制作用。

在实际工程当中，大多数的大坝失稳以坝基剪切破坏为主，因此坝基抗剪强度就成为影响工程整体稳定的决定性因素，坝基抗剪强度研究具有十分重大的工程实用价值。工程实践中抗剪强度参数的选取方法主要有综合经验类比法和原位直剪试验法等。其中经验类比法主要根据现场工程地质条件，结合室内力学试验结果和大量相关已建工程实例综合判断确定坝基面抗剪强度参数，主观性问题较大；原位直剪试验可以保证岩石材料天然的结构状态，减少取样、运输等过程对试样产生扰动而影响测试结果，更能真实反映工程实际，由原位直剪试验得到的坝基面强度参数可以较好地反映混凝土及坝基岩体的工程力学特性。

2.2　原位大尺度直剪试验原理

在外力作用下胶结面产生破坏状况密切地与它的受力状况有关。这种关系经常以一定形式的力学方程表达，这种力学方程中的系数和常数称为抗剪强度参数。原位大尺度直剪试验的任务是测定坝基混凝土的抗剪强度参数，直剪试验是利用限定剪切面进行力学作用方式，即限定它沿一定的剪切面测定变形和破坏的方法，用直剪试验来获得试样的抗剪强度参数 C 和 φ 及其变形过程。抗剪强度参数来自力学方程，显然，在进行原位大尺度直剪试验之前必须把建立表达胶结面力学作用的力学方程的基本条件弄清楚。特别要弄清楚所用的力学方程是否真正表达所要研究的胶结面力学作用过程和破坏机制。应当引起注意的是，原位大尺度直剪试验是有许多简化，如经常用集中力代替均布力作用，在选取抗剪强度参数时，必须评价这些简化与实际的差距，对试验资料的可信程度度作出切合实际的评估。

1. 莫尔-库仑破坏准则

莫尔-库仑破坏准则是最常用也是最重要的岩石剪切破坏准则。固体内任一点发生剪切破坏时，破坏面上剪切应力应等于或大于材料本身的抗切强度和作用于该面上由法向应力引起的摩擦阻力之和即

$$\tau = f\sigma_n + C = \sigma_n \tan\varphi + C \tag{2-1}$$

式中　τ——剪切应力；

　　　f——摩擦系数；

　　　φ——摩擦角；

　　　C——抗剪强度常数，一般称黏聚力。

2. 坝基面混凝土原位大尺度直剪试验原理

混凝土原位直剪试验是参照《水利水电工程岩石试验规程》（SL/T 264—2020）进行的，其原理与岩石的直剪试验原理相同，即根据不同的正应力作用下不同的抗剪强度绘制 σ-τ 关系曲线，其中各法向载荷下的法向应力和剪应力由式（2-2）、式（2-3）计算得到，其受力如图 2-1 所示，然后确定坝基面抗剪断强度参数及摩擦参数。

$$\sigma = \frac{F}{A} \tag{2-2}$$

$$\tau = \frac{Q}{A} \tag{2-3}$$

式中　σ——法向应力，MPa；

　　　τ——剪切应力，MPa；

　　　F——总法向载荷，N；

　　　Q——总剪切载荷，N；

　　　A——剪切面面积，mm^2。

对不同的法向应力进行多次试验，将得到不同法向应力水平下的峰值剪切强度值，将它们绘制成图，即得到强度曲线如图 2-2 所示。曲线的倾角等于峰值摩擦角，曲线在剪切应力轴上的截距为黏聚力，并以其剪应力峰值作为抗剪强度。根据莫尔-库仑破坏准则，峰值剪切强度曲线表达式为

$$\tau = C + \sigma \tan\varphi \tag{2-4}$$

式中　τ——剪切应力；

　　　σ——法向应力；

　　　C——黏聚力；

　　　φ——摩擦角。

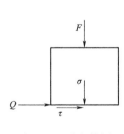

图 2-1　受力简图

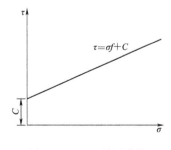

图 2-2　σ-τ 关系曲线

随着剪切力的增加，试件发生剪切位移，当剪切应力非常小时，试件的行为是弹性的，剪切应力随剪切位移呈直线增加，当到达一定的位移以后，剪切应力随着位移不再是直线增加，呈曲线变化，一直变化到曲线的顶点，这时，剪切应力达到他的最大值——结构面峰值剪切强度，此后，继续产生剪切位移所需的剪切应力急速下降，然后平缓下降，停留在称残余抗剪强度的常值上，如图 2-3 所示。

　　3. 莫尔-库仑破坏准则对粗糙起伏结构面的适用性

地质历史作用下自然结构面大多不可能完全平直而光滑，它们的表面状态往往是起伏粗糙的，其表面状态对结构面的剪切行为有着很强的影响。实验结果表明，对于这类结构面，在直接剪切作用过程中，剪切面与剪力作用面并不在同一个平面内，剪切过程中表现为剪胀和扩容的现象（图 2-4），直接运用莫尔-库仑破坏准则，在某种程度内是有问题的。自 Paton 在 1966 年首次提出对于规则锯齿形结构面对不同的应力表现出不同的剪涨特性以来，不少的学者都认为结构面的抗剪强度与正应力不是莫尔-库仑破坏准则所表达的线性关系，而是非线性的。

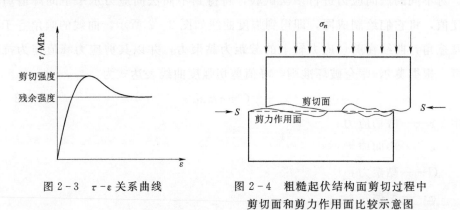

图 2-3　$\tau - \varepsilon$ 关系曲线　　图 2-4　粗糙起伏结构面剪切过程中剪切面和剪力作用面比较示意图

2.3　坝基原位大尺度试验方法

2.3.1　试体制备

在坝基选定具代表性试验段，进行人工制样。混凝土与岩体接触面凿制成方形，长约 60cm，起伏差 5～10mm。岩体表面凿好后，将岩面清洗干净，套上模具，然后浇筑混凝土，并进行适当的振捣，以使混凝土密实。浇好的混凝土柱的底面为方形，长约 50cm，高约 40cm，然后自然养护约 28d，待混凝土强度达到设计强度 20MPa 后进行直剪试验。

2.3.2 设备安装

混凝土与岩体接触面直剪试验采用平推法（图 2-5），法向使用 1 个千斤顶加载，切向使用 1 或 2 个千斤顶加载，法向载荷与切向载荷合力的作用点通过预剪面中心，剪切方向与水流方向一致。在试样两侧分别布置法向和剪切向位移测表各 2~4 只，分别测量试验过程中的法向位移和切向位移。由于试验在坑槽内进行，法向反力由钢筋和工字钢组合成的框架系统提供，钢筋和工字钢的型号根据测试压力确定。其中螺纹钢筋 4 根，横向间距约 1.2m，纵

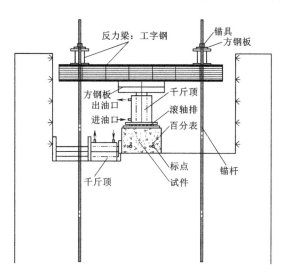

图 2-5 混凝土与岩体接触面直剪试验示意图

向间距约 0.8m，深埋于地下，埋入端长 3~4m，出露端长约 1.0m。工字钢 8 根，长 1.0~1.5m，横向并排放置 4 根，纵向分置于两端，每端 2 根，分布于钢筋两侧，然后在出露端外侧钢筋上通过锚具锁定工字钢以提供反力支撑。

（1）安装法向加载系统。在试件法向受压面铺一层水泥干粉，然后铺上面积为 40cm×40cm 的钢板，以使钢板与试件紧密接触。在钢板上放滚轴排，滚轴排滑动方向平行推力方向，垂直切向位置在试件正中，切向位置稍偏后，然后依次叠放钢板、千斤顶、钢板，顶端钢板与顶部反力装置紧密接触。设备安装时需使它们保持在试件正中，以使混凝土与岩体接触面法向受力均匀。之后，连接法向油压系统，并施加一定的预压力，使整个法向加压系统保持稳定。

（2）切向加载系统。在试件切向受压面铺一层水泥干粉，然后铺上 5cm×5cm×50cm 的钢板，以使钢板与试件紧密接触，然后依次叠放千斤顶、钢板，尾部钢板与侧壁空隙处用水泥砂浆填充密实。安装时需使切向设备保持在试件

正中，以使切向受力均匀，并保持切向推力在剪切面中心并与剪切面大致平行。最后，连接切向油压系统，并施加一定的预压力，使整个切向加压系统保持稳定。

（3）测量系统。在试件标点上安装法向和切向位移测表各 2～4 支，以测量法向和切向位移。

2.3.3　试验过程

每组直剪试验为 5 点，最大法向压力根据坝基所受压力确定，约为 2.0MPa。当剪切位移急剧增长或达到试样尺寸的 1/10 时，即认为试体已破坏，终止试验。试验操作过程如下：

（1）5 点法向压力等差分布，分别为 0.4MPa、0.8MPa、1.2MPa、1.6MPa、2.0MPa，分别施加于不同试件，同一试件法向压力恒定。

（2）法向载荷分级施加，第一级载荷施加后立即读数，每隔 5min 读数 1 次，然后施加下一级载荷并读数，再隔 5min 后读数。在预定最大载荷下当连续二次读数之差不超过 0.01mm 时，变形相对稳定，开始施加剪切载荷。

（3）剪切载荷按预估最大剪切载荷分 8～12 级施加，每隔 5min 加荷 1 次，加荷前后均需测读各测表读数并记录，直至剪切面达到剪切破坏标准。

（4）抗剪断试验完成后，剪切压力退回 0，在相同法向应力条件下进行抗剪（摩擦）试验，试验过程与抗剪断试验过程相同。

（5）剪切试验全部完成后，翻转试体，对剪切面照相，量测剪切面实际剪切面积，对试点剪切面进行地质描述，并绘制剪切面素描图。地质描述内容包括剪切面的破坏情况、破坏形式及范围；剪切碎块的大小、位置及范围；擦痕的分布、方向及长度；测量剪切面的起伏差。

2.4　工程案例——广西坡月水库坝基混凝土原位直剪试验

2.4.1　工程概况

坡月水库位于珠江流域红水河水系盘阳河一级支流坡月溪上，坝址位于巴马县甲篆乡坡月村境内，距巴马县约 23km，距坡月村南西侧约 1.5km，是以给下游村镇供水为主要任务，兼顾灌溉的综合水利工程。

坡月水库大坝坝型为混凝土重力坝，采用开敞式宽顶溢流堰，属小（1）型水库，Ⅳ等工程。水库正常蓄水位为385.5m，设计洪水位为387.27m，校核洪水位为387.78m，死水位为355m，死库容为13.7万 m^3，有效库容140万 m^3，总库容173万 m^3。大坝最大坝高为64.6m，坝顶长145m，坝顶宽6m。工程主要建筑物有拦河坝、引水系统等，建筑物级别为4级，其他次要建筑物级别为5级。坡月水库大坝施工现场如图2-6所示。

图2-6 坡月水库大坝施工现场

工程枢纽主要包括溢流坝段，左、右岸非溢流坝段，放水塔等建筑物。溢流坝布置在河床中部，长度为25m。放水塔、导流底孔布置在右岸非溢流坝段，水库管理所布置于左岸坝头上游处，上坝公路布置在左岸，与现有公路衔接。

2.4.2 地质概况

2.4.2.1 地形地貌

库区位于坡月村西部的盘阳河支流坡月溪上，地貌主要为中低山峡谷地貌，地势总体趋势为北西高东南低。坡月溪发源于西南侧的磨朝湾山，自西向东流经坡月村，最后汇入盘阳河。坡月溪多为狭窄的宽底 V 形河谷，周边山顶高程一般为 600.00～1000.00m，山间盆地及河谷地面高程一般为 280.00～420.00m，相对高差一般为 400.00～600.00m。两岸边坡坡度一般为 20°～50°，两岸植被茂密。

2.4.2.2 地质构造

坝址区位于六翁坡—月里向斜的东翼，岩层产状较为稳定，一般为 N20°～40°W，SW∠55°～65°，基本倾向上游，为单斜构造，岩层走向在坝址与河流走向呈 60°～80°相交，属良好的横向谷。坝址区发育两条断层，其中坡月—弄锐断层 F1 经过右坝肩右侧，延伸长度约 11km，属陡倾角张扭性断层，产状为 N65°～75°E，SW∠60°～70°，断层破碎带宽度一般为 2～3m，充填物主要为断层泥及碎裂岩屑。顺河断层 F2 沿拟建坝线河床发育，延伸长度约 193m，属陡倾角张扭性断层，产状约为 N65°E，SE∠70°，断层破碎带宽度一般为 0.5～1.0m，充填物主要为断层泥及碎裂岩屑。

2.4.2.3 地层岩性

工程区出露的主要地层为三叠系下统（T_1）、中统板纳组（T_2b）、兰木组（T_2l）及第四系。各地层由老至新叙述如下：

1. 三叠系下统（T_1）

灰黄、灰绿色薄-中厚层状泥岩、细砂岩、粉砂岩及粉砂质页岩夹硅质岩及锰土层，主要分布于坝轴线下游。厚度一般为 60～590m。

2. 三叠系中统板纳组（T_2b）

深灰色中-厚层状泥岩、泥质粉砂岩、长石石英砂岩及粉砂质页岩，局部底部具凝灰岩、岩屑质石英砂岩。厚度一般为 230～468m。

（1）第一层（T_2b^1）：灰色中厚-厚层状长石石英砂岩夹灰黑色薄-极薄层状粉砂质页岩，其中粉砂质页岩单层厚一般为 3～10cm，含量约为 30%，主要分布于坝轴线及坝轴线下游，厚度为 85～90m。

（2）第二层（T_2b^2）：灰黑色薄-中厚层状泥质粉砂岩夹灰黑色薄层状粉砂质页岩，其中粉砂岩质页岩含量约 30%，主要分布于坝轴线及坝轴线上游，厚度为 8～12m。

（3）第三层（T_2b^3）：灰黑色薄层状粉砂质页岩夹少量泥质粉砂岩，其中粉砂质页岩含量约为 80%，主要分布于坝线上游，厚度为 10～15m。

（4）第四层（T_2b^4）：灰色中厚-厚层状长石石英砂岩夹深灰色薄层粉砂质页岩，其中粉砂质页岩含量为 20%～30%，主要分布于坝线上游，厚度为 75～85m。

（5）第五层（T_2b^5）：深灰色薄层状粉砂质页岩夹少量灰色泥质粉砂岩，其中泥质粉砂质页岩含量为 10%～20%，主要分布于坝线上游，厚度为 15～20m。

3. 三叠系中统兰木组（T_2l）

深灰、灰绿色中-厚层状泥岩、钙质粉砂质页岩，粉砂质泥岩，及钙质细粒砂岩、泥质细粒长石石英砂岩、细粒长石石英砂岩。主要分布于坝线上游，厚

度大于 603m。

4. 第四系（Q）

（1）第四系残坡积层（Q^{edl}）：黄-褐黄色含碎石黏土、黏土，稍湿-湿，可塑-硬塑状态，黏性中等，厚度一般为 1～3m，主要分布在坝区平缓的斜坡地带。

（2）近代河流冲积堆积（Q^{al}）：为灰-浅灰色含砾砂漂卵石，成分主要为砂岩，泥岩等，厚度一般为 5～10m，主要分布于坡月溪河床中。

（3）近代河流洪积堆积（Q^{pl}）：为灰-浅灰色含卵砾石粉质黏土，卵砾石成分主要为砂岩，泥岩等，厚度一般为 3～6m，主要分布于坡月溪两侧平缓地带。

2.4.2.4 岩体结构及风化特征

据坝区现场统计，坝区节理共发育 9 组，裂面均平直粗糙，宽度一般为 0.5～2mm，长度一般为 1～5m，强风化岩体裂隙一般风化呈黄褐色，充填岩屑夹泥质，弱风化岩体裂隙大部风化呈黄褐色，少量较新鲜，充填岩屑或无充填。

坝址区岩体风化深度主要受地形、岩性及构造控制。左岸斜坡段岩体强风化下限埋深为 10～24m，河床段强风化下限埋深为 7～9m，右岸斜坡段强风化下限埋深为 8.5～19m（图 2-7）。

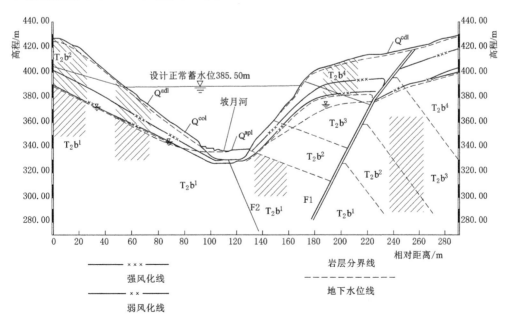

图 2-7　坡月水库大坝轴线剖面图

2.4.3 试验结果分析

2.4.3.1 3#坝块试验结果

1. 坝块岩性

3#坝块现场试验点位于左岸，平均高程约 351.6m，主要岩性为灰色中厚-厚层状长石石英砂岩，局部夹泥质粉砂岩。长石石英砂岩（微风化）饱和状态单轴抗压强度平均值为 79.7MPa，声波波速 4400～5500m/s，长石石英砂岩（新鲜）声波波速大于 5500m/s，长石石英砂岩（弱风化）声波波速 3300～4400m/s。根据现场边坡地质结构面编录，3#坝块现场试验点对应边坡主要发育 2 组结构面第 1 组产状：246°∠59°，第 2 组产状：286°∠62°。其中第 1 组结构面平均间距约 17.5cm，第 2 组结构面平均间距约 16.3cm，根据《工程岩体分级标准》（GB/T 50218），该边坡岩体体积节理数 $J_v=11.8$，通过插值法得 $K_v=0.51$，从而可计算出 BQ 为 455，通过查表综合判定，该坝块边坡岩体质量等级为Ⅲ级。3#坝块对应边坡如图 2-8 所示。

图 2-8 3#坝块对应边坡

2. 结果分析

试点 $\tau_{\text{混凝土}3-1}$ 岩性为灰色砂岩，镶嵌结构，夹 2 条薄层状泥质粉砂岩，厚约 3～5cm。发育 2 组结构面：第 1 组产状 337°∠59°，均贯穿点面，平直粗糙；第 2 组产状 283°∠67°，发育短小，弯曲粗糙。2 组结构面均风化，呈铁锈色，含泥。试点剪切面沿接触面剪断，剪切面整体平直，起伏差约 1cm，点面可见 2 条剪切裂隙，大致垂直剪切方向，裂隙处向下凹陷。试点 $\tau_{\text{混凝土}3-1}$ 混凝土浇筑前照片及地质素描图如图 2-9 所示。点 $\tau_{\text{混凝土}3-1}$ 直剪试验后照片如图 2-10 所示。

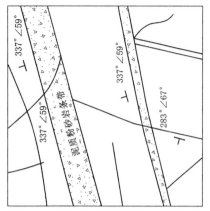

图 2-9　试点 $\tau_{混凝土3-1}$ 混凝土浇筑前照片及地质素描图

图 2-10　点 $\tau_{混凝土3-1}$ 直剪试验后照片

试点 $\tau_{混凝土3-2}$ 岩性为灰色砂岩，节理裂隙发育，镶嵌结构。发育 2 组结构面：第 1 组产状 237°∠56°，均贯穿点面，平直粗糙；第 2 组产状 109°∠58°，均贯穿点面，弯曲粗糙。2 组结构面均风化，呈铁锈色，含泥。试点剪切面主要沿接触面剪断，约占整个点面的 90%，其他部位沿岩体剪切，约占整个点面的 10%，可见剪切裂隙，裂隙处向下凹陷，剪切面起伏差最大约 8cm。

试点 $\tau_{混凝土3-3}$ 岩性为灰色砂岩，节理裂隙发育，镶嵌结构。发育 3 组结构面：第 1 组产状 111°∠57°，均贯穿点面，平直粗糙；第 2 组产状 61°∠71°，弯曲粗糙；第 3 组产状 330°∠80°，平直粗糙。3 组结构面均风化，呈铁锈色。试点剪切面主要沿接触面剪断，点面可见剪切裂隙，裂隙处向下凹陷，剪切面起伏差最大约 2cm。

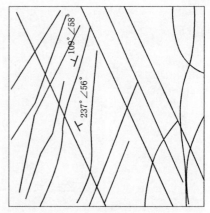

图 2-11　点 $\tau_{混凝土3-2}$ 混凝土浇筑前照片及地质素描图

图 2-12　点 $\tau_{混凝土3-2}$ 直剪试验后照片

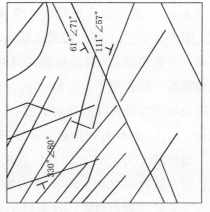

图 2-13　点 $\tau_{混凝土3-3}$ 混凝土浇筑前照片及地质素描图

图 2-14 点 τ_{混凝土3-3} 直剪试验后照片

试点 τ_{混凝土3-4} 岩性为灰色砂岩，节理裂隙发育，镶嵌结构。发育 3 组结构面：第 1 组产状 118°∠67°，平直粗糙，含泥；第 2 组产状 241°∠57°，均贯穿点面，含泥质粉砂岩，弯曲粗糙；第 3 组产状 11°∠82°，平直粗糙。3 组结构面均风化，呈铁锈色。试点剪切面主要沿接触面剪断，约占整个点面的 60%，其他部位沿岩体剪切，约占整个点面的 40%，点面可见剪切裂隙，向下凹陷，剪切面起伏差最大约 8cm。

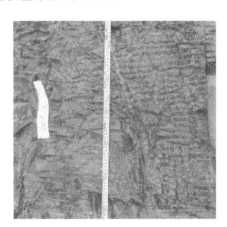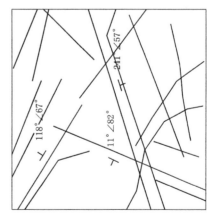

图 2-15 试点 τ_{混凝土3-4} 混凝土浇筑前照片及地质素描图

试点 τ_{混凝土3-5} 岩性为灰色砂岩，节理裂隙发育，镶嵌结构。发育 3 组结构面：第 1 组产状 244°∠51°，均贯穿点面，平直粗糙；第 2 组产状 307°∠64°，含泥质粉砂岩，平直粗糙；第 3 组产状 5°∠72°，平直粗糙。3 组结构面均风化，

图 2-16　试点 $\tau_{混凝土3-4}$ 直剪试验后照片

呈铁锈色。试点左上角风化严重，呈土黄色，左侧总体较破碎。试点剪切面主要沿岩体剪断，约占整个点面的 60%，其他部位沿接触面剪切，约占整个点面的 40%，点面可见剪切裂隙，向下凹陷，岩体剪切成碎块状，剪切面起伏差最大约 10cm。

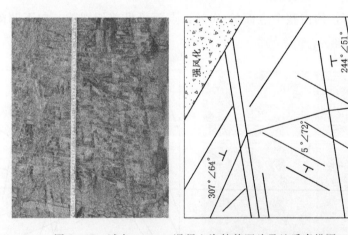

图 2-17　试点 $\tau_{混凝土3-5}$ 混凝土浇筑前照片及地质素描图

根据 $\tau_{混凝土3}$ 组直剪试验剪切应力与剪切向位移分别绘制抗剪断强度与变形关系曲线（图 2-19）和摩擦强度与变形关系曲线图（2-20），并根据每点的正应力与相应的抗剪断强度或摩擦强度按最小二乘法绘制关系曲线（图 2-21），同时计算出 $\tau_{混凝土3}$ 组混凝土与岩体接触面抗剪断强度参数和摩擦强度参数。根据图 2-22，$\tau_{混凝土3}$ 组混凝土与岩体接触面抗剪断强度参数为：摩擦系数 $f'=$

图 2-18 试点 $\tau_{混凝土3-5}$ 直剪试验后照片

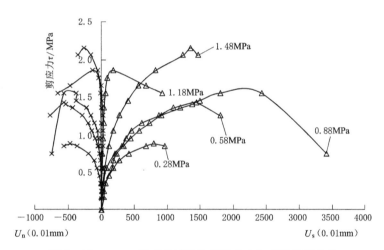

图 2-19 $\tau_{混凝土3}$ 组直剪试验抗剪断应力与变形关系曲线

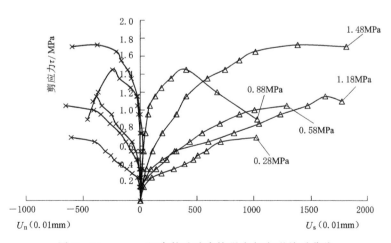

图 2-20 $\tau_{混凝土3}$ 组直剪试验摩擦强度与变形关系曲线

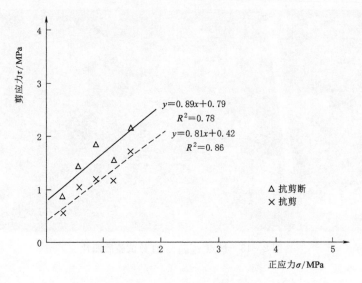

图 2-21　$\tau_{混凝土3}\tau-\sigma$ 关系曲线

0.89，摩擦角 $\varphi'=41.7°$，黏聚力 $C'=0.79\text{MPa}$；摩擦强度参数为：摩擦系数
$f=0.81$，摩擦角 $\varphi=39.1°$，黏聚力 $C=0.42\text{MPa}$（表 2-1）。

表 2-1　　　　　　　　　$\tau_{混凝土3}$ 组混凝土与岩体接触面直剪试验成果表

编号	抗剪面积 /cm^2	正应力 /MPa	抗剪断强度 /MPa	摩擦强度 /MPa	地质概况
$\tau_{混凝土3-1}$		0.88	1.85	1.20	
$\tau_{混凝土3-2}$		1.48	2.15	1.72	灰色中厚-厚层状长石石英砂岩，局部夹薄层泥质粉砂岩。岩体质量等级为Ⅲ级
$\tau_{混凝土3-3}$	2500	0.28	0.88	0.55	
$\tau_{混凝土3-4}$		0.58	1.43	1.05	
$\tau_{混凝土3-5}$		1.18	1.55	1.15	
$\tau_{混凝土3}$	$f'=0.89(\varphi'=41.7°)$，$C'=0.79\text{MPa}$				
	$f=0.81(\varphi=39.1°)$，$C=0.42\text{MPa}$				

　　$\tau_{混凝土3}$ 组混凝土与岩体接触面直剪试验位于 3$^{\#}$ 坝块，主要岩性为灰色中厚
层-厚层状长石石英砂岩。试点 $\tau_{混凝土3-1}$、$\tau_{混凝土3-3}$ 主要沿接触面剪切破坏，其他
试点 $\tau_{混凝土3-2}$、$\tau_{混凝土3-4}$、$\tau_{混凝土3-5}$ 局部或大部沿岩体剪切破坏。根据该组试验抗
剪断强度与变形关系曲线，大致可以得出该试验部位岩体与混凝土接触面的比
例极限强度（图 2-22）。根据图 2-20，$\tau_{混凝土3}$ 组混凝土与岩体接触面抗剪断强
度参数为：摩擦系数 $f'=0.89$，摩擦角 $\varphi'=41.7°$，黏聚力 $C'=0.79\text{MPa}$；摩
擦强度参数为：摩擦系数 $f=0.81$，摩擦角 $\varphi=39.1°$，黏聚力 $C=0.42\text{MPa}$；

比例极限强度参数为：摩擦系数 $f = 0.83$，摩擦角 $\varphi = 39.7°$，黏聚力 $C = 0.66MPa$。由于 $\tau_{混凝土3}$ 组混凝土与岩体接触面直剪试验的比例极限强度参数大于其摩擦强度参数，故抗剪强度参数标准值为摩擦强度参数。

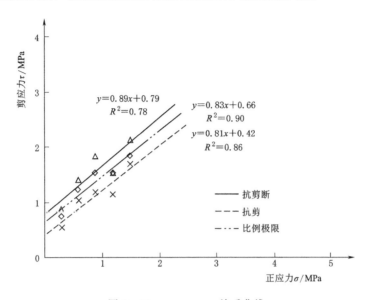

图 2-22 $\tau_{混凝土3}$ τ - σ 关系曲线

2.4.3.2 4# 坝块试验结果

1. 坝块岩性

4# 坝块试验点位于左岸，平均高程约 336.50m，主要岩性为灰色中厚-厚层状长石石英砂岩，局部夹薄层泥质粉砂岩或粉砂质页岩，其层厚为 3～10cm。长石石英砂岩（微风化）饱和状态单轴抗压强度平均值为 79.7MPa，声波波速 4400～5500m/s，长石石英砂岩（新鲜）声波波速大于 5500m/s，长石石英砂岩（弱风化）声波波速 3300～4400m/s；泥质粉砂岩（微风化）饱和状态单轴抗压强度平均值为 20.9MPa，声波波速 4160～5200m/s，泥质粉砂岩（新鲜）声波波速大于 5200m/s，泥质粉砂岩（弱风化）声波波速 3120～4160m/s。根据现场边坡地质结构面编录，4# 坝块现场试验点对应边坡主要发育 2 组结构面（图 2-18）：第 1 组产状：246°∠59°，第 2 组产状：286°∠62°。其中第 1 组结构面平均间距约 11.0cm，第 2 组结构面平均间距约 9.1cm，根据《工程岩体分级标准》（GB/T 50218），该边坡岩体体积节理数 $J_v = 20.1$，通过插值法得 $K_v = 0.35$，从而可计算出 BQ 为 360，坝块边坡岩体质量等级为Ⅲ级。

图 2-23   4# 坝块对应边坡

2. 结果分析

试点 $\tau_{混凝土4-1}$ 岩性为灰色砂岩，节理裂隙发育，镶嵌结构。发育 2 组结构面：第 1 组产状 354°∠36°，平直粗糙；第 2 组产状 138°∠62°，均贯穿点面，弯曲粗糙，含泥。2 组结构面均风化，呈铁锈色。试点剪切面沿接触面剪断，剪切面总体平直，起伏差约 0.5cm，点面可见 4 条剪切裂隙，裂隙处稍向下凹陷。

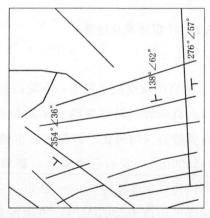

图 2-24   试点 $\tau_{混凝土4-1}$ 混凝土浇筑前照片及地质素描图

试点 $\tau_{混凝土4-2}$ 岩性为灰色砂岩，节理裂隙发育，镶嵌结构。发育 3 组结构面：第 1 组产状 22°∠29°，均贯穿点面，弯曲粗糙；第 2 组产状 101°∠55°，平直粗糙；第 3 组产状 157°∠73°，弯曲粗糙，含泥。试点剪切面主要沿岩体剪断，占比约 70%，其他沿接触面剪切，占比约 30%，试件剪切时沿结构面向下楔入，起伏差最大约 12cm，点面可见剪切裂隙，向下凹陷。

图 2-25　试点 $\tau_{混凝土4-1}$ 直剪试验后照片

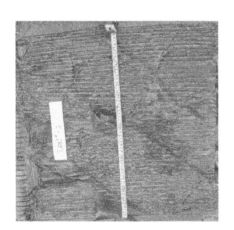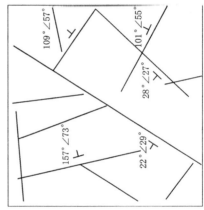

图 2-26　试点 $\tau_{混凝土4-2}$ 混凝土浇筑前照片及地质素描图

图 2-27　试点 $\tau_{混凝土4-2}$ 直剪试验后照片

试点 $\tau_{混凝土4-3}$ 岩性左侧为灰色砂岩，右侧为灰色泥质粉砂岩，薄层状，节理裂隙发育，镶嵌结构。发育 2 组结构面：第 1 组产状 237°∠58°，均贯穿点面，平直粗糙；第 2 组产状 137°～140°∠47°～77°，平直粗糙。试点剪切面主要沿接触面剪切，剪切面总体平直，起伏差约 0.5cm，点面右上角可见剪切裂隙，向下凹陷。

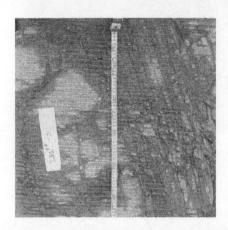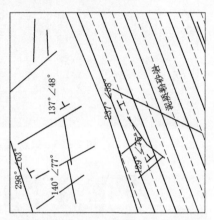

图 2-28　试点 $\tau_{混凝土4-3}$ 混凝土浇筑前照片及地质素描图

图 2-29　试点 $\tau_{混凝土4-3}$ 直剪试验后照片

试点 $\tau_{混凝土4-4}$ 岩性为灰色砂岩，节理裂隙发育，镶嵌结构。发育 3 组结构面：第 1 组产状 117°∠66°，均贯穿点面，平直粗糙；第 2 组产状 231°∠48°，弯曲粗糙，夹泥质粉砂岩或泥页岩；第 3 组产状 8°∠63°，平直粗糙。试点剪切面主要沿接触面剪切，剪切面总体平直，起伏差约 0.5cm，点面中部可见剪切裂隙，向下凹陷。

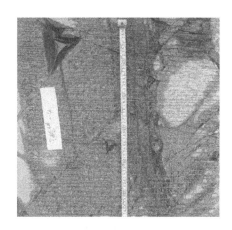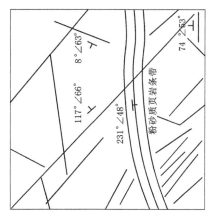

图 2-30 试点 $\tau_{混凝土4-4}$ 混凝土浇筑前照片及地质素描图

图 2-31 试点 $\tau_{混凝土4-4}$ 直剪试验后照片

试点 $\tau_{混凝土4-5}$ 岩性为灰色砂岩,左侧夹灰黑色泥质粉砂岩条带,节理裂隙发育,镶嵌结构。发育 3 组结构面:第 1 组产状 $121°\angle71°$,平直粗糙;第 2 组产状 $242°\angle62°$,弯曲粗糙,夹泥质粉砂岩或泥页岩;第 3 组产状 $3°\angle59°$,平直粗糙。试点剪切面主要沿接触面剪切,剪切面总体平直,起伏差约 1.0cm,点面中部可见剪切裂隙,向下凹陷。

根据 $\tau_{混凝土4}$ 组直剪试验剪切应力与剪切向位移分别绘制抗剪断强度与变形关系曲线(图 2-34)和摩擦强度与变形关系曲线(图 2-35),并根据每点的正应力与相应的抗剪断强度或摩擦强度按最小二乘法绘制关系曲线(图 2-36),同时计算出 $\tau_{混凝土4}$ 组混凝土与岩体接触面抗剪断强度参数和摩擦强度参数。根据图 2-36,$\tau_{混凝土4}$ 组混凝土与岩体接触面抗剪断强度参数为:摩擦系数

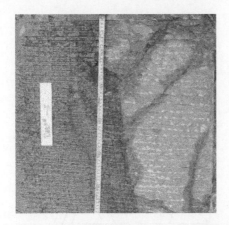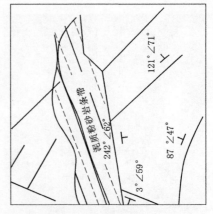

图 2 - 32 试点 $\tau_{混凝土4-5}$ 混凝土浇筑前照片及地质素描图

图 2 - 33 试点 $\tau_{混凝土4-5}$ 直剪试验后照片

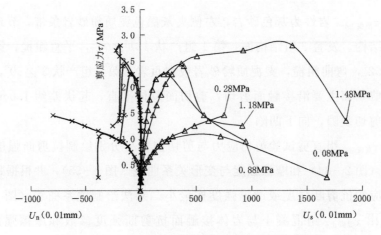

图 2 - 34 $\tau_{混凝土4}$ 组试验抗剪断强度与变形关系曲线

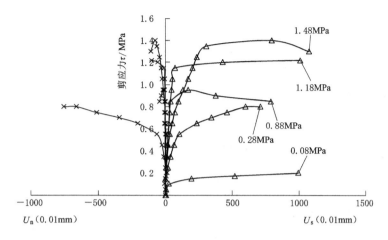

图 2-35 $\tau_{混凝土4}$ 关系曲线

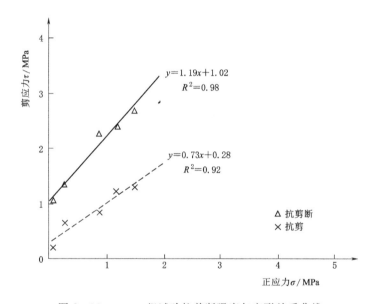

图 2-36 $\tau_{混凝土4}$ 组试验抗剪断强度与变形关系曲线

$f'=1.19$，摩擦角 $\varphi'=49.9°$，黏聚力 $C'=1.02MPa$；摩擦强度参数为：摩擦系数 $f=0.73$，摩擦角 $\varphi=36.0°$，黏聚力 $C=0.28MPa$（表 2-2）。

$\tau_{混凝土4}$ 组混凝土与岩体接触面直剪试验位于 4# 坝块，主要岩性为灰色中厚-厚层状长石石英砂岩，局部夹薄层泥质粉砂岩。试点 $\tau_{混凝土4-1}$、$\tau_{混凝土4-3}$、$\tau_{混凝土4-4}$、$\tau_{混凝土4-5}$ 主要沿接触面剪切破坏，试点 $\tau_{混凝土4-2}$ 大部沿岩体剪切破坏。根据该组试验抗剪断强度与变形关系曲线，大致可以得出该试验部位岩体与混凝土接触面的比例极限强度（图 2-37）。根据图 2-37，$\tau_{混凝土4}$ 组混凝土与岩体

表 2 - 2　　　　　　　　$\tau_{混凝土4}$ 组混凝土与岩体接触面直剪试验成果表

编号	抗剪面积 /cm²	正应力 /MPa	抗剪断强度 /MPa	摩擦强度 /MPa	地质概况
$\tau_{混凝土4-1}$		0.08	1.05	0.20	灰色中厚-厚层状长石石英砂岩，局部夹薄层泥质粉砂岩或粉砂质页岩。岩体质量等级为Ⅲ级
$\tau_{混凝土4-2}$		0.28	1.35	0.65	
$\tau_{混凝土4-3}$	2500	1.18	2.40	1.22	
$\tau_{混凝土4-4}$		0.88	2.25	0.85	
$\tau_{混凝土4-5}$		1.48	2.70	1.30	
$\tau_{混凝土4}$	$f'=1.19(\varphi'=49.9°)$，$C'=1.02MPa$				
	$f=0.73(\varphi=36.0°)$，$C=0.28MPa$				

接触面抗剪断强度参数为：摩擦系数 $f'=1.19$，摩擦角 $\varphi'=49.9°$，黏聚力 $C'=1.02MPa$；摩擦强度参数为：摩擦系数 $f=0.73$，摩擦角 $\varphi=36.0°$，黏聚力 $C=0.28MPa$；比例极限强度参数为：摩擦系数 $f=1.03$，摩擦角 $\varphi=45.8°$，黏聚力 $C=0.87MPa$。由于 $\tau_{混凝土4}$ 组混凝土与岩体接触面直剪试验的比例极限强度参数大于其摩擦强度参数，故抗剪强度参数标准值为摩擦强度参数。

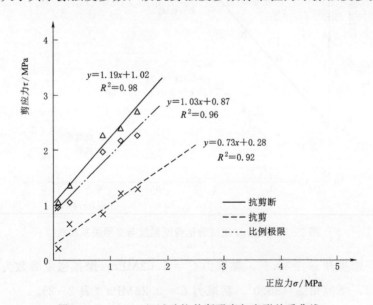

图 2 - 37　$\tau_{混凝土4}$ 组试验抗剪断强度与变形关系曲线

2.4.3.3　5# 坝块试验结果

1. 西侧坝块岩性

5# 坝块西侧试验点位于坝基基底，平均高程约 324.20m，主要岩性为灰色中厚-厚层状长石石英砂岩，夹薄层泥质粉砂岩或粉砂质页岩，其层厚约 3～10cm，在整个地层中含量占比较小，岩性相对较好。长石石英砂岩（微风化）饱和状态单轴抗压强度平均值为 79.7MPa，声波波速 4400～5500m/s，长石石英砂岩（新鲜）声波波速大于 5500m/s，长石石英砂岩（弱风化）声波波速 3300～4400m/s；泥质粉砂岩（微风化）饱和状态单轴抗压强度平均值为 20.9MPa，声波波速 4160～5200m/s，泥质粉砂岩（新鲜）声波波速大于 5200m/s，泥质粉砂岩（弱风化）声波波速 3120～4160m/s；粉砂质页岩（微风化）饱和状态单轴抗压强度平均值为 14.0MPa，声波波速 3760～4700m/s，粉砂质页岩（新鲜）声波波速大于 4700m/s，粉砂质页岩（弱风化）声波波速 2820～3760m/s。根据现场边坡地质结构面编录，5#坝块西侧现场试验点相应边坡主要发育 2 组结构面（图 2-38）：第 1 组产状：246°∠59°，第 2 组产状：286°∠62°。其中第 1 组结构面平均间距约 14.5cm，第 2 组结构面平均间距约 7.6cm，根据《工程岩体分级标准》（GB/T 50218），该边坡岩体体积节理数 $Jv=20.1$，通过插值法得 $Kv=0.35$，从而可计算出 BQ 为 360，通过查表，坝块边坡岩体质量等级为Ⅲ级。

图 2-38　5#坝块对应东侧边坡

2. 西侧结果分析

试点 $\tau_{混凝土5-11}$ 岩性为灰色砂岩或泥质粉砂岩，其中砂岩占比 80%～90%，泥质粉砂岩占比 10%～20%，节理裂隙发育，镶嵌结构。发育 2 组结构面：第 1 组产状 37°∠67°，平直粗糙；第 2 组产状 148°∠76°，平直粗糙；还有 1 条结构面贯穿点面，不连续发育，产状 159°∠63°，弯曲粗糙，为泥质粉砂岩条带。

所有结构面均风化。试点剪切面主要沿接触面剪断，约占整个点面的 90%，其他部位沿岩体剪切，约占整个点面的 10%，点面可见剪切裂隙，并带起下部岩体，剪切面起伏差最大约 3cm。

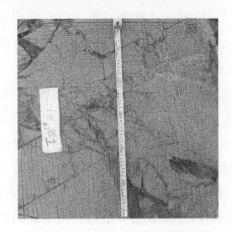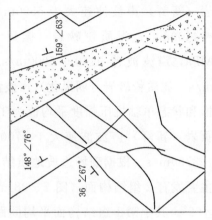

图 2-39　试点 $\tau_{混凝土5-11}$ 混凝土浇筑前照片及地质素描图

图 2-40　试点 $\tau_{混凝土5-11}$ 直剪试验后照片

试点 $\tau_{混凝土5-12}$ 岩性为灰色砂岩或泥质粉砂岩，其中砂岩占比 60%~70%，泥质粉砂岩占比 30%~40%，节理裂隙发育，镶嵌结构。发育 2 组结构面：第 1 组产状 139°∠75°，平直粗糙；第 2 组产状 260°∠57°，平直粗糙；有 1 条结构面贯穿点面，产状 260°∠57°，不连续发育，弯曲粗糙，为泥质粉砂岩条带。所有结构面均风化。试点剪切面主要沿接触面剪断，约占整个点面的 55%，其他部位沿岩体剪切，约占整个点面的 45%，点面可见剪切裂隙，并带起下部岩体，剪切面起伏差最大约 12cm。

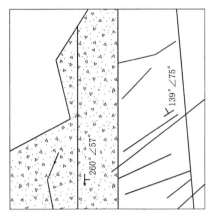

图 2-41 试点 $\tau_{混凝土5-11}$ 混凝土浇筑前照片及地质素描图

图 2-42 试点 $\tau_{混凝土5-12}$ 直剪试验后照片

试点 $\tau_{混凝土5-13}$ 岩性为灰色砂岩或泥质粉砂岩，其中砂岩占比 60%～70%，泥质粉砂岩占比 30%～40%，节理裂隙发育，镶嵌结构。发育 2 组结构面：第 1 组产状 2°∠72°，平直粗糙；第 2 组产状 115°∠76°，平直粗糙；有 1 条结构面贯穿点面，产状 257°∠63°，不连续发育，弯曲粗糙，为泥质粉砂岩条带。所有结构面均风化。试点剪切面主要沿接触面剪断，约占整个点面的 80%，其他部位沿岩体剪切，约占整个点面的 20%，点面可见剪切裂隙，并带起下部岩体，剪切面起伏差最大约 2.5cm。

试点 $\tau_{混凝土5-14}$ 岩性为灰色砂岩或泥质粉砂岩，其中砂岩占比 70%～80%，泥质粉砂岩占比 20%～30%，节理裂隙发育，镶嵌结构。发育 2 组结构面：第 1 组产状 17°∠62°，弯曲粗糙；第 2 组产状 273°∠66°，弯曲粗糙；有 1 条结构

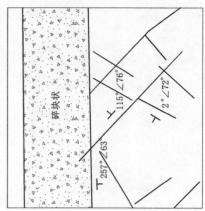

图 2-43　试点 $\tau_{混凝土5-13}$ 混凝土浇筑前照片及地质素描图

图 2-44　试点 $\tau_{混凝土5-13}$ 直剪试验后照片

面贯穿点面，产状 244°∠58°，不连续发育，弯曲粗糙，为泥质粉砂岩条带。所有结构面均风化，呈锈红色。试点剪切面主要沿接触面剪断，约占整个点面的 80%，其他部位沿岩体剪切，约占整个点面的 20%，点面可见剪切裂隙，并带起下部岩体，剪切面起伏差最大约 5cm。

　　试点 $\tau_{混凝土5-15}$ 岩性为灰色砂岩或泥质粉砂岩，其中砂岩占比 60%～70%，泥质粉砂岩占比 30%～40%，节理裂隙发育，镶嵌结构。发育 2 组结构面：第 1 组产状 356°∠25°，弯曲粗糙；第 2 组产状 62°∠22°，弯曲粗糙；有 1 条结构面贯穿点面，产状 261°∠62°，不连续发育，弯曲粗糙，为泥质粉砂岩条带。所有结构面均风化。试点剪切面主要沿接触面剪断，约占整个点面的 90%，其他

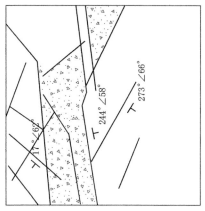

图 2-45 试点 $\tau_{混凝土5-14}$ 混凝土浇筑前照片及地质素描图

图 2-46 试点 $\tau_{混凝土5-14}$ 直剪试验后照片

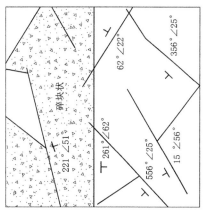

图 2-47 试点 $\tau_{混凝土5-15}$ 混凝土浇筑前照片及地质素描图

图 2-48　试点 $\tau_{混凝土5-15}$ 直剪试验后照片

部位沿岩体剪切，约占整个点面的 10%，点面可见剪切裂隙，并带起下部岩体，剪切面起伏差最大约 3cm。

根据 $\tau_{混凝土5-1}$ 组直剪试验剪切应力与剪切向位移分别绘制抗剪断强度与变形关系曲线（图 2-49）和摩擦强度与变形关系曲线（图 2-50），并根据每点的正应力与相应抗剪断强度或摩擦强度按最小二乘法绘制关系曲线（图 2-51），同时计算出 $\tau_{混凝土5-2}$ 组混凝土与岩体接触面抗剪断强度参数和摩擦强度参数。根据图 2-51，$\tau_{混凝土5-1}$ 组混凝土与岩体接触面抗剪断强度参数为：摩擦系数 $f'=1.13$，摩擦角 $\varphi'=48.5°$，黏聚力 $C'=0.73\text{MPa}$；摩擦强度参数为：摩擦系数 $f=0.75$，摩擦角 $\varphi=36.9°$，黏聚力 $C=0.32\text{MPa}$（表 2-3）。

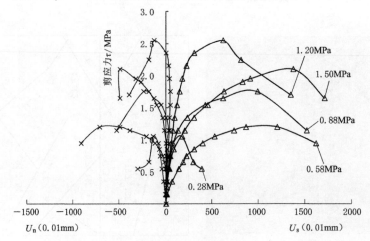

图 2-49　$\tau_{混凝土5-1}$ 组直剪试验抗剪断应力与变形关系曲线

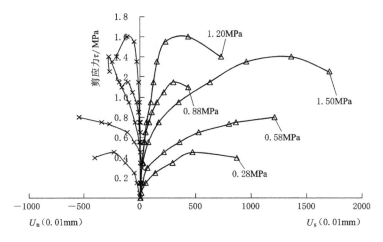

图 2-50 $\tau_{混凝土5-1}$ 组直剪试验摩擦强度与变形关系曲线

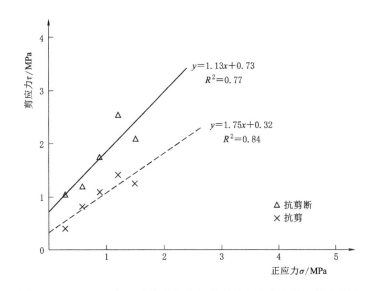

图 2-51 $\tau_{混凝土5-1}$ 组正应力与相应抗剪断强度或摩擦强度关系曲线

表 2-3 　　　　　$\tau_{混凝土5-1}$ 组混凝土与岩体接触面直剪试验成果表

编号	抗剪面积 /cm²	正应力 /MPa	抗剪断强度 /MPa	摩擦强度 /MPa	地质概况
$\tau_{混凝土5-11}$		1.50	2.10	1.25	灰色中厚-厚层状长石石英砂岩，局部夹薄层泥质粉砂岩或粉砂质页岩。岩体质量等级为Ⅲ级
$\tau_{混凝土5-12}$		0.28	1.05	0.40	
$\tau_{混凝土5-13}$	2500	1.20	2.55	1.40	
$\tau_{混凝土5-14}$		0.58	1.20	0.80	
$\tau_{混凝土5-15}$		0.88	1.75	1.10	
$\tau_{混凝土5-1}$	$f'=1.13(\varphi'=48.5°)$, $C'=0.73$MPa				
	$f=0.75(\varphi=36.9°)$, $C=0.32$MPa				

$\tau_{混凝土5-1}$组混凝土与岩体接触面直剪试验位于 $5^{\#}$ 坝块西侧,主要岩性为灰色中厚-厚层状长石石英砂岩,局部夹薄层泥质粉砂岩或粉砂质页岩。试点 $\tau_{混凝土5-15}$ 主要沿接触面剪切破坏,试点 $\tau_{混凝土5-11}$、$\tau_{混凝土5-12}$、$\tau_{混凝土5-13}$、$\tau_{混凝土5-14}$ 局部或大部沿岩体剪切破坏。根据该组试验抗剪断强度与变形关系曲线,大致可以得出该试验部位岩体与混凝土接触面的比例极限强度(图 2-52)。根据图 2-52,$\tau_{混凝土5-1}$组混凝土与岩体接触面抗剪断强度参数为:摩擦系数 $f'=1.13$,摩擦角 $\varphi'=48.5°$,黏聚力 $C'=0.73\text{MPa}$;摩擦强度参数为:摩擦系数 $f=0.75$,摩擦角 $\varphi=36.9°$,黏聚力 $C=0.32\text{MPa}$;比例极限强度参数为:摩擦系数 $f=1.02$,摩擦角 $\varphi=45.6$,黏聚力 $C=0.59\text{MPa}$。

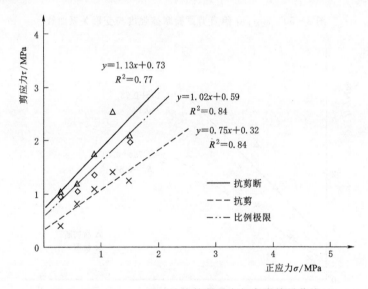

图 2-52　$\tau_{混凝土5-1}$ 组试验抗剪断强度与变形关系曲线

3. 东侧坝块岩性

$5^{\#}$ 坝块东侧试验点位于坝基基底,平均高程约 324.10m,主要岩性为灰色中厚-厚层状长石石英砂岩,夹薄层泥质粉砂岩或粉砂质页岩,基中泥质粉砂岩或粉砂质页岩局部出露面积较大,岩性相对较差。根据《广西巴马县坡月水库工程初步设计报告》,长石石英砂岩(微风化)饱和状态单轴抗压强度平均值为79.7MPa,声波波速 4400~5500m/s,长石石英砂岩(新鲜)声波波速大于5500m/s,长石石英砂岩(弱风化)声波波速 3300~4400m/s;泥质粉砂岩(微风化)饱和状态单轴抗压强度平均值为 20.9MPa,声波波速 4160~5200m/s,泥质粉砂岩(新鲜)声波波速大于 5200m/s,泥质粉砂岩(弱风化)声波波速

3120～4160m/s；粉砂质页岩（微风化）饱和状态单轴抗压强度平均值为14.0MPa，声波波速 3760～4700m/s，粉砂质页岩（新鲜）声波波速大于4700m/s，粉砂质页岩（弱风化）声波波速2820～3760m/s。根据现场边坡地质结构面编录，5#坝块东侧现场试验点相应边坡主要发育 2 组结构面（图2-53）：第 1 组产状 246°∠59°；第 2 组产状 286°∠62°。其中第 1 组结构面平均间距约 16.9cm，第 2 组结构面平均间距约 6.2cm，根据《工程岩体分级标准》（GB/T 50218），该边坡岩体体积节理数 $J_v=22.0$，通过插值法得 $K_v=0.31$，从而可计算出 BQ 为 281，通过查表，该坝块边坡岩体质量等级为Ⅳ级。

图 2-53　5#坝块对应东侧边坡

4. 东侧结果分析

试点 $\tau_{混凝土5-21}$ 岩性为灰色砂岩，节理裂隙发育，镶嵌结构。发育 2 组结构面：第 1 组产状 112°～124°∠55°～56°，弯曲粗糙；第 2 组产状 8°∠78°，弯曲粗糙；还有 1 条结构面贯穿点面，不连续发育，产状 52°∠50°，弯曲粗糙。所有结构面均风化。试点剪切面沿接触面剪断，局部沿岩体剪切，其占比很小，剪切面起伏差约 0.5cm，点面可见剪切裂隙。

试点 $\tau_{混凝土5-22}$ 岩性为灰色砂岩或泥质粉砂岩，其中砂岩占比 15%～25%，泥质粉砂岩占比 75%～85%，节理裂隙较发育，镶嵌结构。发育 2 组结构面：第 1 组产状 126°∠73°，弯曲粗糙；第 2 组产状 20°∠42°，弯曲粗糙；还有 1 条结构面贯穿点面，不连续发育，产状 98°∠78°，弯曲粗糙，为粉砂质页岩条带。所有结构面均风化，局部发育方解石条带，其宽约 0.5cm，长 10～15cm。试点剪切面沿接触面剪断，局部沿岩体剪切，约占整个点面的 15%，点面可见剪切

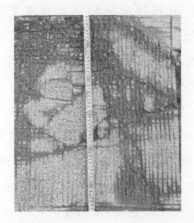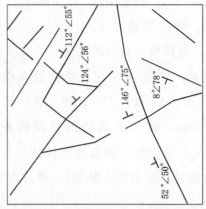

图 2-54　试点 $\tau_{混凝土5-21}$ 混凝土浇筑前照片及地质素描图

图 2-55　试点 $\tau_{混凝土5-21}$ 直剪试验后照片

裂隙，并带起下部岩体，剪切面起伏差最大约 5cm。

试点 $\tau_{混凝土5-23}$ 岩性为灰色砂岩或泥质粉砂岩，其中砂岩占比 30%～40%，泥质粉砂岩占比 60%～70%，节理裂隙较发育，镶嵌结构。发育 2 组结构面：第 1 组产状 314°∠44°，平直粗糙，风化严重；第 2 组产状 333°∠56°，平直粗糙；还有 1 条结构面贯穿点面，不连续发育，产状 230°∠51°，弯曲粗糙，为粉砂质页岩条带。所有结构面均风化，局部发育方解石条带，其宽约 1cm，长约 10～15cm。试点剪切面主要沿岩体剪断，约占整个点面的 60%，其他部位沿接触面剪切，约占整个点面的 40%，点面可见剪切裂隙，并带起下部岩体，剪切

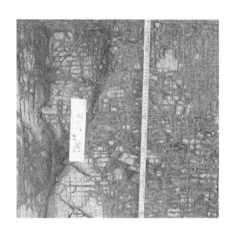

图 2-56　试点 $\tau_{混凝土5-22}$ 混凝土浇筑前照片及地质素描图

图 2-57　试点 $\tau_{混凝土5-22}$ 直剪试验后照片

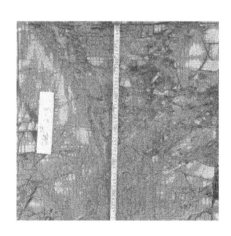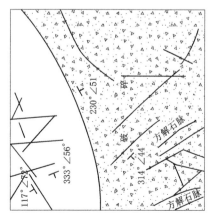

图 2-58　试点 $\tau_{混凝土5-23}$ 混凝土浇筑前照片及地质素描图

图 2-59　试点 $\tau_{混凝土5-23}$ 直剪试验后照片

面起伏差最大约 8cm。

　　试点 $\tau_{混凝土5-24}$ 岩性为灰色砂岩或粉砂质页岩，其中砂岩占比 60%～70%，粉砂质页岩占比 30%～40%，节理裂隙较发育，镶嵌结构。发育 2 组结构面：第 1 组产状 157°∠82°，平直粗糙，风化严重；第 2 组产状 244°∠56°，平直粗糙；还有 1 条结构面贯穿点面，不连续发育，产状 177°∠82°，弯曲粗糙，为粉砂质页岩条带。所有结构面均风化。试点剪切面主要沿岩体剪断，约占整个点面的 70%，其他部位沿接触面剪切，约占整个点面的 30%，点面可见剪切裂隙，并带起下部岩体，剪切面起伏差最大约 15cm。

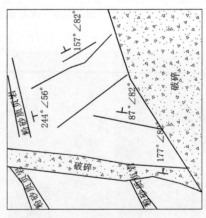

图 2-60　试点 $\tau_{混凝土5-24}$ 混凝土浇筑前照片及地质素描图

　　试点 $\tau_{混凝土5-25}$ 岩性为灰色砂岩或粉砂质页岩，其中砂岩占比 60%～70%，

图 2-61　试点 $\tau_{混凝土5-24}$ 直剪试验后照片

粉砂质页岩占比 $30\%\sim40\%$，节理裂隙发育，镶嵌结构。发育 2 组结构面：第 1 组产状 $244°\sim252°\angle55°\sim64°$，平直粗糙；第 2 组产状 $150°\angle74°$，平直粗糙；还有 1 条结构面贯穿点面，不连续发育，产状 $231°\angle63°$，弯曲粗糙，为粉砂质页岩条带。所有结构面均风化。试点剪切面主要沿接触面剪断，约占整个点面的 60%，其他部位沿岩体剪切，约占整个点面的 40%，点面可见剪切裂隙，并带起下部岩体，剪切面起伏差最大约 5cm。

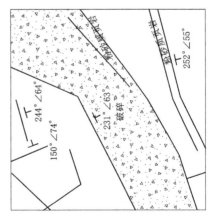

图 2-62　试点 $\tau_{混凝土5-25}$ 混凝土浇筑前照片及地质素描图

　　根据 $\tau_{混凝土5-2}$ 组直剪试验剪切应力与剪切向位移分别绘制抗剪断强度与变形关系曲线（图 2-64）和摩擦强度与变形关系曲线（图 2-65），并根据每点的正应力与相应抗剪断强度或摩擦强度按最小二乘法绘制关系曲线（图 2-66），同时计算出 $\tau_{混凝土5-2}$ 组混凝土与岩体接触面抗剪断强度参数和摩擦强度参数。根

图 2-63　试点 $\tau_{混凝土5-25}$ 直剪试验后照片

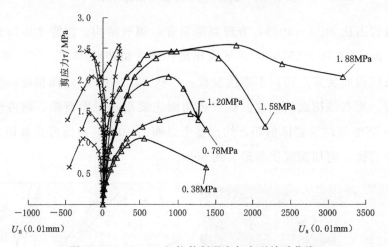

图 2-64　$\tau_{混凝土5-2}$ 组抗剪断强度与变形关系曲线

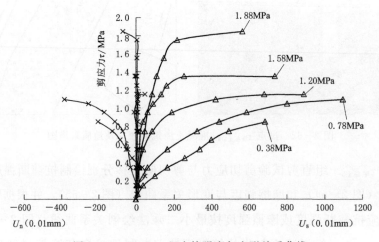

图 2-65　$\tau_{混凝土5-2}$ 组摩擦强度与变形关系曲线

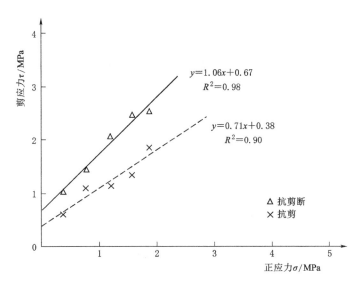

图 2-66　$\tau_{混凝土5-2}$ 组正应力与相应抗剪断强度或摩擦强度关系曲线

据图 2-66，$\tau_{混凝土5-2}$ 组混凝土与岩体接触面抗剪断强度参数为：摩擦系数 $f'=1.06$，摩擦角 $\varphi'=46.7°$，黏聚力 $C'=0.67\text{MPa}$；摩擦强度参数为：摩擦系数 $f=0.71$，摩擦角 $\varphi=35.5°$，黏聚力 $C=0.38\text{MPa}$（表 2-4）。

表 2-4　　　　　　$\tau_{混凝土5-2}$ 组混凝土与岩体接触面直剪试验成果表

编号	抗剪面积/cm^2	正应力/MPa	抗剪断强度/MPa	摩擦强度/MPa	地质概况
$\tau_{混凝土5-21}$		1.58	2.45	1.35	灰色中厚-厚层状长石石英砂岩，夹薄层泥质粉砂岩或粉砂质页岩，局部出露面积较大。岩体质量等级为Ⅳ级
$\tau_{混凝土5-22}$		1.20	2.05	1.15	
$\tau_{混凝土5-23}$	2500	0.78	1.45	1.10	
$\tau_{混凝土5-24}$		0.38	1.05	0.60	
$\tau_{混凝土5-25}$		1.88	2.55	1.85	
$\tau_{混凝土5-2}$	$f'=1.06(\varphi'=46.7°)$，$C'=0.67\text{MPa}$				
	$f=0.71(\varphi=35.5°)$，$C=0.38\text{MPa}$				

　　$\tau_{混凝土5-2}$ 组混凝土与岩体接触面直剪试验位于 5# 坝块东侧，主要岩性为灰色中厚-厚层状长石石英砂岩，夹薄层泥质粉砂岩或粉砂质页岩。试点 $\tau_{混凝土5-21}$、$\tau_{混凝土5-22}$ 主要沿接触面剪切破坏，试点 $\tau_{混凝土5-23}$、$\tau_{混凝土5-24}$、$\tau_{混凝土5-25}$ 局部或大部沿岩体或岩体结构面剪切破坏。根据该组试验抗剪断强度与变形关系曲线，大致可以得出该试验部位岩体与混凝土接触面的比例极限强度（图 2-67）。根据图 2-67，$\tau_{混凝土5-2}$ 组混凝土与岩体接触面抗剪断强度参数为：摩擦系数 $f'=$

1.06，摩擦角 $\varphi'=46.7°$，黏聚力 $C'=0.67\text{MPa}$；摩擦强度参数为：摩擦系数 $f=0.71$，摩擦角 $\varphi=35.5°$，黏聚力 $C=0.38\text{MPa}$；比例极限强度参数为：摩擦系数 $f=0.77$，摩擦角 $\varphi=37.6°$，黏聚力 $C=0.41\text{MPa}$。

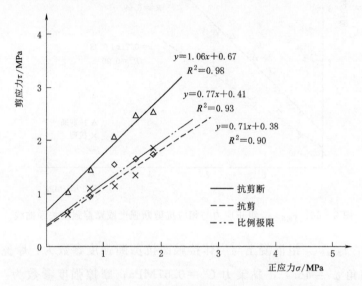

图 2-67　$\tau_{混凝土5-2}$ 组混凝土与岩体接触面直剪试验正应与剪应力关系曲线

$\tau_{混凝土5}$ 组混凝土与岩体接触面直剪试验抗剪断强度参数取平均值作为其标准值。其抗剪断强度参数标准值为：摩擦系数 $f'=1.10$，摩擦角 $\varphi'=47.7°$，黏聚力 $C'=0.70\text{MPa}$。其抗剪强度参数标准值为：摩擦系数 $f'=0.71$，摩擦角 $\varphi'=35.5$，黏聚力 $C'=0.32\text{MPa}$。

2.4.3.4　6# 坝块试验结果

1. 坝块岩性

6# 坝块试验点位于坝基基底，平均高程约 324.10m，主要岩性为灰色中厚-厚层状长石石英砂岩，夹薄层泥质粉砂岩或粉砂质页岩。6# 坝块试验点与 5# 坝块西侧试验点沿坝轴线水平距离约 3m，其地质概况与 5# 坝块西侧边坡的地质概况相近，岩体质量等级为 Ⅲ 级。

2. 结果分析

试点 $\tau_{混凝土6-1}$ 岩性为灰色砂岩或粉砂质页岩，其中砂岩占比 75%~85%，粉砂质页岩占比 15%~25%，节理裂隙发育，镶嵌结构。发育 2 组结构面：第 1 组产状 337°∠68°，平直粗糙；第 2 组产状 93°~116°∠68°~75°，平直粗糙；

还有 1 条结构面贯穿点面，不连续发育，产状 196°∠53°，平直粗糙，为粉砂质页岩条带。所有结构面均风化，局部含方解石条带，宽约 1mm，长约 10cm。试点剪切面主要沿接触面剪断，约占整个点面的 90%，其他部位沿岩体剪切，约占整个点面的 10%，点面可见剪切裂隙，并带起下部岩体，剪切面起伏差最大约 1.5cm。

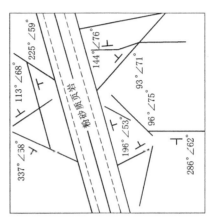

图 2-68 试点 $\tau_{混凝土6-1}$ 混凝土浇筑前照片及地质素描图

图 2-69 试点 $\tau_{混凝土6-1}$ 直剪试验后照片

试点 $\tau_{混凝土6-2}$ 岩性为灰色砂岩或泥质粉砂岩，其中砂岩占比 80%~90%，泥质粉砂岩占比 10%~20%，节理裂隙发育，镶嵌结构。发育 2 组结构面：第 1 组产状 118°∠80°，平直粗糙；第 2 组产状 9°∠35°，平直粗糙；还有 1 条结构面贯穿点面，不连续发育，产状 196°∠53°，平直粗糙，为粉砂质页岩条带。所有结构面均风化，呈锈红色。试点剪切面沿接触面剪断，剪切面平直，起伏差最大约 0.5cm。

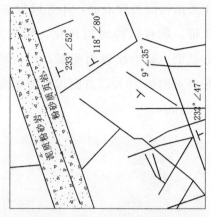

图 2-70　试点 $\tau_{混凝土6-2}$ 混凝土浇筑前照片及地质素描图

图 2-71　试点 $\tau_{混凝土6-2}$ 直剪试验后照片

　　试点 $\tau_{混凝土6-3}$ 岩性为灰色砂岩或泥质粉砂岩，其中砂岩占比 $80\%\sim90\%$，泥质粉砂岩占比 $10\%\sim20\%$，节理裂隙发育，镶嵌结构。发育 3 组结构面：第 1 组产状 $118°\angle71°$，平直粗糙；第 2 组产状 $345°\angle81°$，平直粗糙；第 3 组产状 $281°/100°\angle62°\sim66°$，平直粗糙；还有 1 条结构面贯穿点面，不连续发育，产状 $253°\angle50°$，弯曲粗糙，为泥质粉砂质条带。所有结构面均风化，呈锈红色。试点剪切面主要沿岩体剪断，约占整个点面的 80%，其他部位沿岩体剪切，约占整个点面的 20%，点面可见剪切裂隙，并带起下部岩体，剪切面起伏差最大约 18cm。

　　试点 $\tau_{混凝土6-4}$ 岩性为灰色砂岩或泥质粉砂岩，其中砂岩占比 $60\%\sim70\%$，

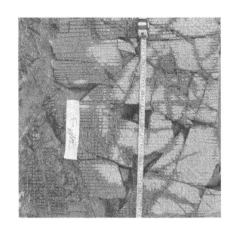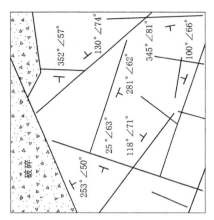

图 2-72 试点 $\tau_{混凝土6-3}$ 混凝土浇筑前照片及地质素描图

图 2-73 试点 $\tau_{混凝土6-3}$ 直剪试验后照片

泥质粉砂岩占比 30%~40%,节理裂隙发育,镶嵌结构。发育 2 组结构面:第 1 组产状 119°∠75°,平直粗糙;第 2 组产状 345°∠81°,弯曲粗糙;还有 1 条结构面贯穿点面,不连续发育,产状 119°∠75°,弯曲粗糙,为泥质粉砂质条带,夹泥。所有结构面均风化,呈铁锈色。试点剪切面主要沿接触面剪断,约占整个点面的 55%,其他部位沿岩体剪切,约占整个点面的 45%,点面可见剪切裂隙,并带起下部岩体,剪切面起伏差最大约 3cm。

试点 $\tau_{混凝土6-5}$ 岩性为灰色砂岩,镶嵌结构,前部风化破碎,占比约 15%。发育 5 条裂隙:第 1 条产状 272°∠58°,平直粗糙;第 2 条产状 34°∠28°,平直粗糙;第 3 条产状 119°∠62°,平直粗糙;第 4 条产状 74°∠56°,平直粗糙;第 5 条产状 39°∠44°,平直粗糙。所有结构面均风化,局部含方解石条带,宽约 1mm,

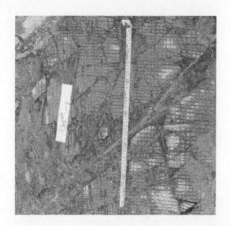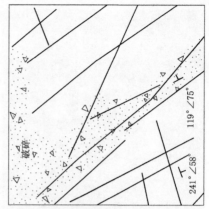

图 2-74　试点 $\tau_{混凝土6-4}$ 混凝土浇筑前照片及地质素描图

图 2-75　试点 $\tau_{混凝土6-4}$ 直剪试验后照片

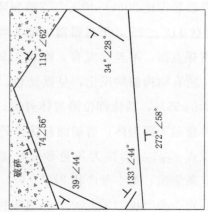

图 2-76　试点 $\tau_{混凝土6-5}$ 混凝土浇筑前照片及地质素描图

图 2-77 试点 $\tau_{\text{混凝土}6-5}$ 直剪试验后照片

长约 10cm。试点剪切面主要沿岩体剪切，沿第 1 条裂隙（产状 272°∠58°）向下楔入，右侧沿接触面剪切，点面可见剪切裂隙，剪切面起伏差大于 20cm。

根据 $\tau_{\text{混凝土}6}$ 组直剪试验剪切应力与剪切向位移分别绘制抗剪断强度与变形关系曲线（图 2-78）和摩擦强度与变形关系曲线（图 2-79），并根据每点的正应力与相应抗剪断强度或摩擦强度按最小二乘法绘制关系曲线（图 2-80），同时计算出 $\tau_{\text{混凝土}5-2}$ 组混凝土与岩体接触面抗剪断强度参数和摩擦强度参数（由于摩擦强度参数的黏聚力偏小，故摩擦强度参数的黏聚力指定为 0.36MPa，然后求取摩擦系数）。根据图 2-73，$\tau_{\text{混凝土}6}$ 组混凝土与岩体接触面抗剪断强度参数为：摩擦系数 $f'=1.18$，摩擦角 $\varphi'=49.6°$，黏聚力 $C'=0.95$MPa；摩擦强度参数为：摩擦系数 $f=1.01$，摩擦角 $\varphi=45.3°$，黏聚力 $C=0.36$MPa（表 2-5）。

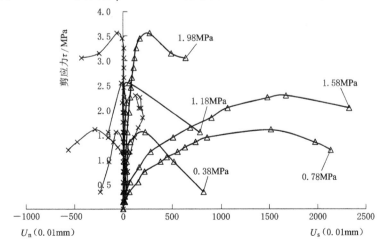

图 2-78 $\tau_{\text{混凝土}6}$ 组直剪试验抗剪断应力与变形关系曲线

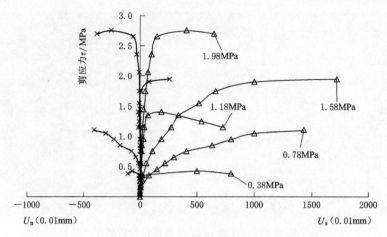

图 2-79　$\tau_{混凝土6}$ 组直剪试验摩擦强度与变形关系曲线

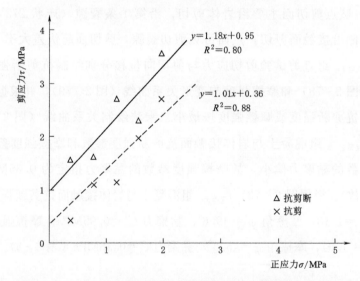

图 2-80　$\tau_{混凝土6}$ 组正应力与相应抗剪断强度或摩擦强度关系曲线

表 2-5　　　　　　　　　$\tau_{混凝土6}$ 组混凝土与岩体接触面直剪试验成果表

编号	抗剪面积 /cm^2	正应力 /MPa	抗剪断强度 /MPa	摩擦强度 /MPa	地质概况
$\tau_{混凝土6-1}$		1.18	2.70	1.15	灰色中厚-厚层状长石石英砂岩，局部夹薄层泥质粉砂岩或粉砂质页岩。岩体质量等级为Ⅲ级
$\tau_{混凝土6-2}$		0.38	1.55	0.43	
$\tau_{混凝土6-3}$	2500	1.58	2.30	1.95	
$\tau_{混凝土6-4}$		0.78	1.60	1.10	
$\tau_{混凝土6-5}$		1.98	3.55	2.70	
$\tau_{混凝土6}$					

$f'=1.18(\varphi'=49.6°)$，$C'=0.95\text{MPa}$

$f=1.01(\varphi=45.3°)$，$C=0.36\text{MPa}$

$\tau_{混凝土6}$ 组混凝土与岩体接触面直剪试验位于 6$^{\#}$ 坝块西侧，主要岩性为灰色中厚层-厚层状长石石英砂岩，局部夹薄层泥质粉砂岩或粉砂质页岩。试点 $\tau_{混凝土6-1}$、$\tau_{混凝土6-2}$ 主要沿接触面剪切破坏，试点 $\tau_{混凝土6-3}$、$\tau_{混凝土6-4}$、$\tau_{混凝土6-5}$ 局部或大部沿岩体或岩体结构面剪切破坏。根据该组试验抗剪断强度与变形关系曲线，大致可以得出该试验部位岩体与混凝土接触面的比例极限强度（图 2-81）。根据图 2-79，$\tau_{混凝土6}$ 组混凝土与岩体接触面抗剪断强度参数为：摩擦系数 $f'=$ 1.18，摩擦角 $\varphi'=49.6°$，黏聚力 $C'=0.95\text{MPa}$；摩擦强度参数为：摩擦系数 $f=1.01$，摩擦角 $\varphi=45.3°$，黏聚力 $C=0.36\text{MPa}$；比例极限强度参数为：摩擦系数 $f=1.10$，摩擦角 $\varphi=47.7°$，黏聚力 $C=0.75\text{MPa}$。由于 $\tau_{混凝土6}$ 组混凝土与岩体接触面的比例极限强度参数大于其摩擦强度参数，故抗剪强度参数标准值为摩擦强度参数。

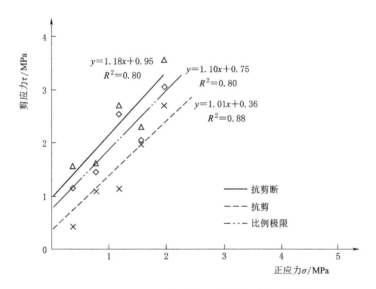

图 2-81　$\tau_{混凝土6}$ 组抗剪断强度与变形关系曲线

2.4.4　基于原位大尺度试验的建基岩体性状精细测试及分区评价

大坝建基面通常包含不同的地质单元，不同高程、不同风化程度、不同岩性、不同含水状态建基岩体，其与坝体的抗剪强度特性通常会呈现出不同的特征。提出基于原位大尺度试验的建基岩体性状精细测试及分区评价方法，并在坡月水库坝基性状评价中成功应用。坡月水库坝基基岩主要为三叠系中统板纳组（T_2b），岩性为长石石英砂岩，坝基岩体包含不同的亚层、不同的岩性，而且在不同的高程因为开挖深度的差异，显示出不同的风化卸荷特征，另外不同部位建基岩体的含水状态也有差异。为精细评价建基岩体与坝体的抗剪强度特性，在成型建基面不同代表性部位采用原位大尺度试验方法，准确获取了不同类型代表性建基岩体与坝体的抗剪强度参数。

针对坡月水库坝基 3#、4#、5#、6# 坝块开挖出露岩体分别进行现场混凝土与岩体接触面直剪试验 5 组，现场试验结果见表 2-6。

表 2-6　　　　　　　　　混凝土与岩体接触面直剪试验成果及分区分级

坝块	高程 /m	抗剪断强度		分区分级	岩　性
		摩擦系数 f'	黏聚力 C'/MPa		
3# 坝块	351.60	0.89	0.79	2	长石石英砂岩夹泥质粉砂岩，弱风化，Ⅲ级岩体
4# 坝块	336.50	1.19	1.02	1	长石石英砂岩夹泥质粉砂岩，弱风化，Ⅲ级岩体
5# 坝块	324.20	1.13	0.73	1	长石石英砂岩夹泥质粉砂岩或粉砂质页岩，弱风化，Ⅲ级岩体
	324.10	1.06	0.67	3	长石石英砂岩夹泥质粉砂岩或粉砂质页岩，弱风化，Ⅳ级岩体
6# 坝块	324.10	1.18	0.95	1	长石石英砂岩夹泥质粉砂岩或粉砂质页岩，弱风化，Ⅲ级岩体

（1）3# 坝块试验点高程 351.60m，岩性为三叠系中统板纳组第四层（T_2b^4），岩性为灰色中厚-厚层状长石石英砂岩，夹深灰色薄层粉砂质页岩，其混凝土与岩体接触面抗剪断强度摩擦系数 0.89，黏聚力 0.79MPa；4# 坝块试验点高程 336.50m，岩性为三叠系中统板纳组第一层（T_2b^1），岩性为灰色中厚-厚层状长石石英砂岩，夹灰黑色薄-极薄层状粉砂质页岩，其混凝土与岩体接触面抗剪断强度摩擦系数 1.19，黏聚力 1.02MPa。由于 3# 坝块高程高约 15m，岩体埋深浅且位于坡面附近，岩体受风化卸荷影响比 4# 坝块大。通过对比发现，3# 坝块岩体的混凝土与岩体接触面抗剪断强度比 4# 坝块的强度低约 25%，说明三叠系中统板纳组第四层（T_2b^4）岩性比三叠系中统板纳组第一层（T_2b^1）的差。

（2）5# 坝块西侧、6# 坝块岩体均为三叠系中统板纳组第一层（T_2b^1），岩性为灰色中厚-厚层状长石石英砂岩，夹灰黑色薄-极薄层状粉砂质页岩。5# 坝块西侧试验点高程 324.20m，混凝土与岩体接触面抗剪断强度摩擦系数 1.13，黏聚力 0.73MPa，6#坝块试验点高程 324.10m，其混凝土与岩体接触面抗剪断强度摩擦系数 1.18，黏聚力 0.95MPa；5#坝块东侧岩体为三叠系中统板纳组第二层（T_2b^2），岩性为灰黑色薄-中厚层状泥质粉砂岩夹灰黑色薄层状粉砂质页岩，其混凝土与岩体接触面抗剪断强度摩擦系数 1.06，黏聚力 0.67MPa。通过对比发现，5#坝块西侧岩体与 6#坝块的混凝土与岩体接触面抗剪断强度摩擦系数相当，5#坝块西侧和 6#坝块的混凝土与接触面直剪试验抗剪断强度比 5#坝块东侧的高约 6%～10%。由于 5#坝块西侧、5#坝块东侧和 6#坝块位于基底，而基底所有试坑长期充满积水，仅在试验前排水，因此可以认为 5#坝块西侧、5#坝块东侧和 6#坝块试验点为饱和状态。因此，三叠系中统板纳组第一层（T_2b^1）的饱和状态下混凝土与接触面抗剪断强度比三叠系中统板纳组第二层（T_2b^2）的强度高约 6%～10%。

（3）4#坝块、5#坝块西侧、6#坝块岩体均为三叠系中统板纳组第一层（T_2b^1）灰色中厚-厚层状长石石英砂岩夹灰黑色薄-极薄层状粉砂质页岩，其中 4#坝块试验点高程 336.50m，混凝土与岩体接触面抗剪断强度摩擦系数 1.19，黏聚力 1.02MPa，5#坝块西侧试验点高程 324.20m，混凝土与岩体接触面抗剪断强度摩擦系数 1.13，黏聚力 0.73MPa，6#坝块试验点高程 324.10m，混凝土与岩体接触面抗剪断强度摩擦系数 1.18，黏聚力 0.95MPa。4#坝块试验点位于边坡马道上，高程高，试验基坑基本没有积水，试样基本处于自然风干状态，5#坝块西侧和 6#坝块试验点位于基底，试验基坑长期充满积水，仅在试验前排水，因此可以认为 5#坝块西侧和 6#坝块试验点为饱和状态。由于 5#坝块西侧和 6#坝块混凝土与岩体接触面抗剪断强度比 4#坝块的强度低约 1%～5%，说明三叠系中统板纳组第一层（T_2b^1）饱和状态下的混凝土与岩体接触面试验强度比自然风干状态下的试验强度低约 1%～5%。

（4）通过上述（1）的分析可知，3#坝块岩体的混凝土与岩体接触面抗剪断强度比 4#坝块的强度低约 25%，而 3#坝块体高程比 4#坝块的高约 15m。通过上述（3）的分析可知，4#坝块自然风干状态下的岩体的混凝土与基底饱和状态下相同岩性的强度相差不大，而 4#坝块高程比基底的高约 12.4m，因此基底自然风干状态状态下的混凝土与岩体接触面抗剪断强度应该比饱和状态下的强度要高。通过上述不同高程的混凝土与岩体接触面抗剪断强度的对比分析，说明岩体分布高程对混凝土与岩体接触面抗剪断强度有影响，但相比于岩性之间的差异，这种影响相对较小。

长石石英砂岩（微风化）饱和状态单轴抗压强度平均值为 79.7MPa，声波波速 4400～5500m/s，长石石英砂岩（新鲜）声波波速大于 5500m/s，长石石英砂岩（弱风化）声波波速 3300～4400m/s；泥质粉砂岩（微风化）饱和状态单轴抗压强度平均值为 20.9MPa，声波波速 4160～5200m/s，泥质粉砂岩（新鲜）声波波速大于 5200m/s，泥质粉砂岩（弱风化）声波波速 3120～4160m/s。根据边坡地质现场编录结合岩块饱和抗压强度、波速，对 $3^\#$ 坝块、$4^\#$ 坝块、$5^\#$ 坝块西侧、$6^\#$ 坝块的岩体进行了初步质量评价，得到 $3^\#$ 坝块岩体 BQ 为 353，$4^\#$ 坝块、$5^\#$ 坝块西侧、$6^\#$ 坝块岩体 BQ 为 360，$5^\#$ 坝块东侧岩体 BQ 为 281。由于 $3^\#$ 坝块、$4^\#$ 坝块、$5^\#$ 坝块西侧、$6^\#$ 坝块岩体 BQ 相当，说明坡月水库坝基基岩长石石英砂岩岩体质量等级为Ⅲ级，其中比 $3^\#$ 坝块的岩体质量好，也比 $5^\#$ 坝块东侧的岩体质量好。$4^\#$ 坝块、$5^\#$ 坝块西侧、$6^\#$ 坝块岩体比 $3^\#$ 坝块岩体稍好；$5^\#$ 坝块东侧泥质粉砂岩或粉砂质页岩出露面积较大，岩体质量 BQ 也远低于其他部位岩体，因此其岩性最差，但该岩性仅局部出露，对坝基的影响有限。由于坡月水库正常蓄水位为 385.50m，$3^\#$ 坝块、$4^\#$ 坝块在水库运行期间位于正常蓄水位以下，因此 $3^\#$ 坝块、$4^\#$ 坝块在蓄水后将处于饱和状态，故其混凝土与岩体接触面抗剪断强度比自然风干状态下的强度要稍低。$5^\#$ 坝块东侧的混凝土与岩体接触面抗剪断强度较高，是因为 $5^\#$ 坝块东侧的试验点并没有完全置于三叠系中统板纳组第二层（T_2b^2）中，试验点性质总体偏向于三叠系中统板纳组第二层（T_2b^1），由于该层的出露范围较大，为了给设计提供参考依据，将它单独分一级。

2.4.5　基于现场试验的坝基面混凝土断裂损伤形态及规律研究

通过对现场大尺度试验试样破坏过程和破坏特征的精细描述和分析，总结了建基岩体与大坝混凝土接触面的变形破坏规律，提出建基岩体性状是影响坝基破坏的主控因素，建基面监测及预警分析时需要重点针对坝基岩体中的薄弱环节开展监测与分析。

坡月水库坝基基岩主要为三叠系中统板纳组长石石英砂岩，对不同高程、不同岩性的岩体分别进行现场混凝土与岩体接触面直剪试验 5 组。根据现场试验剪切面破坏特征，总结混凝土与岩体接触面直剪试验破坏模式主要有三种。

1. 沿混凝土与岩体接触面胶结面破坏

沿混凝土与岩体接触面胶结面破坏模式分为四种情况。

（1）岩体较完整，岩体强度较高，裂隙不发育。

（2）岩体较完整，岩体强度较高，裂隙不发育，但岩体中夹薄层软弱夹层或条带。

（3）岩体强度较高，裂隙较发育但裂隙贯通性差时。

（4）岩体强度较高，裂隙较发育但试样所受压力和推力均很低时。

在混凝土与岩体接触面抗剪断破坏时剪切面总体较平直（图2-82），是正常情况下的抗剪强度状况。本次试验共有12个试样点呈破坏模式，占比48％。

2. 沿软弱夹层或软弱带破坏

当岩体中软弱夹层或软弱带占比偏高时，占比一般超过30％，由于软弱夹层或软弱带性状差，对剪切破坏起主导作用的是软弱夹层或软弱带。在混凝土与岩体接触面抗剪断破坏时胶结面带动软弱夹层或软弱带向上挤压破坏（图2-83），抗剪强度一般较低。本次试验共有6个试样点呈破坏模式，占比24％。

图2-82　沿胶结面破坏　　　　　　　图2-83　沿软弱夹层或软弱带破坏

3. 沿岩体结构面破坏

沿岩体结构面破坏模式分为三种情况。

（1）当岩体较破碎，裂隙发育，且结构面走向与推力方向呈中至大角度相交时，混凝土与岩体接触面抗剪断破坏沿结构面剪切破坏，剪切面一般起伏较大，带动整个松动层破坏（图2-84）。当控制性结构面倾向反倾时，岩体在剪切过程中整体向上挤压破坏，导致抗剪强度偏高；当控制性结构面倾向正倾时，岩体在剪切过程中整体向下挤压，前期导致抗剪强度偏低，后期岩体楔入过深，抗剪强度偏高。本次试验共有4个试样点呈该种破坏模式，占比16％。

（2）当岩体较破碎，裂隙发育，且结构面走向与推力方向呈小角度相交时，混凝土与岩体接触面抗剪断破坏沿结构面剪切破坏（图 2-85），剪切过程中变形很大，由于剪切时推力方向与岩层走向一致，抗剪强度偏低。本次试验共有 1 个试样点呈该破坏模式，占比 4%。

图 2-84　结构面走向与推力方向大角度　　　　图 2-85　结构面走向与推力方向小角度
　　　　　　相交破坏　　　　　　　　　　　　　　　　相交破坏

（3）当岩体较破碎，裂隙发育，且结构面相交间呈正交网格状时，混凝土与岩体接触面抗剪断破坏沿结构面向上楔形挤出（图 2-86），抗剪强度偏高。本次试验共有 1 个试样点呈该破坏模式，占比 8%。

图 2-86　沿软弱夹层或软弱带破坏

坡月水库大坝建基岩体与混凝土接触面现场原位直剪试验破坏模式分析结果表明，在坝基与混凝土接触部位，坝体混凝土在承载过程中发生破坏的可能性不大，潜在破坏主要发生在坝基岩体中的薄弱环节，而且受坝基岩体性状影响呈现出复杂多样的破坏特征。在开展建基面监测及预警分析时需要重点针对坝基岩体中的薄弱环节开展监测与分析。

2.5　小结

采用平推直剪法对坝体建基岩体剪切力学参数进行试验研究，提出了基于原位大尺度试验的建基岩体性状精细测试及分区评价方法；基于现场大尺度试

验试样破坏过程和破坏特征的精细描述和分析，总结了建基岩体与大坝混凝土接触面的变形破坏规律，提出了建基岩体性状是影响坝基破坏的主控因素。

（1）$3^\#$ 坝块 $\tau_{混凝土3}$ 组混凝土与岩体接触面抗剪断强度参数标准值为：摩擦系数 $f'=0.89$，摩擦角 $\varphi'=41.7°$，黏聚力 $C'=0.79\mathrm{MPa}$；抗剪强度参数标准值为：摩擦系数 $f=0.81$，摩擦角 $\varphi=39.1°$，黏聚力 $C=0.42\mathrm{MPa}$。

（2）$4^\#$ 坝块 $\tau_{混凝土4}$ 组混凝土与岩体接触面抗剪断强度参数标准值为：摩擦系数 $f'=1.19$，摩擦角 $\varphi'=49.9°$，黏聚力 $C'=1.02\mathrm{MPa}$；抗剪强度参数标准值为：摩擦系数 $f=0.73$，摩擦角 $\varphi=36.0°$，黏聚力 $C=0.28\mathrm{MPa}$。

（3）$5^\#$ 坝块 $\tau_{混凝土5}$ 组混凝土与岩体接触面抗剪断强度参数标准值为：摩擦系数 $f'=1.10$，摩擦角 $\varphi'=47.7°$，黏聚力 $C'=0.70\mathrm{MPa}$；抗剪强度参数标准值为：摩擦系数 $f=0.71$，摩擦角 $\varphi=35.5°$，黏聚力 $C=0.32\mathrm{MPa}$。

（4）$6^\#$ 坝块 $\tau_{混凝土6}$ 组混凝土与岩体接触面抗剪断强度参数标准值为：摩擦系数 $f'=1.18$，摩擦角 $\varphi'=49.6°$，黏聚力 $C'=0.95\mathrm{MPa}$；抗剪强度参数标准值为：摩擦系数 $f=1.01$，摩擦角 $\varphi=45.3°$，黏聚力 $C=0.36\mathrm{MPa}$。

（5）根据边坡地质现场编录结合岩块饱和抗压强度、波速，对 $3^\#$ 坝块、$4^\#$ 坝块、$5^\#$ 坝块西侧、$6^\#$ 坝块的岩体进行了初步质量评价，确定坡月水库坝基基岩长石石英砂岩岩体质量等级为Ⅲ级，$4^\#$ 坝块、$5^\#$ 坝块西侧、$6^\#$ 坝块岩体质量最好。

（6）通过对现场大尺度试验试样破坏过程和破坏特征的精细描述和分析，将混凝土与岩体接触面直剪试验破坏模式归纳为三种：沿混凝土与岩体接触面胶结面破坏、沿软弱夹层或软弱带破坏、沿岩体结构面破坏。

第3章　碾压混凝土层间断裂损伤原位大尺度试验研究

随着施工工艺的提高，碾压混凝土大坝的数量也在不断增加，碾压混凝土层间抗剪强度参数的选取对于大坝的稳定性及安全性至关重要。由于其分层碾压的特点，各层面结合处将成为混凝土内部的薄弱层，在碾压混凝土重力坝抗滑稳定计算中起着关键作用。

本章介绍了碾压混凝土层间原位大尺度试验方法，并以大华侨水电站大坝碾压混凝土原位抗剪试验为案例进行研究，通过对 180d 龄期碾压混凝土不同层间处理方式进行原位抗剪试验，取得不同层间处理方式的抗剪强度参数，探究基于碾压混凝土层间原位大尺度试验不同级配的抗剪强度指标，为后续进行碾压混凝土层间断裂损伤研究提供参考依据。

3.1　碾压混凝土层间原位大尺度试验目的及依据

3.1.1　试验目的

碾压混凝土是一种可用土石坝施工机械设备运输及铺筑，用振动碾压实的特干硬性混凝土。由于采用大面积薄层摊铺、分层碾压、全断面连续上升施工工艺，因此，不可避免地在坝体中形成较多的层面。碾压混凝土施工技术以其能大规模机械化施工，速度快效率高等优势，在水利水电筑坝施工中得到广泛应用。国内外采用碾压混凝土筑坝技术施工的水利水电工程，包括围堰已达数十座，其中建成的大坝高度已达 140m 以上。作为一种先进的筑坝施工技术，碾压混凝土的密实度和力学性能能否满足设计要求是此技术的关键。从一些碾压混凝土坝的试验段及已建成的碾压混凝土坝中所钻取的大量混凝土芯样的试验结果表明，碾压混凝土坝层面抗剪强度一般比碾压混凝土本体抗剪强度要小，在岩滩和水口水利工程拆除围堰时发现破裂面多从层面（起始）反映了层面胶结状态不良，这些水平层面上的抗剪强度的潜在薄弱性是大坝设计者最关心的一个问题，将对碾压混凝土结构特别是高坝的安全性产生重大影响，因此需要进行碾压混凝土层间原位大尺度试验。通过对碾压混凝土不同层间处理方式进行原位抗剪试验，取得不同层间处理方式的极限抗剪强度、残余抗剪强度、摩擦强度和抗剪特性参数 f'、c'，为了解大坝混凝土层间处理措施、评估坝体结构稳定性提供依据。

3.1.2　试验依据

碾压混凝土层间原位大尺度试验需要结合《工程岩体试验方法标准》（DL/T 50266）《水利水电工程岩石试验规程》（SL 264、DLJ 204）和《水工混凝土试验规程》（SL 352、DL/T 5150）相关要求进行试验。

3.2　碾压混凝土层间原位大尺度试验方法

3.2.1　试件制备

选定工况各制备一组试样，每组试样制备 6 块试件。每组试样布置在相应工况的碾压混凝土层面 2.1m×7.2m 的范围内，试件布置在第五铺筑层，沿试验场呈纵向排列，试件设计剪切面积为 50cm×50cm，误差小于 2cm。按一定距离作好平面布置后，用人工和机械将试件四周的混凝土凿除，其中三面凿除深度至上下层混凝土的结合面，对施加剪切荷载的试体面，凿除深度直至混凝土结合面以下 10cm，以便安装千斤顶。试体外周围按一定距离，在事先布置好的位置上打 4 个锚杆孔埋插 ϕ32 锚杆，以便安装施加垂直压力的反力装置，具体制备过程如图 3-1～图 3-4 所示。

3.2.2　试验仪器设备安装

1. 提供法向荷载的反力系统

地锚（ϕ32HRB，每一试件 4 根，必须满足反复拉拔荷载强度的要求）、反力架、双向液压千斤顶。

2. 施加法向和剪切荷载系统

双向液压千斤顶、手动油泵、钢板、滚轴排、拐臂顶头、传力柱。

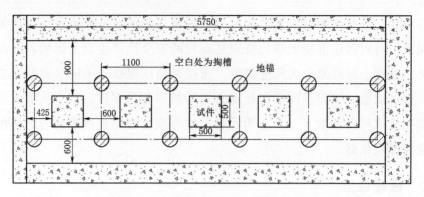

图 3-1   试件切割施工图（单位：mm）

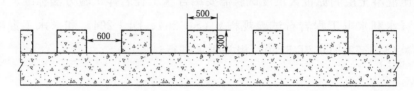

图 3-2   抗剪层试件施工断面图（单位：mm）

图 3-3   现场试件切割

图 3-4   现场试件周边混凝土凿除

图 3-5   现场试件找平与地锚安装

图 3-6   现场反力架安装

图 3-7　现场利用压力机对千斤顶进行标定　　图 3-8　现场变形测试设备及法向
　　　　　　　　　　　　　　　　　　　　　　　　　　　　　加荷设备安装

3. 数据采集系统

磁力表座、百分表、槽钢（固定位移
测量用）。

3.2.3　测试方法

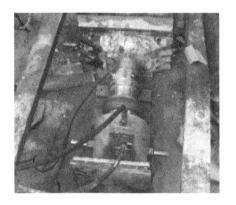

试验采用平推法，推力方向与层面方
向平行且与振动碾压方向呈垂直。

在试体混凝土两侧面靠近剪切面的四
个角点处布置水平和垂直方向百分表各 2
只，以测量试体的水平变形和垂直变形。

图 3-9　切向千斤顶安装

用磁力表座固定和支承百分表，基准梁用槽钢采用简支梁的形式，其支座置于
变形影响范围之外，所有测表均严格定向。

（a）垂直方向加荷　　　　　　　　　　　　（b）切向方向加荷

图 3-10　垂直及切向方向加荷

1. 垂直荷载的施加

垂直荷载分 3～5 级施加，每组分 5 个试件逐级施加不同的垂直荷载，最大法向应力按照设计要求的 3.0MPa 施加。加荷以时间控制，每 5min 加一次，加荷后立即读数，5min 后再读一次数，即可施加下一级荷载。加到预定荷载后，仍按上述规定读数，当连续两次垂直变形读数之差不超过 1‰时，认为稳定，可开始施加水平荷载。

2. 剪切荷载的施加

开始按照预估最大剪切荷载的 8%～10%分级均匀等量施加，当水平变形为前一级荷载作用下变形的 1.5 倍以上时，减荷按 4%～5%施加，直至剪断。荷载的施加方法以时间控制，按照每 5min 加荷一次，每级荷载施加前后各测读一次；临近剪断时，加密观测压力及变形。在整个剪断过程中，垂直荷载始终保持恒定。

试体剪断后，将试体用千斤顶推回原位，继续进行摩擦试验，并测记在大致相等的剪应力作用下的试体位移，直至发生较大位移（不小于 1.5cm）而剪切力趋于稳定值时止。然后分 4～5 级将水平荷载退至零，观测回弹变形，结束试验。

图 3-11　剪切试验过程

试验完毕后，翻转试体，对剪切面的特征，如破坏型式、起伏差、擦痕范围及方向等详加描述。测量混凝土剪切断面的实际面积并拍照记录，如图 3-11 所示。

3.3　工程案例——大华侨水电站大坝碾压混凝土原位抗剪试验

为了解大华桥水电站大坝混凝土层间处理措施，开展了碾压混凝土工艺试验块现场原位抗剪试验工作。通过对 180d 龄期碾压混凝土不同层间处理方式进行原位抗剪试验，取得不同层间处理方式的极限抗剪强度、残余抗剪强度、摩擦强度和抗剪特性参数 f'、c'，为评估坝体结构稳定性提供依据。

3.3.1　工程概况

大华桥水电站位于云南省怒江州兰坪县兔峨乡境内的澜沧江干流上，采用堤坝式开发，是澜沧江上游河段规划推荐开发方案的第六级电站，上、下游梯级分别为黄登和苗尾水电站。坝址处右岸有兰坪至六库公路通过，昆明至兰坪有省级公路连通。坝址距昆明市公路里程约 588km，距大理市 257km，距兰坪县城 77km。

大坝为碾压式混凝土重力坝，坝轴线直线布置，坝顶高程 1481.00m，坝基最低开挖高程 1375.00m，最大坝高 106m，坝顶长度 231.5m，坝顶宽 17.5m；其中碾压混凝土约计 59.4 万 m^3，常态混凝土约计 18.1 万 m^3。从左至右分别为：左岸非溢流坝段，长度 65m；泄洪底孔坝段长度 14m，溢流表孔坝段长度 91.5m；右岸非溢流坝段，长度 61m。坝体基本断面为三角形，下游坝坡 1∶0.7；上游高程 1410.00m 以下坡度为 1∶0.2，高程 1410.00m 以上为直立面。

大华桥水电站碾压混凝土现场工艺试验开展时间为 2015 年 3 月 28 日，并于 2015 年 4 月 5 日完成，其中原位抗剪试验层为第五层，共设置三级配直接升层、间歇 7h 洒净浆处理层、间歇 15h 铺砂浆处理层、间歇 72h 铺砂浆处理层、间歇 72h 铺一级配混凝土处理层以及二级配直接升层、间歇 72h 铺砂浆处理层、间歇 72h 铺一级配混凝土处理层等总计 8 个层间处理工况试验。

坝址区地震基本烈度为Ⅷ度，2 级壅水建筑物的工程抗震设防类别为乙类，2 级非壅水建筑物及 3 级建筑物坝址水工建筑物的工程抗震设防类别为丙类，其设计地震基本烈度均为Ⅶ度；工程采用基准期 50 年内超越概率 10% 的地震动参数为设计地震，基准期 100 年内超越概率 2% 的地震动参数为校核地震。基准期 50 年内超越概率 0.1 的水平向设计地震加速度代表值为 0.142g，基准期 100 年内超越概率 0.02 的水平向设计地震加速度代表值为 0.267g。最大法向应力为 3.0MPa、并按照垂直荷载 0.6MPa、1.2MPa、1.8MPa、2.4MPa、3.0MPa 等 5 个等级施加进行试验，切向按照预估最大荷载的 10% 逐级施加，直至剪断；经会议确定最终试验工况分别为 C18015W4F50 三级配区直接升层（间隔 3h）、铺净浆（间隔 7h）、冲毛铺砂浆（间隔 72h）、冲毛铺一级配混凝土（间隔 72h）及 C18020W8F100 二级配区直接升层等 5 个工况试验。10 月 19 日对试验检测压力设备进行校准，并绘制千斤顶压力传感器回归曲线。10 月 22 日开始进行抗剪检测试验。

3.3.2　地质条件概况

坝址河流呈反 S 状河曲形，河谷为横向谷，两岸山势雄伟，边坡高陡，河谷呈 V 形，两岸微地貌地形完整性较差，枯水期江水位 1406.00m 时，水面宽约 70m，正常蓄水位 1477.00m 处，谷宽约 200m。

坝址出露基岩岩性主要为白垩系景星组下段灰白色、灰绿中粗粒石英砂岩与紫红色绢云母板岩不等厚岩层，岩层走向 NE0°～10°，倾向 NW，倾角 75°～90°。石英砂岩饱和压强度平均 98.6MPa，属于坚硬岩类。板岩多为较软-中等坚硬岩。对板岩与石英砂岩而言，石英砂岩饱和抗压强度及变形模量、弹性模量等均大于板岩。

坝址区断裂不甚发育，并且主要分布于右岸，左岸未发现规模较大断层发育。大部分断层带内挤压紧密，由挤压片状岩、碎块岩、断层泥等组成，宽度一般都小于 10cm，延伸长度小于 500m。坝址左岸强风化水平及垂直埋深一般小于 5m；弱风化水平埋深 20～34m。右岸强风化水平向埋深 0～24m，在岩体内发现有囊状或沿断层带的带状风化现象，弱风化下限水平埋深 16～66m。河床基岩基本上为弱风化-微鲜岩体。

3.3.3　碾压混凝土技术要求及施工配合比

3.3.3.1　碾压混凝土技术要求

本次碾压混凝土原位抗剪试验试验区根据碾压混凝土层面处理措施的不同，将碾压混凝土条带分为 8 个条带区域，本次现场原位抗剪断试验区主要定在 C_{180}15W4F50 三级配区直接升层（间隔 3h）、铺净浆（间隔 7h）、冲毛铺砂浆（间隔 72h）、冲毛铺一级配混凝土（间隔 72h）及 C_{180}20W8F100 二级配区直接升层等 5 个条带区域中，见表 3-1。

其层面均安排在试验块第 4 层、第 5 层，每种层面处理措施进行 1 组原位抗剪试验，每组 6 块，5 块试件为试验试件，1 块为备用试件，其中，试验所用碾压混凝土的技术要求见表 3-2。

表 3－1　　　　　　　　　　　抗 剪 试 验 工 况 组 合

序号	混凝土标号	层间间隔方式及间隔时间
1	C_{180}15W4F50	直接升层（2h43min）
2	C_{180}15W4F50	铺净浆（6h52min）
3	C_{180}15W4F50	冲毛铺砂浆（3d）
4	C_{180}15W4F50	冲毛铺一级配混凝土（3d）
5	C_{180}20W8F100	直接升层（2h22min）

表 3－2　　　　　　　　　　　碾压混凝土技术要求

设计技术指标		坝 体 部 位			
		坝体大体积（三级配）	上游防渗层（二级配）	表孔台阶堰面/大坝基础找平层（二级配）	迎水面变态混凝土
180d 强度指标/MPa（180d、保证率80%）		C15	C20	C20	C20
抗渗等级（180d）		W4	W8	W8	W8
抗冻等级（180d）		F50	F100	F100	F100
V_c 值/s		3～5	3～5	3～5	—
设计坍落度/mm		—	—	—	10～30
极限拉伸值 εp	28d	＞0.45×10^{-4}	＞0.55×10^{-4}	＞0.55×10^{-4}	＞0.55×10^{-4}
	90d	＞0.55×10^{-4}	＞0.65×10^{-4}	＞0.65×10^{-4}	＞0.65×10^{-4}
	180d	＞0.65×10^{-4}	＞0.75×10^{-4}	＞0.75×10^{-4}	＞0.75×10^{-4}
层面原位抗剪断强度（180d、保证率80%）	f'	＞1.0	＞1.0	＞1.0	＞1.0
	c'/MPa	＞1.2	＞1.2	＞1.2	＞1.2
容重/(kg/m³)		2400	2400	2400	2400

3.3.3.2　碾压混凝土施工配合比

本次工艺试验针对大华桥主体大坝工程 C_{180}20W8F100 二级配及 C_{180}15W4F50 三级配碾压混凝土进行，坝体部位碾压混凝土施工配合比参数见表 3－3，接缝砂浆施工配合比参数见表 3－4，一级配接缝混凝土施工配合比参数见表 3－5。

表 3-3　　　　　　　　　　坝体部位碾压混凝土施工配合比

设计指标	W/(C+F)	级配	砂率/%	材料用量/(kg/m³)							Vc 值/s
				水	水泥	煤灰	砂	小石	中石	大石	
C_{180}15W4F50	0.55	三	36	87	63	95	785	431	576	431	3～5
C_{180}20W8F100	0.50	二	39	97	97	97	823	730	597	0	3～5
C_{180}20W8F100	0.50	二	39	97	97	97	823	730	597	0	10～30

注　1. 各种材料计算比重：祥云 P·MH42.5 水泥 3.19，Ⅱ级灰 2.32，人工砂 2.6，人工碎石 2.70；人工砂的细度模数 2.59。

　　2. 各级配石子比例：常态混凝土骨料的二级配为中石∶小石 45∶55；三级配为大石∶中石∶小石 30∶40∶30。

　　3. 配合比中的骨料用量均为饱和面干状态下的骨料用量。

　　4. 混凝土配合比计算时，掺引气剂的混凝土扣含气量：二级配 2.5%、三级配 2.0%。

表 3-4　　　　　　　　　　接缝砂浆处碾压混凝土施工配合比

接缝砂浆对应混凝土标号	标号等级	W/(C+F)	S/C	砂率/%	材料用量/(kg/m³)					稠度/mm
					水	水泥	煤灰	砂	小石	
C_{180}15W4F50	M_{180}20	0.50	2.7	100	248	198	297	1337	0	70～90
C_{180}20W8F100	M_{180}25	0.45	2.2	100	255	226	340	1245	0	70～90

注　1. 各种材料计算比重：祥云 P·MH42.5 水泥 3.19，宣威Ⅱ级灰 2.28，人工砂 2.62，人工碎石 2.70；人工砂的细度模数＝2.59。

　　2. 配合比中的骨料用量均为饱和面干状态下的骨料用量。

　　3. 混凝土配合比计算时，掺引气剂的混凝土扣含气量：一级配 3.0%；砂浆扣含气量 5.0%。

表 3-5　　　　　　　　　　接缝砂浆处碾压混凝土施工配合比

一级配接缝混凝土标号	标号等级	W/(C+F)	S/C	砂率/%	材料用量/(kg/m³)					稠度/mm
					水	水泥	煤灰	砂	小石	
C_{180}15W4F50	C_{180}20	0.50	—	41	155	139	171	748	1109	70～90
C_{180}20W8F100	C_{180}25	0.45	—	40	155	172	172	719	1111	70～90

3.3.4　原位试验场地布置

原位抗剪试验布置在碾压混凝土工艺试验场地内，试验场地为 40m×15m（长×宽），共有 5 个浇筑层，每个浇筑层的厚度为 30cm。详细布置如图 3-12～图 3-14 所示。

3.3.5　碾压混凝土力学性能试验结果

碾压混凝土与常态混凝土存在多方面的差异，因此，常态混凝土的力学性能试验结果不能直接应用于碾压混凝土的研究之中。本节主要对碾压混凝土试

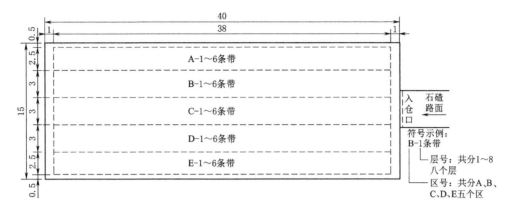

图 3-12 碾压试验场地规划平面图 (单位：m)

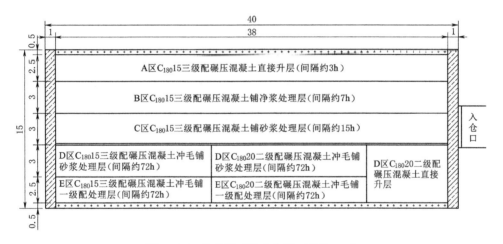

图 3-13 抗剪层工况分布图 (单位：m)

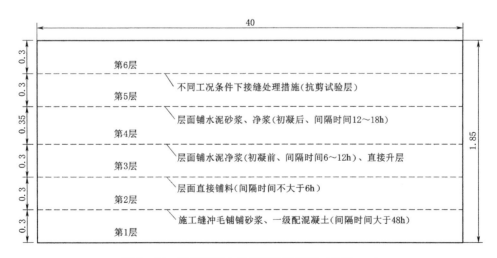

图 3-14 碾压混凝土工艺试验层间图 (单位：m)

件、砂浆/混凝土试件、碾压混凝土芯样以及变态混凝土芯样进行力学性能试验，并记录试件的各项力学性能参数。

1. 抗压强度检测结果

抗压强度检测结果分别见表 3-6～表 3-9。

表 3-6　　　　　　　　　　　碾压混凝土试件抗压强度

混凝土种类	试件编号	抗压强度/MPa				拌合时间 /s
		14d	28d	90d	180d	
C$_{180}$15W4F50 三级配碾压混凝土	GY0331-1	12.6	16.3	22.9	26.8	60
	GY0401-1	13.5	16.0	25.6	30.8	60
	GY0402-1	13.5	16.7	24.3	27.5	60
	GY0405-1	13.0	17.3	23.1	26.3	60
C$_{180}$20W8F100 三级配碾压混凝土	GY0331-1	16.3	20.1	30.4	33.2	60
	GY0401-1	16.8	21.7	31.7	35.4	60
	GY0405-2	18.2	23.3	33.9	38.7	60

表 3-7　　　　　　　　　　　砂浆/混凝土试件抗压强度

混凝土种类	试件编号	抗压强度/MPa		
		28d	90d	180d
M$_{180}$20	M0401-1	20.3	26.9	33.3
M$_{180}$25	M0401-2	25.6	33.3	40.9
C$_{180}$20 一级配	M0405-1	19.8	25.4	31.5
C$_{180}$25 一级配	M0405-2	24.7	32.7	41.4

表 3-8　　　　　　　　　　　碾压混凝土芯样抗压强度

龄期	混凝土种类	试样直径 /mm	高/mm	抗压强度/MPa		劈拉强度/MPa	
				抗压强度	平均值	抗压强度	平均值
90d	C$_{180}$15W4F50 三级配碾压混凝土	ϕ219	314	16	16.8	1.39	1.40
		ϕ219	305	17.4		1.44	
		ϕ219	307	16.7		1.37	
	C$_{180}$20W8F100 二级配碾压混凝土	ϕ219	313	21.7	21.9	1.96	1.94
		ϕ219	312	22.4		1.90	
		ϕ219	304	21.6		1.95	

龄期	混凝土种类	试样直径/mm	高/mm	抗压强度/MPa		劈拉强度/MPa	
				抗压强度	平均值	抗压强度	平均值
180d	C$_{180}$15W4F50 三级配碾压混凝土	ϕ219	305	21.1	21.4	1.83	1.87
		ϕ219	307	20.6		1.88	
		ϕ219	309	20.1		1.89	
	C$_{180}$20W8F100 二级配碾压混凝土	ϕ219	312	27.4	27.8	2.11	2.21
		ϕ219	317	27.6		2.30	
		ϕ219	301	28.5		2.22	

表 3-9　　　　　　　　变态混凝土芯样抗压强度

龄期	混凝土种类	试样直径/mm	高/mm	抗压强度/MPa		劈拉强度/MPa	
				抗压强度	平均值	抗压强度	平均值
90d	C$_{180}$15W4F50 三级配变态混凝土	ϕ219	305	16.8	16.8	1.76	1.71
		ϕ219	307	17.2		1.70	
		ϕ219	310	16.5		1.67	
	C$_{180}$20W8F100 二级配变态混凝土	ϕ219	298	19.7	19.6	1.83	1.85
		ϕ219	310	19.2		1.85	
		ϕ219	303	19.9		1.88	
180d	C$_{180}$15W4F50 三级配变态混凝土	ϕ219	312	19.3	19.2	1.93	1.98
		ϕ219	301	19.7		20.3	
		ϕ219	304	18.7		1.98	
	C$_{180}$20W8F100 二级配变态混凝土	ϕ219	315	24.8	24.5	2.09	2.11
		ϕ219	313	24.3		2.06	
		ϕ219	310	24.5		2.17	

2. 极限拉伸试验检测结果

碾压混凝土极限拉伸试验检测结果见表 3-10。

表 3-10　　　　　　　碾压混凝土极限拉伸试验检测结果

混凝土种类	检 测 项 目	实 测 值		
		28d	90d	180d
C$_{180}$15W4F50 (GY0331-1)	轴心抗拉强度/MPa	1.20	2.43	2.86
	轴心抗拉弹性模量/MPa	30.3	36.9	41.5
	极限拉伸值/10^{-4}	0.51	0.74	0.88
C$_{180}$20W8F100 (GY0331-2)	轴心抗拉强度/MPa	1.65	2.87	3.49
	轴心抗拉弹性模量/MPa	25.4	36.4	43.8
	极限拉伸值/10^{-4}	0.79	0.92	1.00

3. 抗渗试验检测结果

碾压混凝土试件抗渗试验检测结果见表 3-11。

表 3-11　　　　　　　　　碾压混凝土试件抗渗试验检测结果

混凝土种类	设计要求	实测值（90d）		结论
		最大压力/MPa	渗水高度/cm	
$C_{180}15W4F50$ (GY0331-1)	W4	0.5	2.7	＞W4
$C_{180}20W8F100$ (GY0331-2)	W8	0.9	5.8	＞W8
$C_{180}15W4F50$	W4	0.5	3.5	＞W4
$C_{180}20W8F100$	W8	0.9	6.1	＞W8

4. 抗冻试验检测结果

碾压混凝土抗冻试验检测结果见表 3-12。

表 3-12　　　　　　　　　碾压混凝土抗冻试验检测结果

混凝土种类	检 测 项 目		标准要求	实测值	结论
C18015W4F50 (GY0331-1)	25 次冻融循环	相对动弹性模量	≥60%	87.9	＞F50
		质量损失率	≤5%	0.7	
	50 次冻融循环	相对动弹性模量	≥60%	77.9	
		质量损失率	≤5%	1.0	
C18015W8F100 (GY0331-2)	25 次冻融循环	相对动弹性模量	≥60%	96.3	＞F100
		质量损失率	≤5%	0.3	
	50 次冻融循环	相对动弹性模量	≥60%	94.1	
		质量损失率	≤5%	0.4	

3.3.6　试验结果及分析

3.3.6.1　试验结果

碾压混凝土原位抗剪试验结果见表 3-13，根据每组的正应力及相应的抗剪强度或残余强度按最小二乘法绘制 $\tau-\sigma$ 关系曲线如图 3-15～图 3-19 所示，通过线性拟合得到各组试验的抗剪断峰值强度拟合方程、抗剪残余强度拟合方程见表 3-14，然后根据莫尔-库仑公式确定各组试验的抗剪强度参数及黏聚力参数见表 3-15。

表 3 – 13　　　　　　　　　　碾压混凝土原位抗剪试验结果

编号	工　况	法向应力 /MPa	极限抗剪强度 /MPa	残余抗剪强度 /MPa
A – 1	$C_{180}15$ 三级配 碾压混凝土 直接升层 (间隔约 3h)	0.6	2.1	1.7
A – 2		1.2	2.8	2.1
A – 3		1.8	3.4	2.6
A – 4		2.4	4.1	3.3
A – 5		3.0	5	3.9
B – 1	$C_{180}15$ 三级配 碾压混凝土 铺净浆处理层 (间隔约 7h)	0.6	2.4	2
B – 2		1.2	3.2	2.6
B – 3		1.8	4.6	3.3
B – 4		2.4	5.4	4.1
B – 5		3.0	6.2	5
D – 1	$C_{180}15$ 三级配 碾压混凝土 冲毛铺砂浆处理层 (间隔约 72h)	0.6	1.9	1.3
D – 2		1.2	2.7	2.1
D – 3		1.8	3.2	2.5
D – 4		2.4	3.9	3.1
D – 5		3.0	4.6	3.4
E – 1	$C_{180}15$ 三级配 碾压混凝土 冲毛铺一级配处理层 (间隔约 72h)	0.6	1.9	1.4
E – 2		1.2	2.8	2.2
E – 3		1.8	3.6	2.7
E – 4		2.4	4.2	3.0
E – 5		3.0	5.1	3.4
D2 – 1	$C_{180}20$ 二级级配 碾压混凝土 直接升层 (间隔约 2.5h)	0.6	2.6	1.9
D2 – 2		1.2	3.3	2.6
D2 – 3		1.8	4.2	3.1
D2 – 4		2.4	4.9	3.4
D2 – 5		3.0	5.8	3.9

表 3 – 14　　　　　　　碾压混凝土抗剪断峰值强度及残余强度拟合方程

组别	工　况	方程类型	拟合方程	相关系数
A 条带	$C_{180}15$ 三级配碾压混凝土 直接升层 (间隔约 3h)	峰值	$y = 1.183x + 1.35$	0.994
		残余	$y = 0.933x + 1.04$	0.989
B 条带	$C_{180}15$ 三级配碾压混凝土 铺净浆处理层 (间隔约 7h)	峰值	$y = 1.633x + 1.42$	0.988
		残余	$y = 1.250x + 1.15$	0.993

续表

组别	工　况	方程类型	拟合方程	相关系数
D1 条带	$C_{180}15$ 三级配碾压混凝土 冲毛铺砂浆处理层（间隔约 72h）	峰值	$y=1.097x+1.28$	0.997
		残余	$y=0.851x+0.97$	0.981
E 条带	$C_{180}15$ 三级配碾压混凝土 冲毛铺一级配处理层（间隔约 72h）	峰值	$y=1.290x+1.22$	0.996
		残余	$y=0.790x+1.11$	0.963
D2 条带	$C_{180}20$ 二级配碾压混凝土 直接升层（间隔约 2.5h）	峰值	$y=1.333x+1.76$	0.998
		残余	$y=0.790x+1.54$	0.981

表 3 - 15　　　　　　　　　碾压混凝土抗剪强度参数

试件编号	工　况	峰　值		残　余　值	
		f'	c'/MPa	f	c/MPa
A - 1～A - 5	$C_{180}15$ 三级配碾压混凝土 直接升层（间隔约 3h）	1.18	1.35	0.93	1.04
B - 1～B - 5	$C_{180}15$ 三级配碾压混凝土 铺净浆处理层（间隔约 7h）	1.63	1.42	1.25	1.15
D1 - 1～D1 - 5	$C_{180}15$ 三级配碾压混凝土 冲毛铺砂浆处理层（间隔约 72h）	1.10	1.28	0.85	0.97
E - 1～E - 5	$C_{180}15$ 三级配碾压混凝土 冲毛铺一级配处理层（间隔约 72h）	1.29	1.22	0.80	1.11
D2 - 1～D2 - 5	$C_{180}20$ 二级配碾压混凝土 直接升层（间隔约 2.5h）	1.33	1.76	0.8	1.54

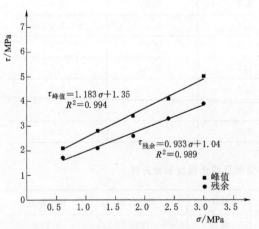

图 3 - 15　$C_{180}15$ 三级配直接升层 $\tau - \sigma$
　　　　关系曲线

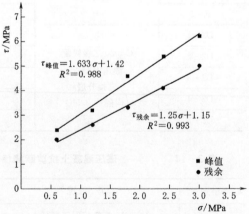

图 3 - 16　$C_{180}15$ 三级配洒净浆处理层 $\tau - \sigma$
　　　　关系曲线

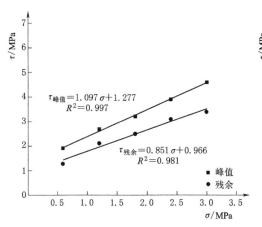

图 3-17 $C_{180}15$ 三级配铺砂浆处理层
$\tau-\sigma$ 关系曲线

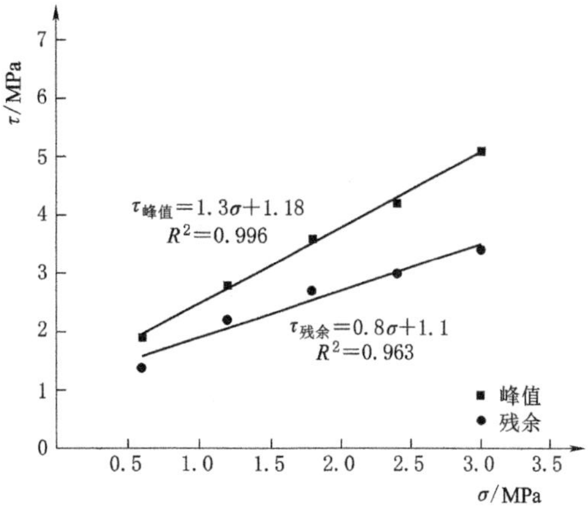

图 3-18 $C_{180}15$ 三级配铺一级配处理层
$\tau-\sigma$ 关系曲线

3.3.6.2 破坏模式

试件的剪切破坏形式分为两类：第一类是沿碾压混凝土层面剪断；第二类是沿混凝土本体剪断。在第二类中又分两种形式：一是混凝土中部分粗骨料被剪断；另一种形式为从骨料的胶结面剪断。在报告中试验的 5 组共 25 块试件，其中有 9 块试件全部从混凝土本体剪断，有 8 块试件不同程度地从混凝土层面剪断，有 8 块试件全部从混凝土层面处剪断。

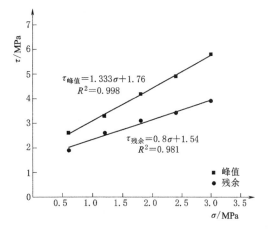

图 3-19 $C_{180}20$ 二级配直接升层 $\tau-\sigma$ 关系曲线

A 条带剪切断面图如图 3-20 所示，其中 A-1 试件剪断属层间剪断，断面比较平整，骨料断裂痕迹较少，砂浆包裹现象比较明显，几乎是碾压结合层剪断；A-2 试件剪断属层间剪断，断面高低起伏，上下层间骨料镶嵌、骨料断裂痕迹较少，砂浆包裹现象明显；A-3 试件剪断属部分本体剪断，断面高低起伏，上下层间骨料镶嵌、骨料断裂痕迹较少，砂浆包裹现象明显；A-4 试件剪断属部分本体剪断，断面右部高低起伏比较小，左部高低起伏比较明显，存在骨料集中现象，骨料断裂痕迹较少，砂浆包裹现象比较明显；A-5 试件剪断属本体剪断，断面骨料分布比较均匀，骨料包裹好，剪断约 80%，其余 20% 大部分从骨料与浆体胶结面剪断，断面高低起伏。

(a) 法向应力0.6MPa　　　　　　(b) 法向应力1.2MPa　　　　　　(c) 法向应力1.8MPa

(d) 法向应力2.4MPa　　　　　　(e) 法向应力3.0MPa

图 3-20　A 条带剪切断面图

　　B 条带剪切断面图如图 3-21 所示，其中 B-1 试件剪断属下层本体剪断，断面有部分骨料集中现象，骨料包裹好，部分骨料剪断、剪断断面起伏大，断面起伏高差 10.0cm 左右；B-2 试件剪断属上层本体剪断，断面下部较平整，上部高低起伏；断裂面多为胶材与骨料粘接的部位，试件右侧面靠上部位方向有少量粗骨料剥落，骨料包裹一般，断面浆体含量一般，骨料分布均匀；B-3 试件剪断属上层本体剪断，断面高低起伏，部分骨料断裂，断裂面骨料分布较均匀，试块左侧上部面有混凝土剥落；B-4 试件剪断属上层本体剪断，断面高低起伏，断裂面多为胶材与骨料黏接的部位，部分骨料剪断；B-5 试件剪断属上层本体剪断，高低起伏，断裂面骨料分布较均匀，部分骨料断裂，试块左侧上部有混凝土剥落，试件右侧面有一条从上而下倾向下游的裂缝。

（a）法向应力0.6MPa　　　　（b）法向应力1.2MPa　　　　（c）法向应力1.8MPa

（d）法向应力2.4MPa　　　　（e）法向应力3.0MPa

图 3-21　B 条带剪切断面图

D1 条带剪切断面图如图 3-22 所示，其中 D1-1 试件剪断属层间结合处剪断，断面左侧大部分面积平整，右侧小部分本体剪断，有少量粗骨料被剪断；层间明显可见砂浆浆层，无明显可见骨料；D1-2 试件剪断属本体断裂，断面浆体含量一般，可见骨料均匀分布、骨料上下镶嵌，剪断面骨料中下部分布较集中，骨料包裹一般，少部分粗骨料被剪断；D1-3 试件剪断属层间结合层断裂，断面平整、断面可见接缝砂浆浆体、无明显可见骨料、少数粗骨料被剪断；D1-4 试件上部属于本体剪断，下部属于层间结合层断裂，本体断裂占 40%，下部可见接缝砂浆浆体，少部分骨料剪切；D1-5 试件剪断属层间结合层断裂，断面较平整，断面可将接缝砂浆浆体、无明显可见骨料、中部少数骨料剪切。

E 条带剪切断面图如图 3-23 所示，其中 E-1 试件剪断属层间结合层断裂，清晰可见铺一级配混凝土层间处理的痕迹，断面多见小石，中石和大石断裂现象不明显；E-2 试件剪断属部分本体剪断，本体剪断在试件上部，约占面积 30%、断面较平整，高低起伏不大，少量骨料剪断；E-3 试件剪断属层间结合

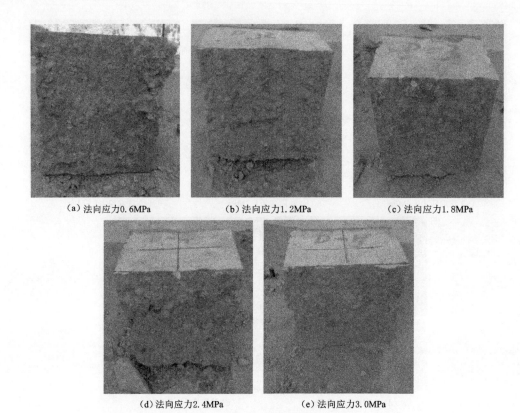

(a) 法向应力0.6MPa　　　　(b) 法向应力1.2MPa　　　　(c) 法向应力1.8MPa

(d) 法向应力2.4MPa　　　　(e) 法向应力3.0MPa

图 3-22　D1 条带剪切断面图

层断裂，断面平整，明显可见一级配层间处理痕迹；E-4 试件剪断属层间结合面剪断，断面较平整，接缝处理浆体丰富，层间起伏较小、无明显可见骨料；E-5 试件剪断属层间结合面剪断、断面较平整，浆体较富，接缝处理浆体丰富，层间起伏较小、无明显可见骨料。

　　D2 条带剪切断面图如图 3-24 所示，其中 D2-1 试件剪断属本体剪断，断面骨料分布比较均匀，部分骨料剪断、骨料分布均匀，剪断断面高低起伏；D2-2 试件剪断属本体剪断，断面骨料分布比较均匀，骨料包裹好，断面高低起伏；D2-3 试件剪断属部分本体剪断，断面骨料分布比较均匀，骨料包裹好，少量骨料剪断、断面比较平整；D2-4 试件剪断属部分本体剪断，断面骨料分布比较均匀，骨料包裹好，少量骨料剪断，层间骨料上下镶嵌、剪断断面比较平整；D2-5 试件剪断属下层本体剪断，断面中部骨料分布比较集中，部分骨料被剪断痕迹比较明显，断面高低起伏。

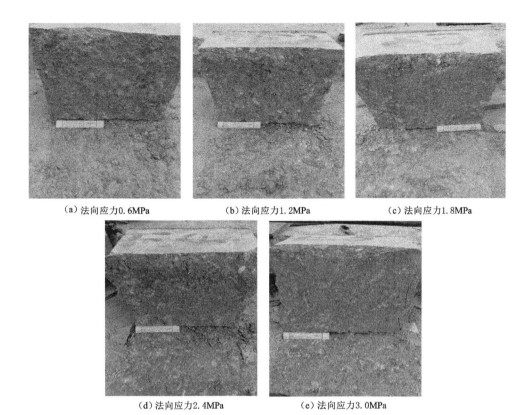

（a）法向应力0.6MPa （b）法向应力1.2MPa （c）法向应力1.8MPa

（d）法向应力2.4MPa （e）法向应力3.0MPa

图 3-23　E 条带剪切断面图

3.3.6.3　结果分析

本次试验在整理计算成果时，是按照同一组工况相同的试件归类进行计算，求抗剪参数 f'、c' 值。但因沿层面剪断的试件抗剪强度与从混凝土本体剪断的试件抗剪强度有明显区别，故将同一组不同剪断特征试件的成果进行综合计算分析，从而求出相同工况层间的综合抗剪强度指标。

（1）A-1～A-5 试件为 $C_{180}15W4F50$ 三级配碾压混凝土直接升层间隔约 3h，5 块中有 2 块是由层间面剪断，2 块由试件本体剪断，1 块部分本体剪断，剪断面起伏差较小；其剪切面较平整、干燥，沿剪切方向可见水平擦痕，但擦痕较少，砂浆包裹现象较明显。经综合分析计算，本工况的 $f' = 1.18$、$c' = 1.35MPa$。

（2）B-1～B-5 试件为 $C_{180}15W4F50$ 三级配碾压混凝土间隔约 7h 铺净浆处理层，其 5 块试件基本是从混凝土本体上剪断，断面较为平整，起伏差 3～

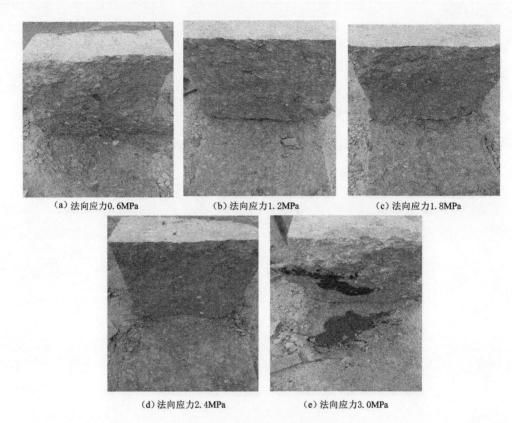

(a) 法向应力0.6MPa　　　(b) 法向应力1.2MPa　　　(c) 法向应力1.8MPa

(d) 法向应力2.4MPa　　　(e) 法向应力3.0MPa

图 3-24　D2 条带剪切断面图

8cm，混凝土层面胶结较好，有两块试件在剪断后，试块本体混凝土有不同程度的开裂及破碎剥离现象。断面骨料剪断情况较少，且擦痕明显，分布均匀，但是从试件剪切面分析其浆体含量一般，骨料包裹一般，分析其原因是局部骨料集中，表面泛浆一般，骨料有裹粉现象所致。经综合回归分析得出本工况的 $f'=1.63$、$c'=1.42\text{MPa}$。

（3）D-1～D-5 试件为 $C_{180}15W4F50$ 三级配碾压混凝土间隔约 72h 冲毛铺砂浆处理层，其中 4 块不同面积的在混凝土层间剪切面断裂、1 块在混凝土本体断裂，从混凝土剪断形式来看，大部分沿砂浆与下层碾压混凝土的结合面被剪断；本工况经综合计算分析：$f'=1.10$、$c'=1.28\text{MPa}$。

（4）E-1～E-5 试件是 $C_{180}15W4F50$ 三级配碾压混凝土间隔约 72h 冲毛铺一级配混凝土处理层，混凝土直剪试验情况：其中 4 块试件均为层间剪断，1 块试件由混凝土试件本体剪断，层间可以清晰地看到铺一级配处理的现象，骨料断裂几乎是小石，中石、大石断裂现象不明显，层间高低起伏较砂浆大。本

工况的 $f'=1.29$、$c'=1.22$MPa。

（5）D2-1～D2-5 试件为 $C_{180}20$W8F100 二级配碾压混凝土直接升层，从混凝土剪断情况来看，五块试件均从混凝土本体剪断，断面骨料分布比较均匀，骨料包裹好，骨料被剪断痕迹比较明显，断面高低起伏。本工况的 $f'=1.33$、$c'=1.76$MPa。

大华桥水电站碾压混凝土原位抗剪试验，试件层间 5 种工况的摩擦系数 f' 的最大值为 1.63，最小值为 1.10，抗剪断凝聚力 c' 的最大值为 1.76MPa，最小值为 1.22MPa。以上成果说明本次工艺性试验中碾压混凝土层间结合处理工艺的质量较好，其采用的层间处理方式是合理的，能满足碾压混凝土层间良好结合的目的，同时也满足《大华桥水电站大坝混凝土施工技术要求》中针对碾压混凝土原位抗剪试验检测提出的抗剪断摩擦系数 $f'>1.0$、抗剪断凝聚力 $c'>1.2$ 的技术要求。

3.4　小结

通过对碾压混凝土层间原位抗剪试验的研究可以发现，影响碾压混凝土层面抗剪强度的主要因素是施工工艺、施工质量和材料品质，在材料质量相同或相近时，施工工艺和施工质量就变成了主要决定因素，胶凝材料用量对抗剪强度的影响，相对而言不是特别显著。

（1）对碾压混凝土层间原位抗剪试验试样破坏过程和破坏特征的精细描述和分析，将试件的剪切破坏形式归纳为两类：第一类是沿碾压混凝土层面剪断；第二类是沿混凝土本体剪断。其中，第二类分为：一种形式是混凝土中部分粗骨料被剪断；另一种形式为从骨料的胶结面剪断。

（2）通过大华侨水电站大坝碾压混凝土原位抗剪试验的结果可知，碾压混凝土现场施工时，对于特殊原因导致混凝土不能及时覆盖的部位，在混凝土初凝前，须采用铺洒净浆的处理措施，有效提高混凝土层间结合力；对于冷升层混凝土，采用冲毛铺砂浆、铺一级配混凝土的方法均能满足设计要求，但从技术角度上分析，冲毛铺一级配混凝土质量要优于冲毛铺砂浆工艺，从施工角度上分析，冲毛铺砂浆工艺较冲毛铺一级配混凝土工艺要简单。

第4章 坝基混凝土断裂损伤机理研究

建立在岩石基础上的混凝土大坝，由于混凝土与岩石分属于两种不同的材料，具有不同的材料特性，尤其两种材料本身具有的非均质性与各向异性等属性，故在其接触面为容易发生损伤断裂现象的坝体薄弱界面，若在荷载、水流及温度变化等作用下极易产生裂缝并沿坝基面不断扩展，严重的可导致坝体溃决。

本章节结合具体工程，从理论、试验与数模等方面，将混凝土损伤力学、断裂理论有效结合，进行坝体与基岩胶结面的断裂损伤机理研究，充分揭示坝基胶结面处的断裂损伤演变规律，为坝工结构的建设及安全运行提供科学的理论依据。

4.1 混凝土结构断裂损伤理论

4.1.1 混凝土断裂力学研究

断裂力学是研究含缺陷（或裂纹）材料和结构的抗断裂性能，以及在各种工作环境下裂纹的平衡、扩展、失稳及止裂规律的一门学科。混凝土是含有大量微裂缝的固体，有时还有宏观裂缝的存在。这些裂缝的稳定和发展对混凝土的强度、变形乃至结构的安全有着重要的影响。将断裂力学的概念引入到混凝土的破坏机理研究中就成为混凝土断裂力学，其内容包括以下三个方面：

（1）研究混凝土的断裂机理。

（2）判断在混凝土结构中某些严重裂缝的危害程度。

（3）用于改进结构的设计方法。

根据断裂力学理论，混凝土结构能否继续安全的使用，最为重要的是确定结构中的微观裂缝和宏观裂缝是否将继续扩展并导致破坏。这种扩展可以缓慢而稳定并且仅在荷载增加时存在，或者裂缝扩展到一定程度突然变为不稳定扩

展，或者裂缝停止扩展达到稳定状态。断裂力学理论从宏观上研究裂缝扩展，并从结构响应中试图建立起一些参数来衡量已经存在的裂缝是否会扩展以及将会以什么样的速度扩展。

徐世烺等依据混凝土断裂过程可分为起裂、稳定扩展和失稳断裂三个不同阶段，将单参数判据如临界应力强度因子 K、临界能量释放率 G 加以扩展，提出了双 K 断裂模型（Double-K Fracture Model，简称 DKFM）及双 G 断裂模型（Double-GFracture Model，简称 DGFM）。双 K 断裂模型以应力强度因子为参量，引入了两个断裂控制参数，即起裂断裂韧度 K_1 和失稳断裂韧度 K_2。其中，K_1 作为裂缝起裂的控制参数；K_2 用来控制裂缝的临界失稳。断裂韧度的增值是混凝土骨料桥联和黏聚作用的结果。$K<K_1$，裂缝不起裂；$K=K_1$ 裂缝开始稳定扩展；$K_1<K<K_2$ 裂缝处于稳定扩展阶段；$K=K_2$，裂缝开始失稳扩展；$K>K_2$ 裂缝处于失稳扩展阶段。双 K 断裂理论将虚拟裂缝模型中断裂过程区的黏聚力模型与利用等效弹性方法得到解析解的应力强度因子结合起来，避免了数值运算，也避免了等效裂缝模型的回归分析，并且有明确的物理意义。双 G 断裂模型是从能量角度建立的能量型断裂模型，以能量释放率 G 作为断裂韧度参数，通过起裂韧度 G、失稳韧度 G 对混凝土的起裂和失稳进行判定。

随着研究的深入，混凝土断裂力学取得了深入的进展，并已在工程实际中获得应用。但是断裂力学是以固体中存在宏观裂缝为前提；通过对裂缝周围的应力、应变分析，着重解释材料的失效问题。由于混凝土天然存在着大量的初始微裂缝，在其发生弹性变形的同时，微裂缝还会不断萌生与扩展。如果卸载后微裂缝不能自动愈合就会形成能量耗散，造成混凝土的损伤，导致材料的刚度和强度下降。应用断裂力学理论难以了解在混凝土的损伤过程中微裂缝的形状、尺度、分布以及相互作用造成的影响，更难以定量的确定混凝土产生宏观裂缝时损伤程度的大小，因此断裂力学理论在混凝土中的应用受到了局限，而损伤力学则从某种程度上弥补了断裂力学的这种不足。

4.1.2 混凝土损伤力学研究

损伤力学将混凝土材料视为连续介质场，把包含各种微裂缝和微缺陷的材料笼统的看成含有损伤场的连续介质，把损伤的发生、发展看作是损伤演变过程，引入适当的损伤变量来描述这种连续介质的物理力学性能。通过宏观或细观的途径，建立损伤材料的本构关系和损伤演化方程，以此进行求解。

1976 年 Dougil J. W. 最早将损伤力学用于混凝土，他认为混凝土的非线性是由渐进损伤发展所引起的刚度衰减而造成的。1983 年李灏将损伤力学引入我国，推动了损伤力学的发展。由于混凝土是一种含有初始缺陷的多相复合材料，外力作用以前就会有初始损伤存在。受力后，其内部沿着骨料界面产生许多微裂纹，其开裂面大体上同最大拉应变或拉应力垂直，裂纹主要是沿着骨料界面发展，使混凝土的应力-应变曲线出现"应变软化"效应。因此，混凝土的损伤是一个连续的过程，在很小的应力应变下就已发生，随着荷载的增加损伤不断累积，直至破坏。基于对混凝土破坏机理和力学性质的深入研究，许多学者认为损伤理论比较适合于混凝土的研究。

混凝土的断裂行为主要取决于其内部微裂纹的形成、扩展和汇合，断裂过程经历了四个阶段，即无损阶段、连续损伤阶段、微裂纹汇合的宏观开裂阶段和断裂阶段。混凝土裂纹几何形态不同于金属材料，其特点如下：

（1）有效裂纹的几何尺寸无法准确度量，因为混凝土断裂是众多裂纹的成核过程，其有效裂纹面积大大高于单一裂纹面积。

（2）裂纹顶端的位置无法确定，因为混凝土从微裂纹过渡到宏观裂纹，其间没有明显的区分点。

（3）混凝土中宏观裂纹的扩展属于亚临界扩展范畴。

混凝土的宏观裂缝通常是由细观的微裂缝、孔隙等缺陷扩展、汇集演变形成。混凝土损伤发展所经历的时间约占构件总寿命的 $80\% \sim 90\%$。混凝土组成材料具有复杂性和多级性，损伤机理研究涉及损伤力学、断裂力学等多个交叉学科。因此，将断裂力学、损伤力学相结合是研究混凝土结构破坏机理的有效手段。

4.2　坝基节理抗剪断损伤精细化模拟

节理作为不连续结构面广泛分布于天然岩体。岩体强度及变形特征主要受节理的力学特性影响，在外荷载作用下，节理两端出现应力高度集中，萌生次生裂纹，裂纹发展贯通形成滑移面导致岩体发生破坏，因此，节理岩体的剪切特性是主导岩体工程稳定性的关键因素。

原位直剪试验虽能够保持节理的天然状态并得到较为直观、准确的剪切参数，但无法从细观角度研究节理岩体的力学特性和破坏机制。数值模拟通过计算机建立试验模型，改变受力条件从而较为全面地研究节理的力学特性，能够克服原位试验及室内试验存在的节理几何特征多样性、不可重复性、成本高等难点。通过对混凝土模拟试样进行起伏节理直剪试验，结合 PFC2D 模拟其剪切受力过程，对照试验的剪应力-应变曲线选取合理的细观参数，从细观角度的裂纹演化、能量转化及声发射现象解释了节理的宏观破坏机制，并在此基础上研究了节理岩体强度本构模型和破坏形态。

4.2.1　节理强度本构模型及破坏形态

4.2.1.1　节理强度模型

节理的强度模型主要与法向应力、摩擦角、黏聚力及粗糙度等因素有关。莫尔-库仑准则最早被用来计算节理强度，Jaeger J G 等则认为节理的剪切强度是一个关于摩擦角的函数，因此，忽略了节理黏聚力 c，进而获得简化的莫尔-库仑准则。

在此基础上，Patton 进行锯齿形节理剪切试验，提出了双线性强度理论，即

$$\tau = \sigma_n \tan(\varphi_u + i) \quad \sigma_n < \sigma_T \tag{4-1}$$

$$\tau = \sigma_n \tan\varphi_r + c \quad \sigma_n \geqslant \sigma_T \tag{4-2}$$

$$\sigma_T = \frac{c}{\tan(\varphi_r + i) - \tan\varphi_r} \tag{4-3}$$

式中　σ_n——法向应力；

φ_u——节理摩擦角；

i——起伏体的起伏角；

φ_r——节理的残余摩擦角，$\varphi_r < \varphi_u + i$；

T——法向应力阈值；

c——黏聚力。

当法向应力较小时，在剪应力作用下锯齿间相互滑越；反之，锯齿间发生啃断破坏，此时需要考虑节理黏聚力。Jaeger J G 等认为，实际节理的起伏度较为平缓，并无明显的拐点。基于能量守恒原理，Ladanyi B 等提出了反映节理破

坏特征的强度准则，即

$$\tau = \frac{\sigma_n (1-\alpha_s)(V+t\tan\varphi_u) + \alpha_s S_R}{1-(1-\alpha_s)V\tan\varphi_u} \tag{4-4}$$

$$\alpha_s = 1 - \left(1-\frac{\sigma_n}{\sigma_T}\right)^{K_1} \tag{4-5}$$

$$V = \left(1-\frac{\sigma_n}{\sigma_T}\right)^{K_2}\tan i \tag{4-6}$$

$$S_R = \sigma_c \frac{\sqrt{n+1}-1}{n}\left(1+n\frac{\sigma_n}{\sigma_c}\right)^{0.5} \tag{4-7}$$

式中　　α_s——剪切面积比；

　　　　v——剪胀率；

　　　　S_R——无节理岩石强度；

　　　　σ_c——完整岩石的单轴抗压强度；

　　　　σ_n——抗拉强度与抗压强度比值；

K_1、K_2——断裂控制参数，分别取值为 1.5、4.0。

该模型较全面地考虑了节理的同时滑行和剪切破坏。

Barton N 通过大量的节理剪切试验，在考虑节理粗糙度的影响的基础上，总结了 10 种标准节理粗糙度包络线；Grasselli、Johansson、Ghazvinian 等分别考虑了节理几何特征影响，对上述模型进行了修正，由于其参数计算较为烦琐，因此不能在工程应用中得到普遍运用。

4.2.1.2　节理破坏形态

将节理的剪切破坏形态分为剪断和磨损两种。破坏形态的影响因素主要有节理的几何特征及其受力状态，当起伏角较大，或法向应力较大时，节理在剪切过程中，难以克服法向应力产生滑越变形，导致剪断破坏。反之，锯齿状节理滑越，相互之间产生磨损破坏。前者在剪切破坏过程中的剪应力-应变曲线有明显的啃断区，此阶段与应剪切强度下降过程相对应，当起伏体发生剪断后，节理发生剪切变形，主要是由于需要克服岩体间的摩擦。其破坏特征较为明显，峰值剪切强度和残余强度相差较大。发生磨损破坏的节理试件的剪应力-应变曲线上主要表现出上升区和滑移区，啃断区不明显，且峰值剪切强度和残余强度相差较小。不同节理破坏形态及应力-应变关系如图 4-1 所示。

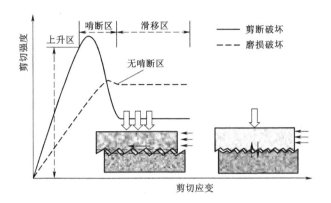

图 4-1 不同节理破坏形态及应力-应变关系

4.2.2 直剪数值模型

PFC2D 试样由一系列圆形颗粒构成。颗粒半径在 $R_{min} \sim R_{max}$ 满足均匀分布，其中 $R_{min} = 0.125 mm$、$R_{max} = 0.1875$。颗粒模型为平行黏结模型，考虑到试样尺寸效应及宏、细观参数比例，颗粒尺寸大小取为 30mm×30mm 时，对模拟结果的影响最小。建模的重点是对节理的模拟，本节采用平滑节理模型，通过编写 Fish 程序生成锯齿状节理，直剪试验 PFC 数值模拟模型如图 4-2 所示，不同试验模型节理设置如图 4-3 所示。

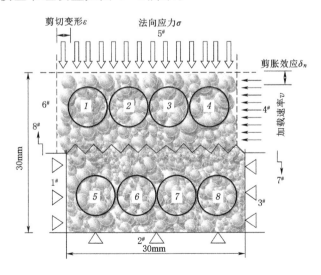

图 4-2 直剪试验 PFC 数值模拟模型

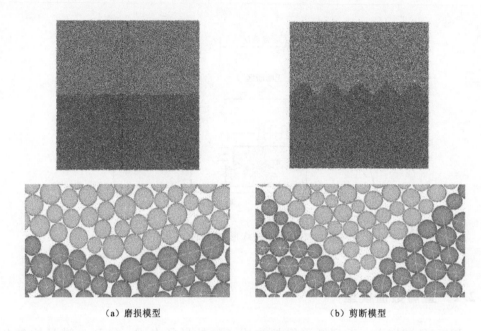

（a）磨损模型　　　　　　　　　　　　　　（b）剪断模型

图 4 - 3　不同试验模型节理设置

4.2.3　数据分析及对比

室内试验和数值模拟参数见表 4 - 1。在选定的细观参数和加载条件下，通过数值模拟得到的剪切刚度、剪切强度、残余强度及内摩擦角等结果与现场试验较接近，因此可将其作为选定参数进行后续的计算分析。

表 4 - 1　　　　　　　　　　　室 内 试 验 和 数 值 模 拟 参 数

破坏形式	结果类型	剪切刚度 kn/(MPa/mm)	剪切强度 p/MPa	残余强度 r/MPa	内摩擦角 u/(°)
磨损破坏	室内试验	0.68	1.70	1.50	44.50
	数值模拟	0.74	1.72	1.46	38.77
剪断破坏	室内试验	2.69	6.71	3.50	25.73
	数值模拟	2.85	6.73	3.52	22.91

4.2.4　试验结果及数值模拟分析

通过试算来确定细观参数，在此基础上利用节理岩体强度模型分别对剪断和磨损两种破坏形态进行模拟，选择两组起伏角分别为 15°、45°的模型，将法向应力设置为 $\sigma_n = 1 \sim 10\mathrm{MPa}$，每隔 1MPa 进行加载试验，得到峰值强度、残余强度、剪切变形、法向变形等参数见表4-2。

表4-2 不同起伏角度下节理力学特征

起伏角度/(°)	法向应力/MPa	峰值强度/MPa	残余强度/MPa	剪切变形/mm	法向变形/mm	破坏类型
15	1	1.716	1.457	0.987	1.983	磨损
	2	1.783	1.627	1.196	2.313	磨损
	3	2.114	2.033	1.364	2.077	磨损
	4	2.772	2.583	1.555	1.963	磨损
	5	3.496	3.276	2.100	2.237	磨损
	6	3.802	3.606	2.253	2.376	磨损
	7	4.401	4.203	2.017	2.633	磨损
	8	5.253	4.606	2.756	3.212	磨损
	9	5.506	4.501	2.613	3.277	剪断
	10	6.013	5.027	3.611	4.277	剪断
45	1	3.300	0.700	2.030	3.010	磨损
	2	4.510	1.620	2.070	2.660	剪断
	3	5.030	1.720	2.240	2.760	剪断
	4	5.310	2.750	1.860	2.620	剪断
	5	5.750	2.080	2.250	3.260	剪断
	6	6.210	2.440	2.310	3.250	剪断
	7	6.450	2.650	2.460	3.230	剪断
	8	6.610	2.830	2.370	3.380	剪断
	9	6.710	3.060	2.550	3.220	剪断
	10	6.730	3.520	2.4480	5.380	剪断

试验结果表明，试样的受力状态（法向应力）对峰值剪切强度、破坏形态及变形有很大的影响。节理的最终破坏形态与其几何特征密切相关，当节理表面起伏较小时，试样主要发生磨损破坏，当表面起伏较大时，试样容易发生剪断破坏。当法向应力较大时，应力-应变曲线有明显的啃断区，部分试样发生剪断破坏。

峰值强度，残余强度随着法向应力的增大均逐渐增大，45°起伏节理得到的峰值强度与残余强度差值较15°起伏节理大，且二者的差值随应力增加逐渐增大。滑移区对应的残余变形与峰值强度对应的剪切变形之间区域为啃断区，45°节理的啃断现象比15°节理更明显。

4.3　坝基混凝土损伤机理研究

抗剪强度是研究坝体与基岩胶结面断裂损伤问题的一个重要指标。目前，抗剪强度参数主要依据直剪试验确定。原位直剪试验可以保证岩石材料天然的结构状态，减少取样和运输等对材料抗剪强度的影响，因此相比于室内试验更符合实际的情况。国内外诸多学者针对不同地质条件开展了原位直剪试验，实际上，现场试验的设备比较复杂、费用较高，难以观察混凝土细观结构和材料的非均质性，而且胶结面处的破坏过程是一个内部裂缝萌生、扩展、贯通，最终失稳的过程，其宏观破坏是细观层面的损伤与断裂的积累和发展导致的，数值模拟是研究混凝土-基岩胶结面力学性质的一种有效手段，通过数值模拟的方法可以获取试验过程中发生在结构内部的细观现象，合理的数值模拟结果可以对试验进行补充、比较、印证，得到更为准确的结论。

本节结合坡月水库工程，采用有限元方法，建立坝基面处混凝土损伤力学模型模拟现场原位直剪试验，并将模拟结果与现场原位直剪试验的结果进行对比，在验证了数值模拟正确性的基础上，从细观层次上研究胶结面的抗剪强度及破坏机理，揭示坝基胶结面处的断裂损伤演变规律。

4.3.1　有限元模型材料参数

运用有限元软件建立与现场直剪试验尺寸相同的三维有限元模型，受剪切试件为混凝土材料，下部为基岩，与试件采用共节点的方式连接，混凝土试件尺寸为 $50\text{cm} \times 50\text{cm} \times 40\text{cm}$，基岩尺寸为 $100\text{cm} \times 100\text{cm} \times 40\text{cm}$，有限元模型材料参数见表 4-3。

表 4-3　　　　　　　　　　有限元模型材料参数

材料	密度/(kg/m³)	弹性模量/MPa	泊松比
混凝土	2400	25500	0.167
基岩	2710	12900	0.230

4.3.2　网格尺寸精细化分析

为提高计算精度及避免计算过程中出现应力集中的现象，在进行网格划分

时，单元类型选用规则的六面体单元（C3D8R）。此外，数值仿真的精度对有限元网格尺寸有很大的依赖性，一般情况下，采用尺寸较小的网格可以得到较为精确的计算结果，但对计算机硬件水平要求较高，还会降低计算效率。为了得到最佳模拟效果，本书建立不同网格尺寸的模型，并将不同网格尺寸下数值模拟结果与试验结果对比，如图 4-4 所示。不同网格尺寸下数值模拟计算时长如图 4-5 所示。

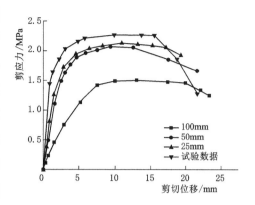

图 4-4　不同网格尺寸下数值模拟结果与试验结果对比

通过对比可以发现，网格尺寸为 50mm 的模型在保证计算精度的同时可以有效减少计算工作量，满足计算要求，且由原位直剪试验的结果可知，剪切面最大起伏差约为 10cm，因此，对混凝土与基岩接触面上下各 15cm 处对网格进行加密，精细化后的网格尺寸为 10mm。原位直剪试验数值模型如图 4-6 所示。

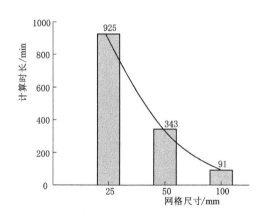

图 4-5　不同网格尺寸下数值模拟计算时长

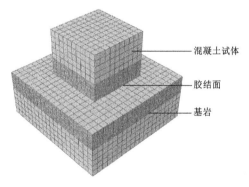

图 4-6　原位直剪试验数值模型

4.3.3　数值仿真结果与试验印证

按照莫尔-库仑理论绘制不同法向应力下剪应力与位移的关系曲线，确定各法向应力下的抗剪断峰值，通过线性拟合，得到剪切应力-法向应力关系图，拟合直线的斜率和截距分别为摩擦系数和黏聚力。数值模拟正应力-剪应力关系如

图 4-7 所示。原位试验正应力-剪应力关系如图 4-8 所示，模拟值与实际值的
拟合程度较好，验证了本书模拟方法的合理性与准确性。

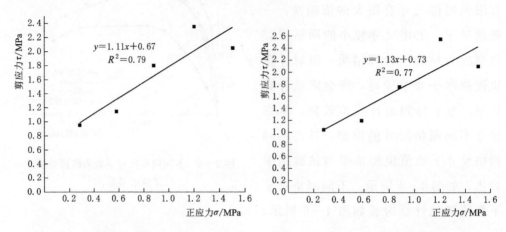

图 4-7　数值模拟正应力-剪应力关系　　　图 4-8　原位试验正应力-剪应力关系

　　为进一步验证模拟方法的可靠性，利用数值模拟得到法向应力为 0.28MPa
时的模型剖面损伤云图，如图 4-9 所示，并与原位直剪试验断面图（图 4-10）
进行对比，发现数值模拟的断裂面发展趋势与试验结果近似，即在两端主要沿
胶结面剪断，较为平整，且均在胶结面中后部带起部分岩体，剪切面起伏差最
大约为 10cm。该结果进一步证明数值模拟的有效性。

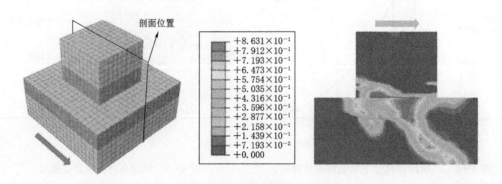

图 4-9　模型剖面损伤云图

4.3.4　坝基剪应力分布

　　在进行数值模拟时，首先施加法向荷载，通过设置多个分析步来施加梯级
剪切荷载，荷载沿相互关联的分析步依次传递，使模型逐步受力，避免产生突

变。为方便提取数值模拟结果，项目在结合面上沿剪切方向选取了 6 条路径，并将胶结面左端命名为加载端，右端命名为自由端，如图 4-11 所示。

当法向应力为 0.28MPa 时，沿各路径提取剪应力数值如图 4-12～图 4-17 所示。由图 4-12～图 4-14 可知，沿剪切方向上，各路径的应力分布规律整体上具有一致性，剪应力分布不均，两端大，中间小，应力沿路径由

图 4-10　原位直剪试验断面图

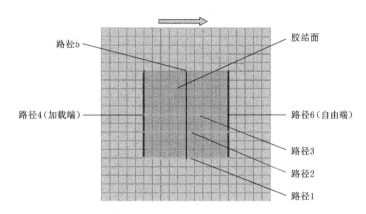

图 4-11　胶结面路径设置（俯视图）

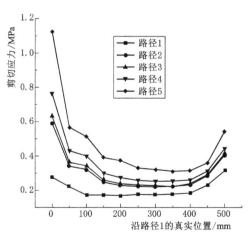

图 4-12　沿路径 1 提取剪切应力

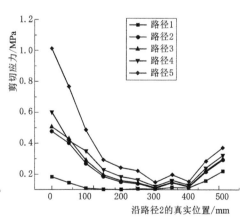

图 4-13　沿路径 2 提取剪切应力

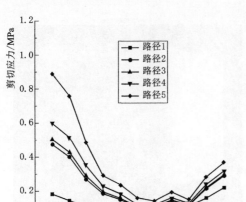

图 4-14　沿路径 3 提取剪切应力

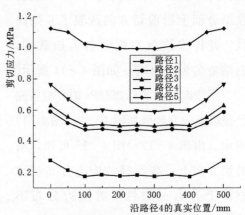

图 4-15　沿路径 4 提取剪切应力

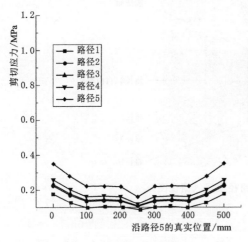

图 4-16　沿路径 5 提取剪切应力

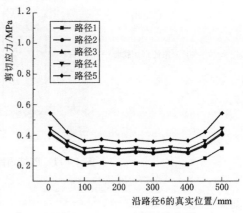

图 4-17　沿路径 6 提取剪切应力

加载端向自由端逐渐传递，数值逐渐减小，在中间部位趋于平稳，到达自由端之前，应力呈小范围增大的趋势，说明在加载端和自由端出现应力集中。在加载初期，随剪切荷载的增加，应力增加较明显，各路径的加载端及自由端均有突变；在加载中期，呈现出荷载增大，剪切应力增大不明显的趋势，表明超出材料弹性范围，进入弹塑性阶段；加载末期，剪应力数值发生突变，达到剪切破坏标准，胶结面发生破坏。此外，从图中可以看出，同一剪切荷载下，从路径 1 到路径 3，剪应力数值逐渐减小，说明胶结面的破坏从边缘区域开始产生。

从图 4-15～图 4-17 可知，垂直于剪切方向上，各路径的应力分布较均匀，两端的应力略大于中间区域，随着剪切荷载的增加，各路径上不同位置的剪应力均匀增加，符合一般规律，说明应力传递在此方向上没有产生突变，且路径 4 和路径 6 上的剪应力明显大于路径 5，结合上述结论说明，胶结面上的应力分布呈边缘大，中间小的趋势。此外，胶结面破坏时，剪应力最大值为 1.124MPa，出现在加载端，说明在法向应力较小时，加载端为胶结面的薄弱侧，多数情况下的剪切破坏首先在此处产生。

利用数值模拟得到不同法向应力下的剪应力分布云图如图 4-18 所示，对比发现，不同法向应力下的剪应力分布整体上较为一致，剪应力的幅值和范围随法向应力的增大而增加。此外，从图 4-18 可以看出剪应力分布不均，两端大，中间小，最大值集中在胶结面的边缘位置，符合上述规律。沿路径 1 提取不同法向应力下的剪应力数值如图 4-19 所示，由图可知，当法向应力较小时，如 0.28MPa 对应的剪应力最大值为 1.124MPa，出现在胶结面的加载端；当法向应力增大至 0.88MPa 时，最大剪应力的区域向自由端发展，如 1.50MPa 对应的剪应力最大值为 2.073MPa。由此可知，在法向应力较小时，加载端为胶结面的薄弱侧，多数情况下的剪切破坏主要在此处产生，并向自由端扩展直至试样完全断裂。

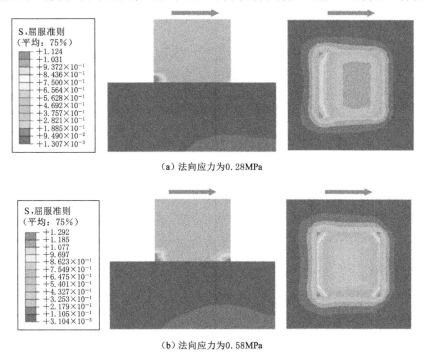

（a）法向应力为0.28MPa

（b）法向应力为0.58MPa

图 4-18（一） 不同法向应力下的剪应力分布云图

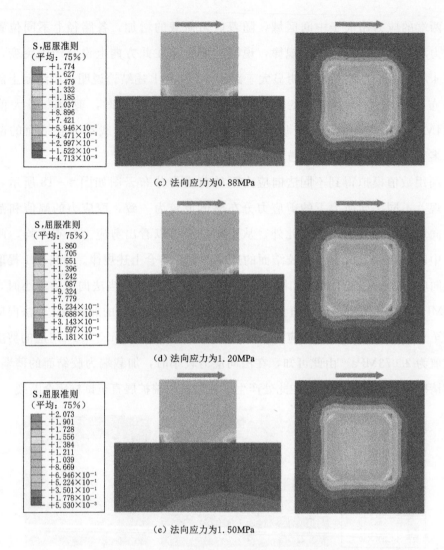

（c）法向应力为0.88MPa

（d）法向应力为1.20MPa

（e）法向应力为1.50MPa

图 4-18（二）　不同法向应力下的剪应力分布云图

　　由模拟结果可知，胶结面的应力分布不均，随着相对位移的发展，胶结面加载端单元受拉，在剪切应力的作用下一般最先发生破坏；自由端单元受压，抗剪强度较大。此外，剪应力最大值集中在胶结面的边缘位置，说明在试验过程中，此处易产生裂缝，进而逐渐向中间部位扩展，形成贯通区，这种现象可能是由于节理裂隙的存在导致的，岩体的不连续性和各向异性是由节理造成的，在不同法向应力的作用下，岩体的力学性质会产生改变，而这种机理一般很难通过原位试验来发现。数值模拟可以获取胶结面内部的应力分布情况，预测其法向应力作用下的应力状态及抗剪强度，较为直观地对胶结面的力学特性进行分析，为相似问题的研究提供理论依据。

4.3.5　坝基破坏过程分析

通过数值模拟得到的不同法向应力条件下胶结面剪切应力-剪切位移关系曲线如图 4 - 20 所示。在到达峰值剪切应力之前，随着剪切位移的逐渐增加，剪切应力-剪切位移关系曲线的斜率逐渐降低，产生这一现象的原因是由于剪切应力和法向应力共同作用下产生的局部损伤导致胶结面整体的抗剪强度降低。随着损伤区域的逐渐增大，斜率越来越低，当损伤积累到一定程度之后，胶结面上的剪应力出现一定程度的下降，此时表明胶结面完全破坏。

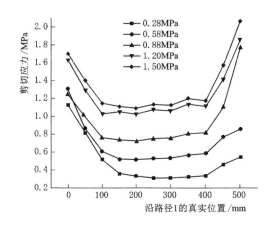

图 4 - 19　不同法向应力下沿路径 1 的剪应力值

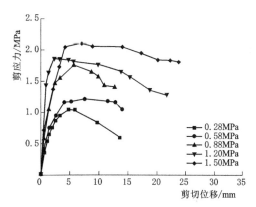

图 4 - 20　胶结面剪切应力-剪切位移关系曲线

图 4 - 21 为上法向应力为 0.28MPa 时胶结面拉伸损伤云图，剪切方向如箭头所示，与剪切应力方向一致。首先在试件左端的边角处发生屈服，即损伤首先产生于施加剪切荷载的一端，但由于非均质性的存在，损伤并非沿剪切方向均匀分布，随着剪切应力的增加，损伤由边角位置逐渐向中间部位扩展，形成贯通区，进而沿着剪切应力的方向逐渐发展，直至贯通整个胶结面，此时试件与岩体胶结面完全破坏。结合图 4 - 20 所示结果可知，剪切应力-剪切位移呈现非线性的原因正是因为胶结面上产生的损伤导致的，这也证明了从细观层次和胶结面损伤演化规律的角度更能从本质上揭示坝基胶结面处的力学特性及破坏机理。

不同法向应力下胶结面屈服区比例发展曲线如图 4 - 22 所示，从图中可以

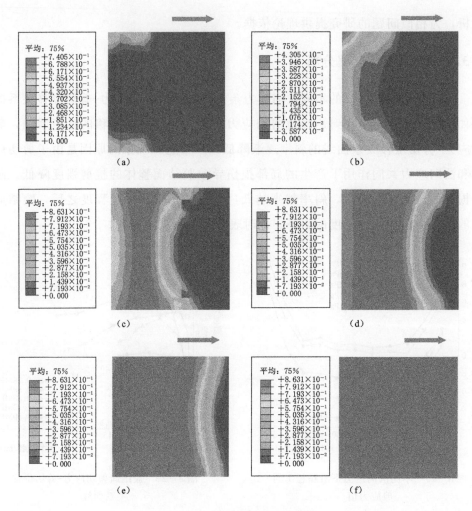

图 4 - 21　胶结面拉伸损伤云图

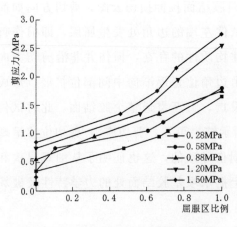

图 4 - 22　胶结面屈服区比例发展曲线

看出，不同法向应力下胶结面处的屈服区发展趋势相似，加载初期，各个工况下胶结面的损伤值缓慢增加，屈服区的发展较为平缓，沿剪切方向逐步发展，随法向应力的增大，胶结面开始出现破坏时的剪切应力逐渐增加，损伤演化速度变慢，胶结面完全破坏时的最大剪切应力也逐渐增加，表明胶结面的抗剪强度随法向应力的增大而增大。

然而在现场直剪试验的过程中,很难获取到试件在整个加载过程中的损伤情况,通常只能通过相对位移的变化来反映试件是否发生破坏,此外,也只能在直剪试验全部完成之后,才能够对剪切面的破坏情况进行描述分析。通过数值模拟的方法,可以对试件各个区域、各个测点的损伤破坏情况进行分析,弥补了试验只能采集到特征点信息的不足,对试验结果进行补充。

4.3.6 坝基破坏模式分析

受法向应力、岩体节理走向及结构特性的影响,在发生剪切破坏时,剪切面不一定完全沿着混凝土与基岩的胶结面发展,对试验后的剪切破坏面观察发现,不同法向应力的胶结面破坏形态不尽相同。通过原位试验及数值模拟可得其剪切面面积占比,见表 4-4。由表中数据可知,剪切面可能出现在基岩内部,随法向应力的增大,沿胶结面剪断的面积逐渐增加,剪切面的起伏差和粗糙度逐渐减小,且在法向应力较小时,这种现象更为明显。

表 4-4　　　　　　　　　　　剪切面面积占比

法向应力/MPa	实验数据		模拟数据		误差
	胶结面	岩体	胶结面	岩体	
0.28	55%	45%	58%	42%	5.5%
0.58	70%	30%	65%	35%	−7.1%
0.88	85%	15%	80%	20%	−5.9%
1.20	80%	20%	80%	20%	0
1.50	90%	10%	97%	3%	7.8%

图 4-23 所示的胶结面破坏模式分为 3 种。

(1)剪切面沿基岩的表层及混凝土-基岩的胶结面发生破坏,如法向应力为 0.28MPa 及 0.58MPa 工况下的试件,这种破坏模式表现为基岩表层有较大体积的岩体被带起。

(2)剪切面主要沿胶结面破坏,基岩面的起伏差较小,如法向应力为 0.88MPa 及 1.20MPa 工况下的试件,表现为剪切面有部分岩体或混凝土残余物。

(3)基岩面较平整,剪切面仍主要沿胶结面破坏,如法向应力为 1.50MPa 工况下的试件,该破坏模式表明在法向应力较大时,胶结面的抗剪强度明显小于混凝土及岩体自身的强度。

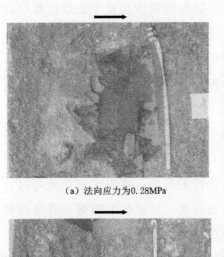

（a）法向应力为0.28MPa　　　　　　　　（b）法向应力为0.58MPa

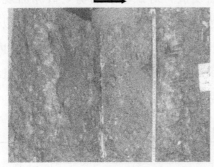

（c）法向应力为0.88MPa　　　　　　　　（d）法向应力为1.20MPa

（e）法向应力为1.50MPa

图 4-23　胶结面破坏模式

　　由表 4-4 可知，实验数据与模拟数据基本一致，误差均小于 10%，在合理范围内，再次验证了数值模拟的可行性。此外，混凝土与基岩胶结面破坏形态还会受到岩石软硬程度、风化程度的影响。在岩石节理特性相同的条件下，法向应力的大小对岩体的力学特性及破坏形态影响显著，在法向应力较小时，强度较低的一侧（即基岩）被剪断，随法向应力的增大，断裂面趋于平整，主要沿胶结面剪断，发生这种现象的原因可能是在高法向应力的作用下，基岩各部分被压实，其抗剪强度增强。上述关于坝基面破坏形态的研究可为相关试验及工程提供借鉴。

4.4 坝基混凝土断裂机理研究

坝基面混凝土-基岩软弱面的破坏不仅有损伤的发生，往往同时伴随着裂缝的开裂过程。裂缝开裂的情况可通过扩展有限元法进行数值模拟。扩展有限元法继承了传统有限元法的优点，沿用传统方法的计算特点，又根据相应的裂缝问题进行改进加以描述，这种方法引用了一个具有不连续性质的形函数，在计算区域间断的过程中完全独立，对处理断裂问题而言，有很好的优势。该方法网格的划分与尺寸、周围应力坏境无关，同时在模拟裂缝扩展过程时也无需多次重剖网格，能有效降低对应力集中区或者变性区进行网格划分的工作量。

本节结合坡月水库工程，基于断裂力学理论，采用扩展有限元的方法，建立坝基面处混凝土-基岩断裂模型模拟现场原位直剪试验。并将模拟结果与现场原位直剪试验的结果进行对比，在验证数值模拟正确性的基础上，从胶结面处裂缝的扩展进行研究，研究微观层面混凝土-基岩的裂缝开裂机理。

4.4.1 断裂力学基本理论

断裂力学中裂纹的变形形式分为张开型（Ⅰ型）、错开型（Ⅱ型）和撕开型（Ⅲ型）。三种裂纹端部的应力和位移场可统一表示为

$$
\begin{cases}
\sigma_{ij} = \dfrac{K_J}{\sqrt{2\pi r}} f_{ij}^J(\theta) + o(r^{-\frac{1}{2}}) \\[2mm]
u_{ij} = \dfrac{K_J}{4\mu} \sqrt{\dfrac{r}{2\pi}} g_i^J(\theta) + o(r^{\frac{1}{2}})
\end{cases}
$$

$$
J = (\text{Ⅰ}, \text{Ⅱ}, \text{Ⅲ})
$$

$$
i, j = 1, 2, 3 \tag{4-8}
$$

式中　K_J——应力强度因子；

$f_{ij}^J(\theta)$——不同类型裂纹端部应力分量对 θ 的依赖关系。

从式（4-8）中可以看出，由于所有裂纹尖端的 r 和 θ 都是固定相同的，

其应力场和位移场的大小则完全取决于参数 K_I。因此 K_I 是表征裂尖应力场特征的唯一需要确定的物理量，因而称为应力场强度应子。

因为裂尖的应力场是奇异的，而 K_I 恰可以用来描述应力场的奇异性，即

$$\sigma_{yy}\big|_{\theta=0} = \frac{K_I}{\sqrt{2\pi r}} \tag{4-9}$$

当 $\dfrac{r}{a} \ll 1$ 时，可求得应力强度因子的表达式为

$$\begin{cases} K_{\mathrm{I}} = \lim_{r \to 0}[\sigma_{yy(\theta=0)}]\sqrt{2\pi r} \\ K_{\mathrm{II}} = \lim_{r \to 0}[\tau_{xy(\theta=0)}]\sqrt{2\pi r} \\ K_{\mathrm{III}} = \lim_{r \to 0}[\tau_{yz(\theta=0)}]\sqrt{2\pi r} \end{cases} \tag{4-10}$$

材料中裂纹启裂时的临界应力强度因子被称为材料的断裂韧性，临界应力强度因子采用 K_{Ic} 表示，当 $K_I \geqslant K_{Ic}$ 时，达到临界状态，裂纹开始扩展。

这样 K_{Ic} 成为标志材料抗断能力的重要参数，而 K_I 是衡量裂纹端部物理状态的重要参数，因此无论在实际工程设计上还是在理论研究上应力强度因子都有着重要的使用价值。

4.4.2　基于扩展有限元法的断裂模型

传统有限元方法是一组有限的并且相互连接的单元组合体，这种方法是由一个物理实体模型离散而形成的。该方法考虑了物体内部的缺陷，该单元边界与几何界面一致，而加密了局部网格，剩余部分由不均匀稀疏网格构成，这样在求解的过程中就要先指定传播路径，提高了最小单元的计算成本。1999 年，美国西北大学的 Beleytachko 发表了扩展有限单元法 XFEM (Extended Finite Element Method)，这是对传统有限元法的一个重大改进。这种方法引用了一个具有不连续性质的形函数，在计算区域间断的过程中完全独立，对处理断裂问题有很好的优势。该方法是为了解决裂纹问题而提出的，所以裂纹的问题是其主要应用方向。

本节采用的混凝土断裂模型即是基于断裂理论和扩展有限元的断裂损伤模型。用格里菲斯理论，通过定义断裂韧性的应力强度因子 K 来地说明材料的抗断裂性能。应力强度因子 K 表示的是材料的固有特性，它的值与裂纹状态和材

料载荷状态都无关。此外，断裂韧性也决定着在给定应力的条件下，材料能够不毁坏的尺寸缺陷的最大值。断裂准则可表示为

$$K = K_c \qquad (4-11)$$

式（4-11）说明，当有外源负载，且应力强度因子 K 的值大于或等于强度因子 K_c 的时候，弹性体内含有裂纹或者缺陷将会延展。该断裂模型通过引入应力强度因子，考虑材料的抗断裂性能，来反映混凝土材料在循环加载条件下的损伤机理。

通过设置应力强度因子来判断模型开裂，水平集法则对裂缝开裂结果进行描述。

水平集法将界面与时间维度相结合，描述界面考虑时间条件下移动的数值方法，给界面的研究增加了一个随时间移动的维度，假设 R^2 里面的一维移动界面 $\Gamma(t) \in R$，则

$$\Gamma(t) = \{x \in R^2 : \varphi(x, t) = 0\} \qquad (4-12)$$

式中　$\varphi(x, t)$——水平集函数。

水平集函数通常用符号距离函数表示，即

$$\varphi(x, t) = \pm \min_{x_\Gamma \in \Gamma(t)} \| x - x_\Gamma \| \qquad (4-13)$$

右项公式取正的前提条件是 x 位于裂缝的上方，反之则取负号。

当 $\varphi(x, 0)$ 已知时，$F(x, t)$ 表示移动界面所在的点沿着法线方向的速度，描述裂缝的扩展演化过程为

$$\varphi_t + F \| \nabla \varphi \| = 0 \qquad (4-14)$$

4.4.3　直剪试验断裂模型建立

依据工程资料，建立混凝土-基岩胶结的三维精细化原位直剪试验数值仿真模型（图4-24），模拟直剪试验的断裂演化过程，为揭示其断裂机理奠定基础，其中混凝土试件尺寸为 50cm×25cm×40cm，基岩尺寸为 150cm×25cm×40cm。

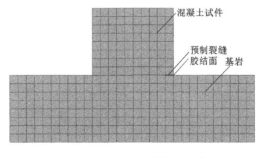

图4-24　直剪试验数值仿真模型

为减少数模模拟过程中应力集中现象和提高模拟精度，模型网格均采用规则的六面体单元。模型采用扩展有限元法将预制裂纹施加在胶结面处，并在混凝土面上距离胶结面5cm高处施加荷载。

4.4.4 模型与试验印证

为验证模拟方法的可靠性，利用数值模拟得到法向应力为0.78MPa时的模型剖面损伤图，并与原位直剪试验断面图进行对比，发现数值模拟的断裂面发展趋势与试验结果近似，即在两端主要沿胶结面剪断，较为平整，且均在胶结面中后部带起部分岩体，剪切面起伏差最大约为10cm，如图4-25、图4-26所示。该结果进一步证明了数值模拟的有效性。

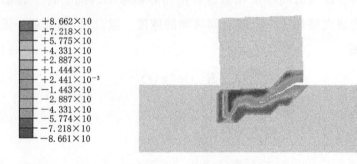

图 4-25 模型剖面损伤图

图 4-26 原位直剪试验断面图

4.4.5 裂缝开裂过程分析

进行数值模拟时，胶结面处开裂的判别依据主要是有限元单元状态法。在数值模拟中通过判断有限元单元的断裂状态来判断模型是否开裂，本书采用有限元单元状态法来判别胶结面是否破坏。

通过数值模拟得到法向应力为0.78MPa时胶结面处的断裂演变过程，在此分析过程中，软件分析步中设置计算时长为1s，直剪试验开裂过程如图4-27所示。*STATUSXFEM* 表示富集单元的状态，如果该单元完全开裂，则 *STATUS-*

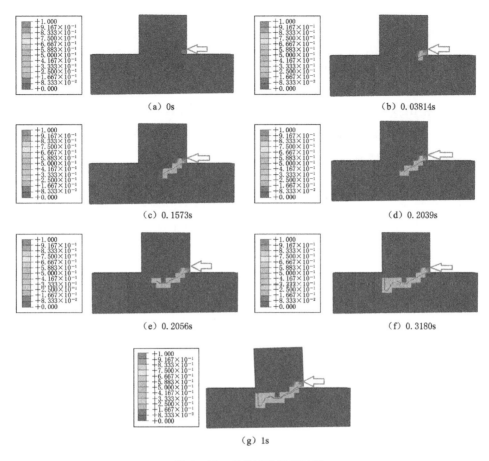

图 4 - 27 直剪试验开裂过程

$XFEM=1$；如果该单元无裂纹，则 $STATUSXFEM=0$；如果该单元部分开裂，则 $0<STATUSXFEM<1$。剪切方向如箭头所示。在时长为 0s 时，损伤首先产生于加载端，此为初裂前阶段；在时长为 0.03814s 时，由于基岩非均质性的存在，开裂区域并非沿剪切方向均匀开裂；随着增量步增加，在时长为 0.1573s 时，开裂区域进入稳定扩展阶段，由加载端逐渐向中间部位扩展；在时长为 0.2039s 时，裂纹是与施加载荷方向一致，进入非稳定扩展阶段；时长为 0.2056s 和时长为 0.3180s 时胶结面处于非稳定扩展阶段，在此阶段裂缝开裂方向不断变化并且整体向前开裂直至贯通整个胶结面（时长为 1s），表明混凝土与岩体胶结面完全开裂。结合图 4 - 24 所示结果可知，剪应力-剪切位移曲线开始出现非线性是因为胶结面处开始产生裂纹导致，曲线开始缓慢增长是因为胶结面处的裂纹开始稳定扩展，曲线到达峰值时裂纹扩展结束，曲线缓慢下降是因

为胶结面处完全断开出现应力下降，这也从胶结面处裂纹扩展直至完全开裂的断裂演化规律方面揭示坝基胶结面处的力学特性及开裂机理。

4.4.6　裂缝上的水平集分布情况

通过输出 $PHILSM$，以便查看裂纹的界面，进行裂纹分析。其中，$PHILSM$ 是描述裂纹面距离的函数。裂纹面所经过的位置 $PHILSM=0$，即直剪试验水平集分布情况如图 4-28 所示。

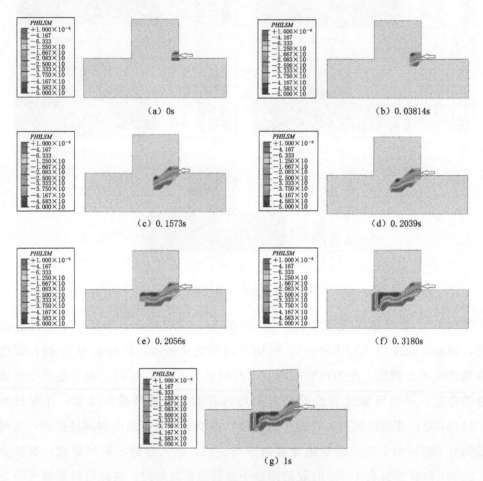

图 4-28　直剪试验水平集分布图

在此分析过程中，设置计算时长为 1s。由于输出了裂纹扩展的水平集，因此随着计算时间的逐步增加能够清楚地看出裂纹界面的蔓延情况。在时长为 0s 时，裂纹与施加载荷方向一致，裂纹上方区域 $0.2<PHILSM<0.5$，裂纹下方

区域以 1×10^{-6} 为主，$PHILSM$ 数值越小距离裂纹面越近，说明裂纹向下继续蔓延的可能性更大；在时长为 0.03814s 时，裂纹开始向下倾斜蔓延；在时长为 0.1573s 时，裂纹沿着时长为 0.03814s 时的裂纹方向继续向胶结面中部蔓延；在时长为 0.2039s 时，裂纹蔓延方向与施加载荷方向重新一致，且只蔓延了小段位移，此时裂纹下方区域 $43.3<PHILSM<57$，说明裂纹继续向下蔓延的趋势较时长为 0s 时有所减小；时长为 0.2039s 时，裂纹开始进入稳定扩展阶段向不稳定扩展阶段的过渡阶段，裂纹向上下开始蔓延，并且随着计算时间的增加，蔓延趋势越平缓；在时长为 0.2056s 之后，裂纹开始进入不稳定扩展阶段，向裂纹上下两边开始蔓延，并且随着计算时间的增加，蔓延趋势越无规律，蔓延至整个胶结面为止，此时时长为 0.3180s，胶结面处裂纹蔓延终止；在时长达到 1s 时，裂纹开始明显开展，出现混凝土与基岩断开现象，且将基岩中部分岩体带出。达到了我们所设定的胶结面裂缝井裂计算时长 1s 而终止计算。

4.5 破坏类型及破坏失效机理研究

一般来说，岩石的强度和刚度要大得多，但风化作用和节理裂隙的存在使得岩石的抗剪强度明显降低，使得混凝土-岩体类型的直剪试验中破坏大多出现在岩体及胶结面处，混凝土处出现破坏的情况较少。依据剪切面的位置确定了三种破坏类型：胶结面破坏、岩体破坏和混合型破坏。

4.5.1 胶结面破坏

胶结面破坏依据剪切面的平整程度，可划分为剪切面整体平直和剪切面凹凸不平两类。

1. 剪切面整体平直

剪切面整体平直胶结面破坏如图 4-29 所示。剪切面整体平直胶结面破坏的岩体岩性为灰色砂岩或泥质粉砂岩，节理裂隙发育，镶嵌结构，如图 4-30 所示。结构面的产状对结构的稳定性有重要影响。在本次直剪试验中，岩体发育 3 组结构面：

（1）第 1 组产状 118°∠80°，平直粗糙；第 2 组产状 9°∠35°，平直粗糙。

（2）第 3 组结构面贯穿点面，不连续发育，产状 196°∠53°，平直粗糙，为

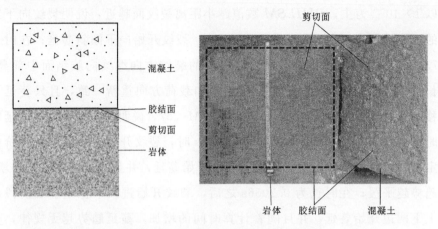

图 4 - 29　剪切面整体平直胶结面破坏

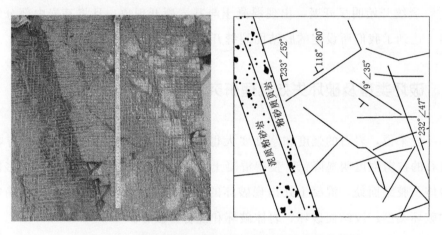

图 4 - 30　剪切面整体平直胶结面破坏的岩体及纹理图

粉砂质页岩条带，所有结构面均风化。

（3）第 1 组、第 2 组、第 3 组结构面与胶结平面的夹角分别为 28°、81°、74°，第 1 组结构面处容易产生倾斜滑移破坏，第 2 组、第 3 组的结构面与胶结面接近垂直，易形成剪切破坏，但因其风化程度低，结构面整体较稳定，剪切面沿胶结面剪断，剪切面平直。

2. 剪切面凹凸不平

剪切面整体凹凸不平胶结面破坏，上下起伏差在 2cm 以内，如图 4 - 31 所示。剪切面凹凸不平胶结面破坏的岩体岩性为灰色砂岩，左侧夹灰黑色泥质粉砂岩条带，节理裂隙发育，镶嵌结构，如图 4 - 32 所示。

（1）第 1 组产状 121°∠71°，平直粗糙；第 2 组产状 242°∠62°，弯曲粗糙，

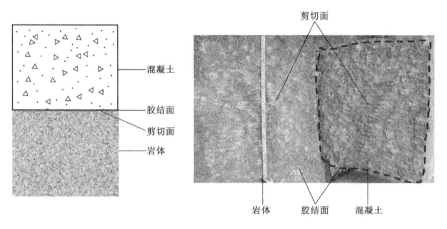

图 4-31　剪切面整体凹凸不平胶结面破坏

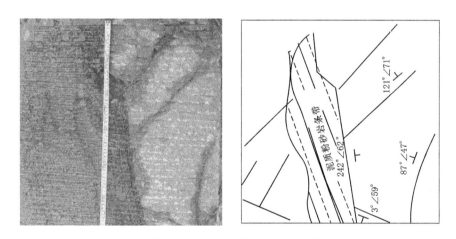

图 4-32　剪切面凹凸不平胶结面破坏的岩体及纹理图

夹泥质粉砂岩或泥页岩。

（2）第 3 组产状 3°∠59°，平直粗糙。

（3）第 1 组、第 2 组、第 3 组结构面与胶结平面的夹角分别为 31°、28°、87°，第 1 组、第 2 组结构面处容易产生倾斜滑移破坏，第 3 组的结构面与胶结面接近垂直，易形成剪切破坏，但因其风化程度低，结构面整体较稳定，剪切面主要沿接触面剪切，剪切面总体平直。

3. 对比分析

（1）剪切面整体平直胶结面破坏代表胶结面具有相对良好黏合的结果，在相对较低的正应力下进行试验，如图 4-33 所示。剪应力急剧增加，直到黏合失效，此时剪应力急剧减小，直至达到摩擦强度。与此同时，在达到剪切强度前，法向位移由 0mm 开始急剧增加，在达到剪切强度后，法向位移持续增加，直到黏合失效，在此期间剪应力持续减小，而法向位移和剪切位移继续增加。

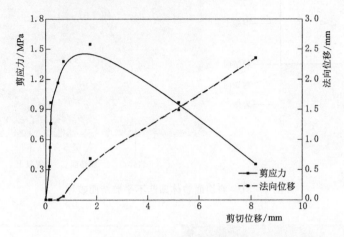

图 4-33　剪切面整体平直胶结面破坏应力-位移图

（2）剪切面凹凸不平胶结面破坏代表胶结面较为粗糙的结果，在相对较高的法向应力下进行测试，如图 4-34 所示。剪应力线性增加，在达到剪切强度前剪应力缓慢增加，随后剪应力逐渐减小，开始摩擦滑动。随着剪切位移的增加，法向位移几乎保持不变。混凝土-岩石胶结面经过剪切过程，粗糙胶结面两侧的岩石及混凝土表面受到一定程度的损伤，具体表现在胶结面微凸体的破坏和粗糙度的退化。粗糙程度不同，试件损伤破坏存在差异。对于光滑的胶结面，剪切后，试件沿灰色砂岩与混凝土的胶结面脱离，接触面比较光滑，属于脆性断裂破坏。

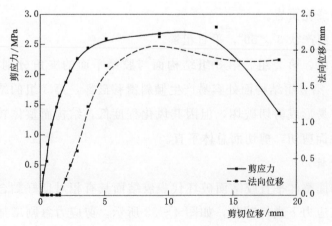

图 4-34　剪切面凹凸不平胶结面破坏应力-位移图

当岩体的抗剪强度高于胶结面处的抗剪强度，且岩体的风化程度较低时容易发生胶结面破坏。韩学辉等认为胶结泥质对固体颗粒具有较好的黏结作用，但胶结泥质比固体颗粒的强度低。直剪试验前，混凝土颗粒与岩体颗粒处于胶结状态，胶结物为泥质，胶结面破坏失效机理如图 4-35 所示。直剪试验施加法向荷载和剪切荷载后，混凝土颗粒与岩体中的砂岩颗粒相互挤压，胶结层泥质处开始出现应力集中。由于胶结层泥质的强度较弱，在出现应力集中时，胶结层泥质区域最先出现微裂缝，随着剪切荷载增加，微裂缝开始逐渐扩展形成稳定裂缝，之后混凝土颗粒与砂岩颗粒相互分离，胶结层泥质也逐渐分成附着在混凝土颗粒上的泥质和附着在砂岩颗粒上的泥质。裂缝不断扩展达到贯通状态，混凝土与岩体开始分离，剪切面整体平直。

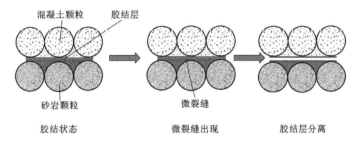

图 4-35　胶结面破坏失效机理

4.5.2　岩体破坏

岩体破坏根据剪切面的深浅程度，可划分为岩体浅层破坏和岩体深层破坏。

1. 岩体浅层破坏

剪切面整体平直岩体浅层破坏，四周出现破碎痕迹，如图 4-36 所示。岩体岩性为灰色砂岩，镶嵌结构，前部风化破碎，占比约 15%，如图 4-37 所示。发育 5 组结构面：

（1）第 1 组产状 272°∠58°，平直粗糙。

（2）第 2 组产状 34°∠28°，平直粗糙。

（3）第 3 组产状 119°∠62°，平直粗糙。

（4）第 4 组产状 74°∠56°，平直粗糙。

（5）第 5 组产状 39°∠44°，平直粗糙，所有结构面均风化。

这 5 组结构面与胶结平面的夹角分别为 2°、56°、39°、16°、51°。结构面处

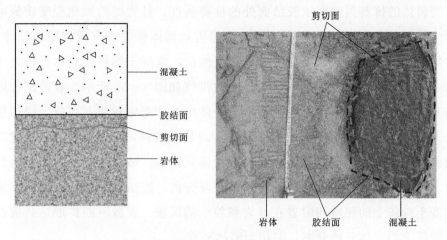

图 4 - 36　剪切面整体平直岩体浅层破坏

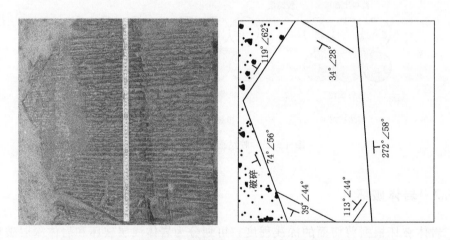

图 4 - 37　剪切面整体平直岩体浅层破坏直剪试验前岩体及纹理图

均容易产生倾斜滑移破坏，但因其风化程度低，结构面整体较稳定。因为第 1 组结构面处风化破碎，故剪切面主要沿岩体剪切，沿第 1 组结构面向下楔入，右侧沿接触面剪切。

　　剪切面凹凸不平岩体浅层破坏是岩体浅层有较大面积风化开裂，风化开裂部分被混凝土带出岩体，与岩体分离，如图 4 - 38 所示。岩体岩性为灰色砂岩或泥质粉砂岩，节理裂隙较发育，镶嵌结构，如图 4 - 39 所示。发育 2 组结构面：第 1 组产状 314°∠44°，平直粗糙，风化严重；第 2 组产状 333°∠56°，平直粗糙；第 3 组结构面贯穿点面，不连续发育，产状 230°∠51°，弯曲粗糙，为粉砂质页岩条带。

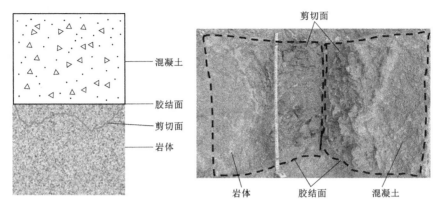

图 4-38　剪切面凹凸不平岩体浅层破坏

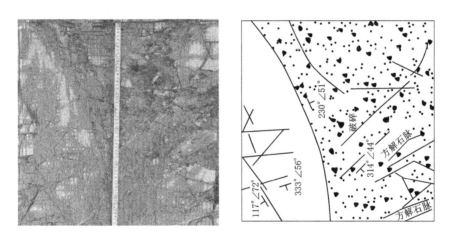

图 4-39　剪切面凹凸不平岩体浅层破坏直剪试验前岩体及纹理图

　　所有结构面均风化，局部发育方解石条带。因结构面均风化，故结构面处更容易产生剪切破坏。第 1 组、第 2 组、第 3 组结构面与胶结平面的夹角分别为 44°、60°、40°；第 1 组、第 2 组结构面处容易产生倾斜滑移破坏；第 4 组结构面贯穿点面、弯曲粗糙，为粉砂质页岩条带，使得岩体抗剪强度减小，岩体破坏时此结构面处岩体最容易被剪断。剪切面主要沿岩体剪断，其他部位沿接触面剪切，并带起下部岩体。

　　2. 岩体深层破坏

　　剪切面整体平直岩体深层破坏中，岩体内部一整块岩石从岩体中剪断并剥离，剪切面起伏差最大达到 18cm，如图 4-40 所示。剪切面整体平直岩体深层破坏的岩性为灰色砂岩或泥质粉砂岩，节理裂隙发育，镶嵌结构，如图 4-41

所示。发育 4 组结构面：第 1 组产状 118°∠71°，平直粗糙；第 2 组产状 345°∠81°，平直粗糙；第 3 组产状 281°/100°∠62°～66°，平直粗糙；第 4 组结构面贯穿点面，不连续发育，产状 253°∠50°，弯曲粗糙，为泥质粉砂质条带。所有结构面均风化。这 4 组结构面与胶结平面的夹角分别为 49°、10°、10°、17°。第 1 组、第 2 组、第 3 组结构面处容易产生倾斜滑移破坏，而贯穿点面的第 4 组结构面弯曲粗糙，更容易产生岩石被剪断的情况。剪切面主要沿岩体剪断，其他部位沿胶结面剪切，并带起下部岩体。

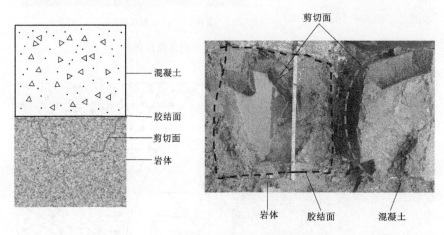

图 4-40　剪切面整体平直岩体深层破坏

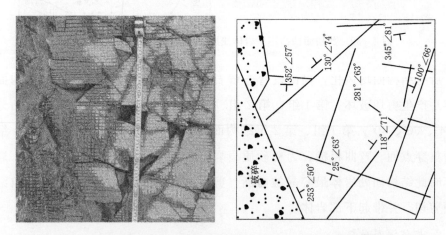

图 4-41　剪切面整体平直岩体深层破坏直剪试验前岩体及纹理图

剪切面凹凸不平岩体深层破坏中，岩体内部风化破碎的岩石从岩体中剪断并剥离，剪切面起伏差最大约 10cm，如图 4-42 所示。岩性为灰色砂岩，节理裂隙发育，镶嵌结构，如图 4-43 所示。发育 3 组结构面：第 1 组产状 244°∠51°，均贯穿点面，平直粗糙；第 2 组产状 307°∠64°，含泥质粉砂岩，平直粗糙；第 3 组产状 5°∠72°，平直粗糙，3 组结构面均风化。这 3 组结构面与胶结平面的夹角分别为 26°、37°、85°；第 1 组、第 2 组结构面处容易产生倾斜滑移破坏；第 3 组结构面处容易产生剪切破坏。因岩体左上角风化严重，左侧总体较破碎，剪切面主要沿岩体剪断，其他部位沿接触面剪切，向下凹陷，岩体剪切成碎块状。

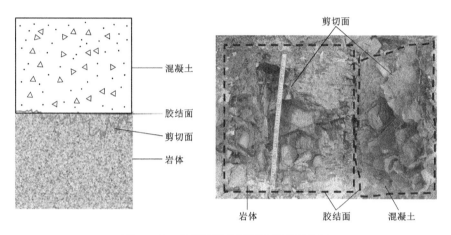

图 4-42　剪切面凹凸不平岩体深层破坏

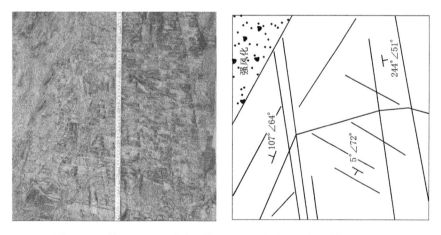

图 4-43　剪切面凹凸不平岩体深层破坏直剪试验前岩体及纹理图

3. 对比分析

岩体浅层破坏和岩体深层破坏应力-位移图分别如图 4-44、图 4-45 所示。在剪应力达到剪切强度时，浅层破坏和深层破坏的法向位移开始增加。但由于深层破坏的剪应力急剧增加,浅层破坏的剪应力缓慢增加,导致深层破坏的法向位移增加比浅层破坏的早。在达到剪切强度后,随着剪应力的减小,浅层破坏的法向位移缓慢增加,而深层破坏的法向位移均匀增加。

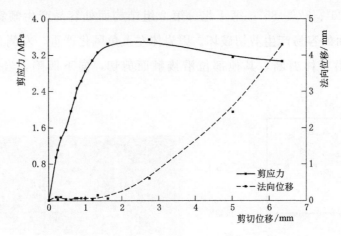

图 4-44 岩体浅层破坏应力-位移图

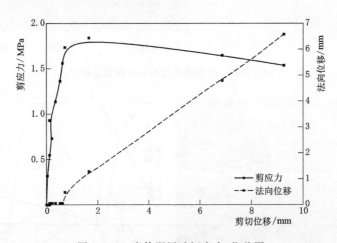

图 4-45 岩体深层破坏应力-位移图

当岩体的抗剪强度低于胶结面处的抗剪强度,且岩体的浅层或深层风化程度较高时容易发生岩体破坏。岩体主要由灰色砂岩和泥质粉砂岩组成,在直剪试验前,岩体处于胶结状态,胶结物为泥质。岩体破坏失效机理如图 4-46 所示。在直剪试验施加法向荷载和剪切荷载后,岩体中的砂岩颗粒开始相互挤压,胶结泥质处开始出现应力集中。由于胶结泥质的强度较弱,在出现应力集中时,胶结泥质区域开始出现微裂缝,随着剪切荷载增大,微裂缝开始逐渐扩展形成稳定裂缝，之后砂岩颗粒开始相互分离，胶结泥质也逐渐分成附着在砂岩颗粒上的泥质和分散泥质。随着裂缝不断扩展达到贯通状态，混凝土与岩体开始分离，并将岩体中分离的砂岩颗粒带出。

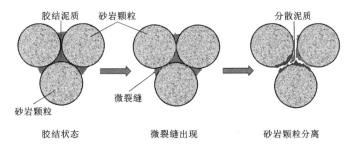

图 4-46　岩体破坏失效机理

4.5.3　混合型破坏

根据剪切面的破碎程度可划分为①第一类混合型破坏：剪切面破坏程度较高；②第二类混合型破坏：剪切面破坏程度较低。

1. 第一类混合型破坏

第一类混合型破坏是剪切面整体平直，内部块状岩石被带出，剪切面的破碎程度较低，如图 4-47 所示。现场直剪试验发生第一类混合型破坏的岩体岩性为灰色砂岩，节理裂隙发育，镶嵌结构，如图 4-48 所示。发育 2 组结构面：第 1 组产状 237°∠56°，均贯穿点面，平直粗糙；第 2 组产状 109°∠58°，均贯穿点面，弯曲粗糙，2 组结构面均风化。这 2 组结构面与胶结平面的夹角分别为33°、19°。第 1 组结构面处容易产生倾斜滑移破坏；第 2 组结构面贯穿点面且弯

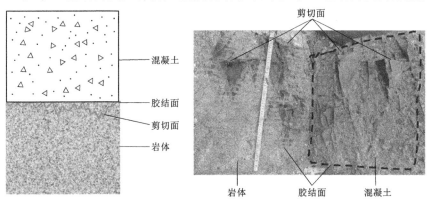

图 4-47　第一类混合型破坏

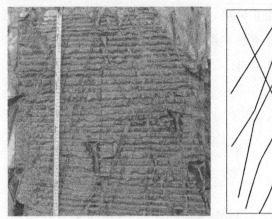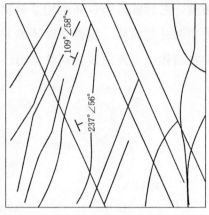

图 4 - 48　第一类混合型破坏直剪试验前岩体及纹理图

曲粗糙，更容易产生剪切破坏，带起块状岩石。剪切面主要沿胶结面剪切，其他部位沿岩体剪切，可见剪切裂隙，裂隙处向下凹陷。

　　2. 第二类混合型破坏

　　第二类混合型破坏是约 50% 的剪切面呈平直状，另外 50% 的剪切面呈现起伏状，且破碎程度较高，如图 4 - 49 所示。现场直剪试验发生第二类混合型破坏的岩性为灰色砂岩或泥质粉砂岩，节理裂隙发育，镶嵌结构，如图 4 - 50 所示。发育 3 组结构面：第 1 组产状 139°∠75°，平直粗糙；第 2 组产状 260°∠57°，平直粗糙；第 3 组结构面贯穿点面，产状 260°∠57°，不连续发育，弯曲粗糙，为泥质粉砂岩条带，所有结构面均风化。第 1 组、第 2 组、第 3 组结构面与胶结平面的夹角分别为 49°、10°、10°，第 1 组、2 第组结构面处容易产生倾斜滑移破坏。第 3 组结构面贯穿点面且弯曲粗糙，更容易产生剪切破坏，带起块状岩石。剪切面主要沿胶结面剪切，其他部位沿岩体剪切，并带起下部岩体。

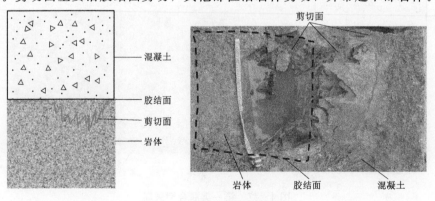

图 4 - 49　第二类混合型破坏

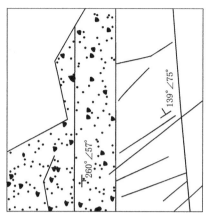

图 4-50　第二类混合型破坏直剪试验前岩体及纹理图

第一类混合型破坏和第二类混合型破坏的应力-位移图分别如图 4-51、图 4-52 所示，在剪应力达到剪切强度前，第一类混合型破坏和第二类混合型破坏的法向位移均开始增加。第一类混合型破坏的剪应力增加较为平缓，法向位移也缓慢增加。第二类混合型破坏的剪应力开始阶段急剧增加，此时法向位移也从 0mm 开始急剧增加，在剪应力达到剪切强度前有一段缓慢增加的过程，此时法向位移的也开始缓慢增加，剪应力达到剪切强度后开始逐渐减小，此时法向位移仍继续增加，剪应力达到残余应力时，法向位移不再增加。

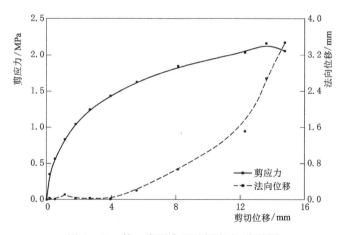

图 4-51　第一类混合型破坏应力-位移图

当岩体的抗剪强度和胶结面处的抗剪强度相近，且岩体浅层出现小块砾石或深层出现大块破碎岩石时容易发生混合型破坏。混合型破坏失效机理如图 4-53 所示。在直剪试验施加法向荷载和剪切荷载后，岩体中的砂岩颗粒开始相互

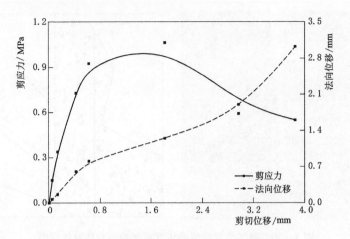

图 4-52　第二类混合型破坏应力-位移图

挤压，混凝土与砂岩颗粒也相互挤压，胶结层和胶结泥质处均出现应力集中。由于岩体风化程度高，胶结泥质和胶结层的强度均较弱，在出现应力集中时，胶结泥质和胶结层区域均出现微裂缝。随着剪切荷载的增大，微裂缝开始逐渐扩展形成稳定裂缝，之后砂岩颗粒间和胶结层均相互分离，随着裂缝不断扩展达到贯通状态，混凝土与岩体开始分离，并将岩体中分离的砂岩颗粒带出。

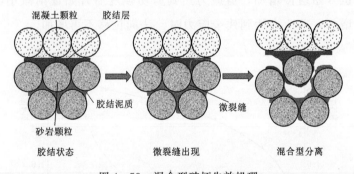

图 4-53　混合型破坏失效机理

4.6　小结

本章以实地坝体基岩和试验混凝土块为研究对象，将混凝土损伤力学、断裂理论有效结合，进行坝体基岩胶结面处的损伤破坏研究。运用物理模型试验、理论分析和数值模拟的方法，得出在不同因素下该胶结面处的破坏机理。揭示了混凝土刚度下降表征为软化现象的力学行为基于断裂理论的坝体基岩胶结面破坏行为，揭示了微小裂缝情况下的破坏行为特征。结合极限峰值正应力、极限峰值剪应力、黏聚力、内摩擦角、起伏波长、起伏差等合理参数，构建坝基面处混凝土断裂损伤力学分析模型，同时进行数值仿真建模与分析，充分揭示坝基胶结面处的断裂损伤演变规律，主要结论如下：

（1）基于离散元颗粒流的 PFC2D 程序可以较好地模拟岩体局部剪切力学特性，根据岩体的受力状态及几何特征可将其破坏形态分为磨损和剪断两种，岩体的破坏主要沿节理面发生，弹性阶段法向裂纹起主导作用，应力达到峰值强度后，切向裂纹快速发展，后期 P 裂纹和 R 裂纹相互贯通形成破碎带，节理面产生大的滑移，岩体发生破坏。综上所述，本章可为胶结面的力学特性和破坏机理分析及直剪试验相关研究提供一些借鉴。

（2）通过三维精细化仿真模型对原位直剪试验进行模拟还原，模拟结果与试验结果拟合程度较好，验证了模拟方法的有效性，证明该模型可以较为准确地预测和描述混凝土与基岩胶结面之间的抗剪强度及受力变形的特点，为相似剪切行为的问题提供参考。

（3）胶结面应力分布不均，两端大、中间小，当法向应力由 0.58MPa 增至 0.88MPa 时，最大剪应力区域由加载端向自由端发展。剪应力最大值集中在胶结面的边缘位置，说明破坏主要在此处产生，进而逐渐向中间部位扩展。

（4）通过数值模拟揭示了胶结面的损伤演化规律，胶结面处产生的损伤是导致剪应力-剪切位移关系呈现非线性的根本，损伤产生于加载端并沿剪切方向逐渐扩展，形成贯通区，胶结面区域内的损伤程度随法向应力的增加而逐渐增大，但损伤演化速率呈变缓趋势，表明胶结面的抗剪强度逐渐增大。

（5）建立直剪试验断裂模型，通过判断有限元单元的断裂状态来判断模型是否开裂，并通过判断水平集的方法判断裂缝扩展的趋势和走向，为后续进行直剪试验研究提供借鉴。

（6）依据剪切面的位置确定了三种破坏类型：胶结面破坏、岩体破坏和混合型破坏。当岩体的抗剪强度高于胶结面处的抗剪强度，且岩体的风化程度较低时容易发生胶结面破坏；当岩体的抗剪强度低于胶结面处的抗剪强度，且岩体的浅层或深层风化程度较高时容易发生岩体破坏；当岩体的抗剪强度和胶结面处的抗剪强度相近，且岩体浅层出现小块砾石或深层出现大块破碎岩石时容易发生混合型破坏。

第5章 水工结构混凝土损伤识别技术与应用

由于荷载作用、腐蚀效应和材料劣化等诸多不利因素的影响，结构不可避免地会产生损伤累积，抗力逐渐衰减，进而失效或破坏，严重者可能造成灾难性悲剧。因此，研究便捷而可靠的结构损伤识别技术，科学评估结构的技术状态，具有重要的理论意义及工程应用价值。

目前水工结构的损伤识别技术已经发展成为一门基于损伤机理、信号分析技术、计算机技术等多学科的综合性技术。现有的工程结构损伤识别技术在实际工程应用中仍存在一些困难，主要表现在：

（1）一些在理论上较好的损伤识别方法在实际工程中失效。

（2）一些对小规模、简单结构有效的方法在用于大体量、复杂和冗余度高的结构中却难以获得预期的效果。

本章在分析现有问题的基础上对有关损伤识别技术进行了研究。

5.1 基于动力特性的水工结构损伤识别方法

结构损伤识别可分为四个层次。

（1）第一层次：结构是否损伤。

（2）第二层次：损伤的几何位置。

（3）第三层次：损伤的严重程度。

（4）第四层次：剩余使用寿命。

目前为止，国内外的研究进展主要集中在第一层次和第二层次的损伤识别，在某些情况下可以达到第三层次的损伤识别。结构在损伤前后，在一些方面会产生变化，这些变化主要体现在结构本身的某些特性上，主要是一些特性参数，如动力参数、静力参数、表面状态、形状变化等。而基于动力特性的损伤识别就是运用传感设备获取结构上的不同状态下的振动参数和信息，并且对获取的信息和参数进行处理，判断出结构本身的物理状况，从而能够达到损伤识别的目的。

5.1.1 损伤识别一般方法

1. 基于振型的损伤识别方法

结构产生损伤时，其振型也会随之产生变化。振型的变化体现了结构的损伤信息，因此可以通过研究其振型变化来实现对结构的损伤识别。目前，大多以振型变化为基础，通过定义不同的振型标识量或者图形法达到损伤识别的目的，直接采用振型数据的损伤识别方法研究很少。现在应用比较多的振型标识量有模态置信因子和坐标模态置信因子。这两个标识量都是研究损伤前后振型的相关性，当相关性取值小于 1 时，判断结构发生损伤。研究结果发现，结构损伤程度很小时，其相关性取值趋近于 1，损伤识别效果不好。图形法比较典型的有自由振动振型变化率图。结构损伤时，振型变化率图会出现"尖峰"，"尖峰"处即可判定为损伤位置。

2. 基于模态曲率的损伤识别方法

结构在损伤前后，损伤位置的局部刚度会下降，损伤位置的曲率会变大，因此曲率与损伤位置密切相关。通过实测结构的模态振型，再求二次导数获得结构的曲率，依据应变和曲率成正比的关系，得到由位移模态表示的应变模态，进而利用应变模态良好的损伤识别能力对结构进行损伤识别。

3. 基于模态应变能的损伤识别方法

结构发生损伤时，其模态应变能也随之出现改变。因此，利用结构损伤前后模态应变能的差值可对结构进行损伤识别。赵建华等提出两步损伤法，以结构损伤前后模态应变能的增加量识别结构的损伤位置，再以固有频率改变量实现结构的损伤定量；以单跨桁架作为研究对象，研究结果表明，该方法不仅能够实现结构损伤的定位与定量，还具有很好的抗噪性能。

4. 基于固有频率的损伤识别方法

固有频率由其固有特性（质量、阻尼、约束、刚度）决定，反映结构的整体特性。结构刚度削弱时，其固有频率会发生相对应的改变。因此，可以建立结构损伤与频率变化量之间的关系实现结构损伤识别。固有频率与传感器的安装位置无关，同时兼有实测简单和可靠等优点，可以较好地识别出对称结构的多损伤。

5.1.2　声波透射法在结构损伤识别中的应用

基于动力特性的损伤识别具有很好的发展前景，与传统损伤检测方法相比，检测费用低、方便快捷、不需要对结构进行破损、不影响结构正常使用、能够不间断地获取振动信息，实时掌握结构整体状况。声波透射法属于新型的无损检测方法，其能够检测出桩基础所存在的松散、蜂窝、空洞和断桩等缺陷，是一种非常直观、可靠的方法，并且具有检测精度高、检测时间短、检测方便等优点，近些年来其在混凝土灌注桩基础完整性检测中得到了广泛的推广和应用，一些大型桥梁工程和超高层建筑的桩基础检测中更是必选方法。与其他检测方法相比，声波透射法完整性检测可以更直观、准确地探查桩身混凝土质量，使检测人员更好地了解和掌握桩身完整性，而且随着检测人员技术水平的不断提高以及检测仪器硬件性能的不断提升，声波透射法桩身完整性检测技术将会得到越来越广泛的应用。

5.1.2.1　基于动力特性的损伤指标

1987 年 Cakmak 等首次提出利用结构经历地震前后的结构周期比值的平方描述结构的动力特性变化，并称为软化系数，即

$$\delta_f = 1 - \frac{(T_0)_{\text{initial}}^2}{(T_0)_{\text{final}}^2} \tag{5-1}$$

结构自振频率能够反映结构对外界动荷载的响应，综合体现了结构的刚度、质量分布情况，结构发生损伤时，各阶频率的不同变化同时反映出结构各阶振型参与响应的能量占比变化，Dipasquale E. 等推导出软化系数与结构局部损伤的关系，揭示了基于结构频率变化的损伤指标的物理意义。

假定在结构每个点上有一个损伤 $d(x)$，此点的损伤对整个结构的影响可以用权重函数 $w(x)$，则可定义整个结构的平均损伤为

$$D_{av} = \frac{\int_V d(x)w(x)\mathrm{d}V}{\int_V w(x)\mathrm{d}V} \tag{5-2}$$

当结构发生损伤时，结构频率 w 会下降，同时振型 y 也会有所改变，但值

得注意的是，对于常见结构当 w 下降很大时 y 通常仍变化较小。因此权重函数 $w(x)$ 可以取为基于一阶模态的应变能函数 $\Psi_0(y)$，其中 y 为模态振型函数，平均损伤 D_{av} 可写为

$$D_{av}=\frac{\int_V d(x)\Psi_0(y)\mathrm{d}V}{\int_V \Psi_0(y)\mathrm{d}V} \tag{5-3}$$

则

$$1-\frac{(T_0)^2_{\mathrm{initial}}}{(T_0)^2_{\mathrm{final}}}=D_{av}-(1-D_{av})\varepsilon^2 \tag{5-4}$$

其中，$\varepsilon^2(\Delta y)$ 为 Δy 相关的二阶小量，可见软化系数能够直接反映结构系统整体的平均损伤。

5.1.2.2 工程案例

广西桂林市小溶江水利枢纽工程位于漓江上游支流小溶江上，以桂林市防洪和生态补水为主，结合发电等综合利用。水库正常蓄水位 267.00m，总库容 1.52 亿 m^2，属大（2）型水库，Ⅰ等工程。拦河坝、泄水建筑物及引水建筑物进水口为主要建筑物，按 2 级建筑物设计，按 100 年一遇洪水设计，1000 年一遇洪水校核。次要建筑物按 3 级建筑物设计，电站厂房按 4 级建筑物设计，消能防冲建筑物设计洪水标准为 50 年一遇。水电站厂房洪水标准按 50 年一遇洪水设计，100 年一遇洪水校核。

2014 年 2 月，在小溶江水利枢纽大坝溢流坝段（5#坝块）发现一条顺水流方向的贯穿卷裂缝。2014 年 3 月，经业主、质监、设计、监理及施工单位对现场查勘及协商讨论，形成了对溢流坝段裂缝处理的方案，主要采用化学灌浆方法对裂缝进行处理。2014 年 6 月，施工单位完成对溢流坝段裂缝的化学灌浆工作。

2014 年 6 月 19—24 日对广西桂林小溶江水利枢纽溢流坝段裂缝处理工程进行超声波透射法试验检测，目的是通过超声波透射法获取检测裂缝影响区之外的混凝土和化学灌浆后裂缝处混凝土的医学参数，通过数据处理以评价混凝土裂缝化学灌浆的效果。本次超声波透射检测共检测四个孔，分别沿裂缝左侧和右侧各布置 2 个 25m 声波孔平行于裂缝发育方向垂直钻进坝体内裂缝面，如图 5-1 所示，共计检测 6 个剖面。

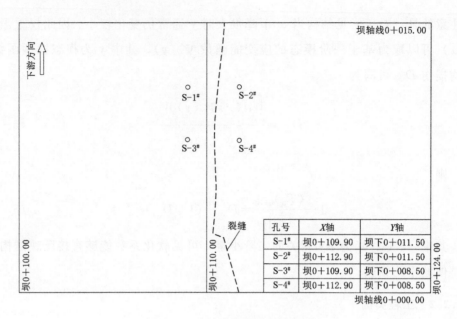

图 5-1　声波孔位置平面示意图

5.1.2.3　检测标准

(1)《超声波检测混凝土缺陷技术规程》(CECS 21—2000)。

(2)《水工混凝土试验规范》(SL 352—2006)。

5.1.2.4　工作原理及方法

超声波透射法检测混凝土内部缺陷的基本原理是：由超声脉冲发射源在混凝土内激发高频弹性脉冲波，并用高精度的接收系统记录该脉冲波在混凝土内传播过程中表现的波动特性；当混凝土内存在不连续或破损界面时，缺陷面形成波阻抗界面，波到达该界面时，产生波的透射和反射，使接收到的透射波能量明显降低；当混凝土内存在松散、蜂窝、孔洞、裂缝等严重缺陷时，将产生波的散射和绕射；根据波的初至到达时间和波的能量衰减特性、频率变化及波形畸变程度等特征，可以获得测区范围内混凝土的密实度参数。测试记录不同侧面、不同高度上的超声波动特征，经过处理分析就能判别测区内部存在缺陷的性质、大小及空间位置。

根据现场实际情况，可采用钻孔或根据墙槽的长度预埋一定数量的声测管，作为换能器的通道。测试的每两根声测管为一组，通过水的耦合，超声脉冲信号从一根声测管中的换能器中发射出去，在另一根声测管中的换能器接收信号，超声仪测定有关参数并采集存储。换能器由桩底同步往上提升，检测遍及整个截面。检测系统如图 5-2 所示。检测声参数：

声时 T 为混凝土测距间声波传播时间；波幅 A 为接收波首波波幅。

5.1.2.5　检测数据的处理与判定

1. 检测数据统计分析参量

（1）声速（幅值、频率）测量值的平均值为

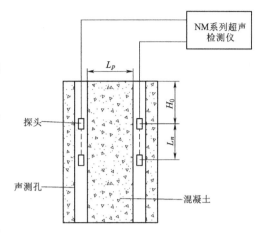

图 5-2　检测系统（单位：m）

H_0—混凝土第一测点的相对标高；L_p—声测管外壁间的最小间距，即超声波测距；L_n—测点间距

$$X_m = \frac{1}{n}\sum_{i=1}^{n}X_i \qquad (5\ \ 5)$$

（2）声速（幅值、频率）测量值的标准差为

$$S_x = \sqrt{\frac{\sum_{i=1}^{n}X_i^2 - nX_m^2}{n-1}} \qquad (5-6)$$

（3）声速（幅值、频率）测量值的离差系数为

$$C_x = \frac{S_x}{X_m} \qquad (5-7)$$

2. 异常数据判别方法

将一测区各测点的波幅、频率或由声时计算的声速值由大至小按顺序排列，即 $X_1 \geqslant X_2 \geqslant \cdots \geqslant X_n \geqslant X_{n+1}$，将排在后面明显小的数据视为可疑，再将这些可疑数据中最大的一个假定 X_n 连同其前面的数据，按式（5-1）、式（5-2）计算出 X_m 及 S_x 值，计算异常情况的判断值（X_0）为

$$X_0 = m_x - \lambda_1 s_x \qquad (5-8)$$

将判断值（X_0）与可疑数据中的最大值（X_n）相比较，若大于或等于 x，则 X 及排列在其后的各数据均为异常值，进行计算和判别，直至判不出异常值为止；当小于 X 时，应再将足放进去重新进行统计计算和判别，测位中判出异常测点时，可根据异常测点的分布情况，按式（5-9）进一步判别起相邻测点是否异常，即

$$X_0 = m_x - \lambda_2 S_x \qquad (5-9)$$

λ_1、λ_2、λ_3 按《超声波检测混凝土缺陷技术规程》(CECS 21—2000) 表 6.3.2 取值。当测点布置为网络状时取 λ_2;当单排布置测点时(如在声测孔中检测)取 λ_3。

缺陷的性质应根据各声学参数的变化情况及缺陷的位置和范围进行综合判断。混凝土完整性评价表见表 5-1。

表 5-1　　　　　　　　　　　　混凝土完整性评价表

类别	缺陷特征	评价结果
Ⅰ	无缺陷	完整;合格
Ⅱ	局部小缺陷	基本完整;合格
Ⅲ	局部严重缺陷	局部不完整;不合格;经工程处理后可使用
Ⅳ	断桩严重缺陷	严重不完整;不合格;报废后验证确定是否加固使用

5.1.2.6　检测结果分析

本次所检溢流坝段裂缝处理工程混凝土的声波检测结果见表 5-2。高程-波速 (H-V) 曲线、高程-波幅 (H-A) 曲线如图 5-3 所示。

表 5-2　　　　　　　　　　声波检测结果表

剖面	孔深 /m	声速平均值 /(km/s)	波幅平均值 /dB	完整性评价	备注
1-3	25.0	4.273	104.79	基本完整	未穿裂缝
2-4	25.0	4.331	103.03	基本完整	未穿裂缝
1-2	25.0	4.213	93.08	基本完整	穿透裂缝
3-4	25.0	4.203	94.64	基本完整	穿透裂缝
2-3	25.0	4.193	91.75	基本完整	穿透裂缝
1-4	25.0	4.104	94.11	基本完整	穿透裂缝

本次采用声波透射法对小溶江水利枢纽溢流坝段裂缝处理工程进行超声波透射法试验检测,共检测 6 个剖面。检测结果表明化学灌浆处理后裂缝混凝土波速(剖面 1-2、剖面 3-4、剖面 2-3、剖面 1-4)与附近未发现裂缝的完整混凝土间波速(剖面 1-3、剖面 2-4)相差较小。综合高程-波速 (H-V) 曲线、高程-波幅 (H-A) 曲线图判断,裂缝缝隙化学浆液充填得比较饱满,浆液与混凝土胶结较好,经化学灌浆处理后的裂缝基本完整。

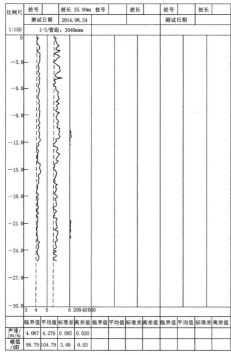

（a）剖面1-3

（b）剖面2-4

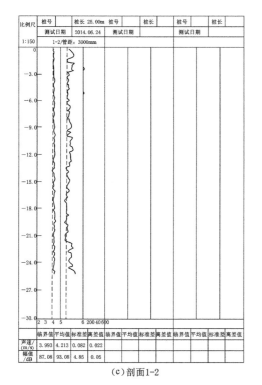

（c）剖面1-2

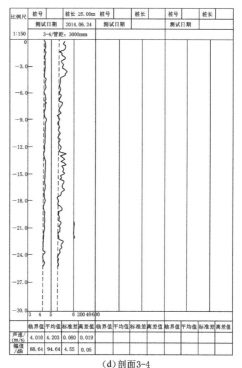

（d）剖面3-4

图5-3（一） 高程-波速（H-V）曲线、高程-波幅（H-A）曲线图

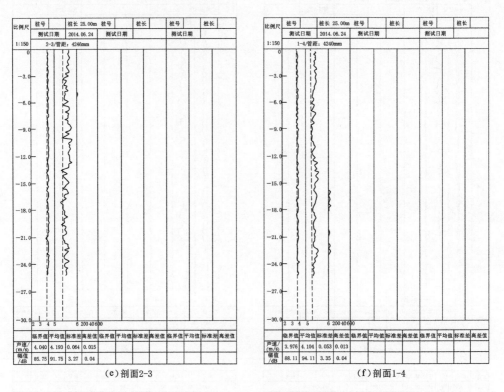

图 5 - 3（二）　高程-波速（H - V）曲线、高程-波幅（H - A）曲线图

5.2　水工结构运行安全动力学损伤诊断技术研究

　　大坝泄流过程中，高速水流与结构相互作用，其振动机理相当复杂。此外，实际的水流形态复杂多变，结构的形状不同，由于水荷载、疲劳响应、腐蚀作用以及材料性能退化等因素，导致结构的损伤特征分布具有耦合性和非线性，其损伤机理相对复杂，损伤诊断技术与方法尚无统一标准。结构的振动安全问题是水利工程学科中的难点和重点问题之一，对科学有效地进行损伤诊断及安全监测，避免重大事故发生，具有重要的现实意义。

　　本章结合水工结构的工作特点，从动力学角度，探索研究结构安全运行损伤敏感性指标体系，揭示各种敏感特征因子和不同运行工况之间的非线性映射关系，从而为水工结构的动力学损伤诊断提供可靠的方法和技术。

5.2.1 基于泄流振动响应的导墙损伤诊断

在水利工程中，由于水流的强烈紊动，产生的脉动压力作用在结构物上，极有可能造成结构物的强烈振动，甚至导致结构的破坏。尤其是当今的水工建筑物，泄量大、流速高及结构趋向轻型化发展使得流激振动问题更为突出，部分轻型结构，如导墙在长期的水流动力荷载作用下，常常因疲劳而导致结构破坏，从而引起工程事故。目前，工程界对导墙结构的损伤诊断，多采用长期静态位移观测来确定导墙结构的安全性，而长期静态位移观测常常会出现观测基准漂移的现象，影响损伤诊断的可靠性。

5.2.1.1 损伤评估流程

在无损检测中，由于结构频率比较容易测量，而且可以达到很高的测量精度，所以在工程实际中经常采用频率检测的方法来判断结构的损伤。本节直接将结构的固有频率作为结构损伤的标识量，在分析确定导墙损伤位置的前提下，根据现场实测的结构位移时程数据，通过时域识别方法对结构的模态参数进行识别，然后根据识别结果，不断修正导墙的有限元损伤模型来确定结构损伤的程度，进而对结构的动力特性进行分析，进行结构安全性能的评估。结构损伤评估流程如图 5-4 所示。

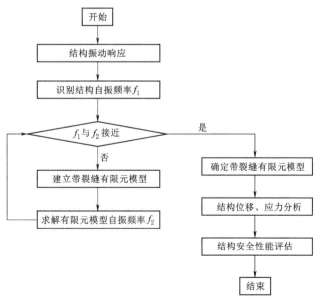

图 5-4 结构损伤评估流程

5.2.1.2 工程案例

以某电站 1# 导墙为研究对象，进行损伤诊断。该导墙长 17m、高 23m、宽 3m，原设计断面形式为悬臂结构，如图 5-5 所示。运行初期发现：在两侧水流的静动力荷载作用下，导墙结构振动响应增大趋势十分明显，怀疑导墙结构出现开裂。为确保导墙结构安全，对其进行了补强处理，即在导墙顶部布置 5 根高 1m、宽 0.6m 的钢筋混凝土大梁与渠道另一侧的挡土墙相连。该导墙出现的开裂损伤程度用传统的技术方法难以定量确定，故采用基于泄流振动响应的导墙损伤诊断方法。

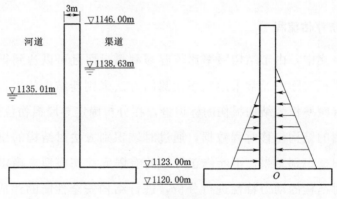

图 5-5 导墙断面图

1. 裂缝成因分析

工程地质资料表明，基岩较为均质，清理得也较为彻底，经设计、地质、监理工程师以及施工几方检查合格，所浇筑的水工混凝土建筑物的高差不大，不存在地基不均匀沉降的外部载荷，排除地基沉陷原因而造成裂缝的可能性。通过对导墙资料的定性和定量分析以及有限元分析，导墙产生裂缝的成因如下：

（1）两侧不平衡水压作用。在导墙运营初期，导墙为一悬臂结构，此时，导墙两侧由于水位差的存在，使得导墙根部拉应力有增大趋势。取单位 1m 导墙长度为计算单元，在不考虑地震惯性力及地震水压力的情况下，渠道与河道两侧的静水压力在导墙根部产生的弯矩分别为 M_1 和 M_2，渠道侧根部 O 点的拉应力为 $\sigma = (M_1 - M_2)/W - \gamma h$，计算可得出其理论解为 $\sigma = 1.73\text{MPa}$，超出 C20 混凝土的允许拉应力 1.35MPa；同时，在有限元分析中，若只考虑自重和水压影响，则导墙根部最大拉应力为 1.71MPa，也超出 C20 混凝土的允许拉应力值。显然，该导墙在设计运营初期，导墙根部就存在较大的拉应力，有可能造成导墙根部的受拉破坏。

（2）水流激振。河西渠首电站，泄水管放水时在尾水渠内产生面流式水跃，直接威胁导墙安全。

通过分析判断导墙的主要裂缝出现在导墙渠道侧根部。在导墙顶部布置 5 根高 5m、宽 0.6m 的钢筋混凝土加肋梁，以减小振幅。根据工程实际情况，合理确定地基模拟深度和边界条件，模型中地基模拟深度为 50m。导墙和地基采用 solid45 实体单元，水体对结构的影响采用 mass21 质量单元来模拟，模型中不考虑钢筋与混凝土的滑移作用，采用整体式建模方法，即将钢筋分布于整个单元中，求出综合了混凝土与钢筋单元的刚度矩阵。该段导墙沿水流方向长度为 17m，有限元模型如图 5-6 所示。材料参数见表 5-3。

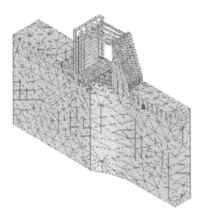 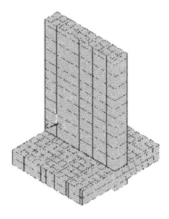

（a）整体有限元模型 （b）有限元模型

图 5-6 导墙有限元模型

表 5-3 **材料参数表**

材　料	容重/(N/m³)	弹性模量/MPa	泊松比
导墙	2.4×10⁴	26500	0.167
地基	2.4×10⁴	15600	0.167

2. 导墙模态参数识别与损伤诊断

导墙模态分析分无水、有水两种工况进行，分别称为"干模态"和"湿模态"。湿模态的计算应考虑水流的影响，一般情况下，考虑水流影响是把动水压力当作一个附加质量来考虑，在工程界，动水压力的计算公式一般采用 Westergaard 公式，参照以往的工程和研究经验，对公式中的系数取为 0.5，即

$$M = 0.5\rho_0 \sqrt{h_0 l} \tag{5-10}$$

式中　M——单位面积的附加质量；

　　　ρ_0——水的密度；

　　　h_0——水的深度；

　　　l——计算点到水面的距离。

利用现场实测的导墙位移时间历程，根据经验，结构阻尼比控制在 3% ～ 7%，结合前述模态参数的识别方法并与其他识别方法（如 ARMA 模型时间序列分析法；STD 时域识别方法）对比，对虚假模态进行剔除后，可得到导墙的第一阶自振频率与阻尼比识别结果，见表 5 - 4。由本节识别方法得到结构的脉冲响应函数曲线与实测数据分析得到的随机减量曲线拟合如图 5 - 7 所示，二者拟合较好。

表 5 - 4　　　　　　　　　模态参数识别结果与有限元分析结果

Prony 方法		ARMA 方法		STD 方法		完好模型		1/2 裂缝模型	
频率 /Hz	阻尼比 /%	频率 /Hz	阻尼比 /%	频率 /Hz	阻尼比 /%	频率 /Hz	阻尼比 /%	频率 /Hz	阻尼比 /%
5.29	5.93	5.25	5.95	5.27	3.50	6.02	5.00*	5.28	5.00*

注　＊表示水电站导墙结构阻尼比的经验取值。

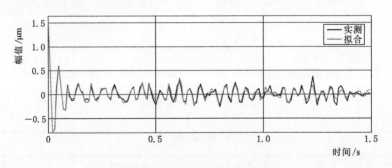

图 5 - 7　随机减量曲线拟合

根据上部横梁与导墙结合方式的不同，分为固结和铰接两种情况进行分析，结论如下：长期疲劳工作产生的裂缝使得导墙的自振频率有所下降，干模态和湿模态下的自振频率相差不大；上部横梁与导墙连接形式为固结，导墙根部裂缝深度为导墙厚度 1/2 时，通过有限元计算得到的结构第一阶自振频率 5.28Hz 最接近模态参数的识别结果；上部横梁与导墙连接形式为铰接，导墙结构完好

时，通过有限元计算得到的结构第一阶自振频率比识别频率值小，可见采用铰接与实际情况出入较大。因此，导墙根部裂缝深度约为导墙厚度的二分之一。

3. 频率安全监控指标

取激流振动的允许应力为 0.45 倍的静力允许应力值，而导墙在静力条件下 C20 混凝土的允许拉应力值 $[\sigma]=1.35\text{MPa}$，则激流振动时允许拉应力 $\sigma=$ 0.61MPa。此工况下导墙根部结构拉应力最大值为 0.47MPa，结构满足安全要求。将结构自振频率作为导墙的监控指标，以导墙在水流激振下结构允许拉应力 $[\sigma]=$ 0.61MPa 为标准，对该导墙进行安全预警。经计算可知，当结构频率值达到 4.98Hz 时，相应的最大拉应力值为 0.63MPa，达到结构预警状态。导墙频率和结构应力关系如图 5-8 所示。

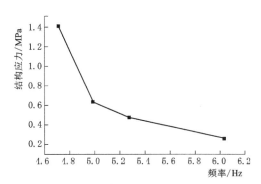

图 5-8 导墙频率和结构应力关系曲线

5.2.2 水工结构多损伤灵敏度指标构建

5.2.2.1 数据最佳分析长度确定方法

1. 多尺度排列熵原理

多尺度排列熵算法是在排列熵的基础上发展起来的，其本质改进是将一维时间序列进行多尺度粗粒化，然后计算不同尺度下粗粒化序列的排列熵即多尺度排列熵。

首先，设一维时间序列 $\{X(i);i=1,2,\cdots,n\}$，对其粗粒化处理，得到序列为

$$y_j^{(s)} = \frac{1}{s}\sum_{i=(j-1)s+1}^{js} X(i) \quad j=1,2,\cdots,\frac{n}{s} \qquad (5-11)$$

式中 $y_j^{(s)}$——粗粒化序列；

　　　　s——尺度因子决定了序列的粗粒化程度，粗粒化过程中时间序列长度随尺度因子 s 的增大而相应减小，当 $s=1$ 时粗粒化序列是原始序列；

$\dfrac{n}{s}$——对 $\dfrac{n}{s}$ 取整。

取嵌入维数为 m，延迟时间为 τ，对粗粒化序列 $y_j^{(s)}$ 重构，即

$$Y_l^{(s)} = \{y_l^{(s)}, y_{l+\tau}^{(s)}, \cdots, y_{l+(m+1)\tau}^{(s)}\} \quad l=1,2,\cdots,n(m-1)\tau \qquad (5-12)$$

式中　l——第 l 个重构分量。

以 $l_1, l_2, \cdots, l_m$ 表示重构分量 $Y_l^{(s)}$ 中各元素所在列的索引，将 $Y_l^{(s)}$ 按升序排列，若重构分量中存在相等值，则按先后顺序排列：

$$y_{l+(l_1-1)\tau}^{(s)} \leqslant y_{l+(l_2-1)\tau}^{(s)} \leqslant \cdots \leqslant y_{l+(l_m-1)\tau}^{(s)} \qquad (5-13)$$

对于任意一个粗粒化序列 $y_j^{(s)}$ 都可得到一组符号序列 $s(r)=(l_1, l_2, \cdots, l_m)$，其中，$r=1, 2, \cdots, R$，且 $R \leqslant m!$。计算每一种符号序列出现的概率 $P_r(r=1,2,\cdots,R)$，将排列熵归一化处理可得 H_P。

综上所述：原始时间序列 $\{X(i); i=1,2,\cdots,n\}$ 经粗粒化处理后，得到 s 个粗粒化时间序列，计算每个粗粒化序列的排列熵即可得到多尺度排列熵 $H_{mp}(X)=\{H_p(1), H_p(2), \cdots, H_p(s)\}$。

2. 粗粒化处理

粗粒化过程是多尺度排列熵计算中必不可少的部分，其本质是：对于每个尺度因子 s，将原始时间序列划分为长度为 s 的不相重叠的窗口，计算每个窗口内数据点的均值，由所得均值构成一组新的时间序列，如图 5-9 所示。

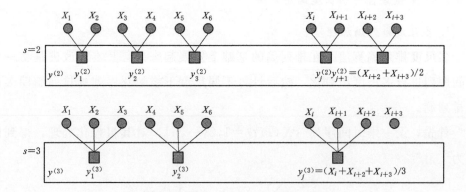

图 5-9　时间序列粗粒化过程示意图

上述传统的粗粒化方法中将原始时间序列直接除以尺度因子 s，其弊端是：尺度因子 s 较大时，时间序列过短，所包含的数据点太少，导致多尺度排列熵产生不准确的估计。针对该问题，采用基于移动平均粗粒化过程，并用于样本

熵计算中。在此，将这种优化的粗粒化方法应用到多尺度排列熵计算中，以提高结果的准确性，具体过程示意图如图 5-10 所示。

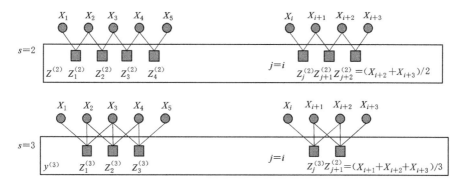

图 5-10　改进的粗粒化过程示意图

在给定的尺度因子 s 上，通过移动平均得到对应的粗粒化序列为

$$z_j^{(s)} = \frac{1}{s} \sum_{i=j}^{j+s-1} X(i), \quad j=1,2,\cdots,(n-s+1) \tag{5-14}$$

3. 最佳数据分析长度的确定

基于改进多尺度排列熵的最佳振测数据分析长度的确定，主要利用熵值对系统动力学突变的敏感性，寻求同一状态下熵值较为稳定的适宜数据长度，以解决数据分析中对数据长度的选择性问题。大体可划分为粗粒化处理、相空间重构及参数选取、熵值计算、选取满足精度要求的序列长度。数据分析长度的选取流程如图 5-11 所示。

（1）在所测结构的关键位置布设传感器装置，获取结构的振测数据 $\{X(i); i=1,2,\cdots,n\}$；n 为正整数。

（2）提取不同长度 N 的数据信息，并选取合适的尺度因子 s，将振测数据粗粒化处理，在给定的尺度因子 s 上，通过移动平均得到对应的粗粒化序列 $z_j^{(s)}$。

（3）利用伪近临法与互信息法分别确定各粗粒化后数据的相空间重构参数 m、τ，并进行相空间重构。

（4）计算粗粒化后各时间序列的排列熵熵值 PE_1，PE_2，$\cdots$，PE_s，得到多尺度排列熵 $MPE_s = \{PE_1, PE_2, \cdots, PE_s\}$，并以多尺度排列熵的均值 MPE 作为衡量振测数据复杂度的依据，其中 $MPE = (PE_1 + PE_2 + \cdots + PE_s)/s$。

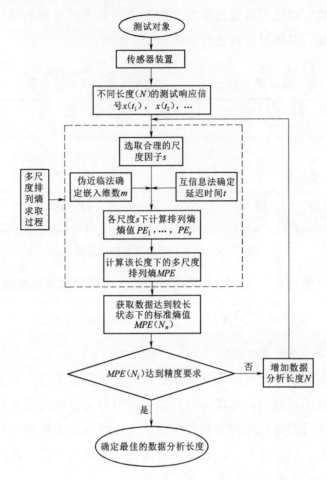

图 5-11　数据分析长度的选取流程

（5）计算同一振动状态下，不同长度 N 振测数据的多尺度排列熵均值 $MPE(N_1)$，$MPE(N_2)$，…，$MPE(N_i)$，…，$MPE(N_n)$，此时数据长度 N 值越大，熵值 MPE 越趋于某一固定值，在此以数据达到一定长度即 $MPE(N_n) - MPE(N_{n-1}) \approx 0$ 为止，并以 $MPE(N_n)$ 作为标准熵值，$MPE(N_n)$ 所对应的数据长度 N_n 作为标准数据长度 N。

（6）将 $MPE(N_1)$，$MPE(N_2)$，…，$MPE(N_i)$，…，$MPE(N_n)$ 分别与 $MPE(N_n)$ 进行比较，选出满足精度要求的 $MPE(N_i)$，即满足：$MPE(N_i) \geqslant 97\% MPE(N_n)$，则 $MPE(N_i)$ 所对应的最短数据长度定义为振测数据最佳分析长度。

为检验所提粗粒化方法相较于原始方法的优越性，现以数据长度较短状态下的白噪声为例，分别计算不同尺度下时间序列在粗粒化方法优化前后的熵值，具体试验数据与结果如图 5-12 所示。

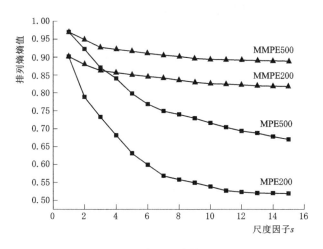

图 5-12　白噪声熵值变化图

白噪声作为一种纯随机过程的时间序列，其理论熵值为 1，由于实际测试中熵值的精确性对数据长度存在一定的依赖性，故而，数据长度在 200、500 两较短状态下，白噪声的实际排列熵熵值处于 0.90～0.97。从图中可以看出：白噪声信号经原始与改进两粗粒化方法后，所测熵值均随尺度因子的增大而减小，即数据长度越短熵值越小，实际值与理论值相差越大；不同之处在于，白噪声信号经改进粗粒化方法后，所测熵值受尺度因子的影响变小，随尺度因子的增加，熵值的减小速度降低，准确性增大。这说明相同数据长度与尺度因子的条件下，改进的粗粒化方法相对于原始方法，其实际计算熵值更接近于理论值，可信度更高。

此外，依据实验结果可知，不论是粗粒化方法改进前，抑或改进后，数据长度为 500 的白噪声信号均比长为 200 的熵值更精准，这也说明除了粗粒化方式之外，序列长度也是影响熵值准确度的一大重要因素。

研究可知，序列长短会影响熵值的精准性，若序列长度过短，其熵值的可信度较低，但长度过大也同样存在各种弊端，如：计算烦琐、耗时较长、突变处模糊化等。为此，寻找一个计算结果准确，且长短适中、有利于计算的序列长度，成为保证分析结果有效性的关键部分，同时，也为后期信号分析中数据长度的选取提供参考标准。在此，以白噪声这一具有标准熵值的信号为例进行分析，具体试验数据与结果如图 5-13 所示。

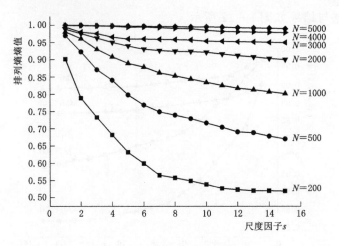

图 5-13　白噪声熵值变化图

图 5-13 所示为模拟生成的长度分别为 200、500、1000、2000、3000、4000、5000 的白噪声分别在尺度 $s \in [1，15]$ 上的熵值曲线。图中显示：随序列长度的增加，其所测熵值逐渐接近真实值 1；随尺度因子的增加，序列越长受尺度因子的影响越小，熵值越准确。多尺度排列熵的计算结果对数据长度很敏感，且尺度和数据长度是相关联的。此外，可以看出：在白噪声数据长度达到 4000～5000 时，熵值几乎不再随数据长度的增加而变大，并稳定在 0.998 处。实际熵值的正确性并不会随数据的无限增加而增大，其精准度存在一定界限。因此，信号分析中数据越长分析越准确的现象，仅存在一定的长度范围内，并不会无限精确。

熵值计算的目的是信号分析与评价，对其结果的正确性有较高要求，但通常满足的精度要求越高，需要的数据信息越丰富，即数据长度越大，大大增加了计算难度。当数据长度 N 达到一定水平，其熵值 MPE 随 N 的增加而产生的变化可忽略不计时，便将此时的 N、MPE 设定为标准数据长度与标准熵值。实际计算中，以标准数据长度作为分析长度，精度虽达到最高，但通常数据长度较大，熵值计算与分析中所需时间长、效率低，因此，在不影响分析效果的条件下，令满足标准值 97％精度的熵值作为有效熵值，所对应的数据长度作为最佳分析长度。例如上述试验中，白噪声数据长度达到 5000 以上时，熵值不再随数据长度的增加而变大，且熵值达到 0.998，与理论值相差甚微。因此，以数据长度 $N=5000$ 时所对应的熵值 0.998 作为标准熵值，选择满足标准值 97％精度的熵值即 0.968 所对应的数据长度作为合理的分析长度。白噪声数据长度 $N = 3000$ 时其熵值为 0.971，满足精度要求，故而白噪声的最佳分析长度为 3000。

4. 工程应用

（1）某大坝振动测试数据最佳分析长度确定。以某大坝振动测试为例，为得到不同运行状态下的最佳振测数据分析长度，以典型测点 15 号、16 号、17 号传感器上获取的振动信息为例进行研究。限于篇幅，仅在四种运行工况下各选取一种工况，展示信号熵值随序列长度的变化情况。

图 5-14 为某大坝在 A、B、C、J 四种工况下的熵值变化曲线，针对各工况均选取了 200、500、1000、2000、3000、4000、5000、6000、7000、8000、9000、10000 等 12 种不同的序列长度。从图中可以看出：四种状态下信号熵值各不相同，但闸门开启关闭瞬间（工况 B、工况 J）均比稳定运行（工况 A、工况 C）时所测熵值小很多；随数据长度的增加熵值都呈现出递增到平稳的趋势，当数据长度增加到一定程度时，熵值变化几乎为零，与白噪声信号所呈现规律一致。从而说明：利用多尺度排列熵对信号分析长度进行选取是切实可行的，此外，多尺度排列熵在表达结构状态与振动关系上也是行之有效的。计算结果为：四种工况下数据长度 $N = 6000$ 时熵值均达到稳定状态，分别对应熵值为 0.535、0.620、0.884、0.850，依据精度要求选出的最佳数据分析长度均为 $N = 2000$，故某大坝振测数据的最佳分析长度 $N = 2000$。

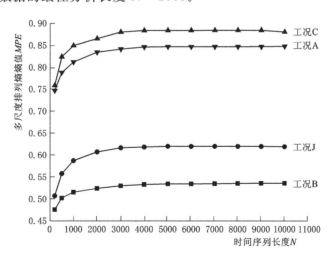

图 5-14 某大坝不同工况的熵值变化曲线

为检验数据长度对熵值的影响程度，即熵值长度对监测结果精确度的影响大小，特选取长度分别为 1000、2000 对同一振动信号进行分析，说明数据长度不同，信号监测的有效性也不同。

图 5-15 为振动信号时程图及多尺度排列熵在开闸瞬间变化图。同一特征信号下，序列长度为 2000 时，熵值最大幅差为 0.9，能明显看到振动信号的突变状况；子序列为 1000 时，熵值的最大幅差仅为 0.55，与前种序列长度相比，多尺度排列熵对信号突变检测的灵敏度降低，不利于状态检测。其原因是：数据长度决定了信号的丰富程度，振测数据越长越能反映结构自身特性，而选取数据较短会导致特征信息的丢失或不完整，降低结构检测的有效性。结果表明：数据长度较短，会对信号分析结果的准确性产生较大影响，为避免状态检测中的误判现象，选择合理的数据长度成为保证分析结果正确与否的重要环节。

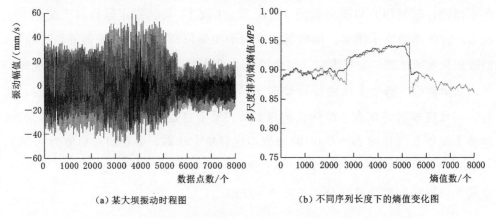

（a）某大坝振动时程图　　　　　　（b）不同序列长度下的熵值变化图

图 5-15　振动信号时程图及多尺度排列熵在开闸瞬间变化图

综上所述：在经过数据长度选取的基础上计算所得的熵值，比未经科学的数据长度选取上计算所得的熵值要更加准确，在进行结构的状态检测上，效果也更加明显，具有较好的工程实用性和推广价值。

（2）三峡溢流坝振动测试数据最佳分析长度确定。图 5-16 为三峡溢流坝段 6 个通道的振动信号熵值变化曲线，均选取 200、500、1000、2000、3000、4000 等 6 种不同的序列长度。从图中可知：各通道振动信号熵值各不相同，水平向动位移振动熵值（1～4 通道）均比垂向动位移熵值（5、6 通道）时所测熵值小；熵值随数据长度的增加而逐步递增直至平稳，数据增加到一定长度时，熵值趋于一稳定值，与白噪声信号具有相同的规律。说明利用 MPE 方法选取信号分析长度是可行的，各通道在数据长度 $N=2000$ 时的熵值均达到稳定状态，分别对应熵值为 0.773、0.774、0.789、0.766、0.847、0.928，依据 97％精度要求，计算出各工况下最佳数据分析长度均为 $N=1000$。

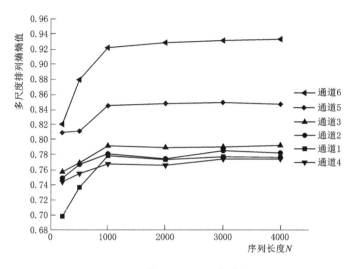

图 5-16　坝体不同工况的熵值变化图

（3）拉西瓦拱坝振动测试数据最佳分析长度确定。图 5-17 为拉西瓦工程三种工况下选取不同测点的振动信号熵值变化曲线，均选取 200、500、1000、1500、2000、2500、3000、3500、4000 等 9 种不同的序列长度。水流导致的坝体振动幅度较小，熵值也较低；各测点振动信号熵值各不相同，随数据长度的

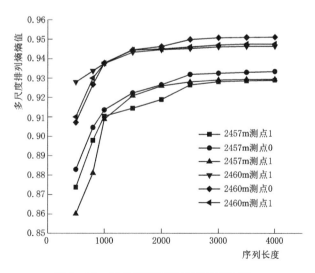

图 5-17　坝体不同工况的熵值变化图

增加，熵值均表现为由递增到平稳的趋势，当数据长度增加到一定程度时，熵值变化几乎为零，与白噪声信号所呈现规律一致。从而说明：利用多尺度排列熵对信号分析长度进行选取是可行的，各通道在数据长度 $N=3000$ 时的熵值均达到稳定状态，分别对应熵值为 0.928、0.929、0.933、0.946、0.951，依据 97% 精度要求，计算出各工况下最佳数据分析长度均为 $N=2500$。

5.2.2.2　基于排列熵指标的水工结构损伤诊断技术

针对水工结构运行过程中损伤诊断困难的问题，提出一种基于排列熵算法（Permutation Entropy，简称 PE）的水工结构损伤诊断方法。首先，运用小波阈值-经验模态分解（Empirical Mode Decomposition，简称 EMD）降噪方法对原始信号进行降噪，减小环境噪声对结构损伤特征信息的干扰，提高信号的信噪比；其次运用排列熵算法检测降噪后信号的复杂度，并计算其排列熵值。通过不同工况下信号熵值变化规律的对比，实现水工结构损伤的诊断。将该方法应用于泄流激励下的悬臂梁模型的试验研究，结果表明，正常无损状态下结构振动信号的排列熵值最大，结构发生损伤时，其熵值降低，且损伤程度越大，熵值越小；排列熵对结构的初期损伤比较敏感；结构未发生损伤时，不同工况下的排列熵基本不变，说明排列熵能够有效确定结构的损伤，且具有较高的诊断精度。

1. 基本原理

假定长度为 N 的一维时间序列 $\{X(i), i=1,2,\cdots,N\}$，令嵌入维数为 m，延迟时间为 τ，对其进行相空间重构，得到矩阵如下：

$$\begin{bmatrix} x(1) & x(1+\tau) & \cdots & x[1+(m-1)\tau] \\ x(2) & x(2+\tau) & \cdots & x[2+(m-1)\tau] \\ x(j) & x(j+\tau) & \cdots & x[j+(m-1)\tau] \\ \vdots & \vdots & & \vdots \\ x(K) & x(K+\tau) & \cdots & x[K+(m-1)\tau] \end{bmatrix} \quad j=1,2,\cdots,K \quad (5-15)$$

$$K=N-(m-1)\tau$$

式中　K——矩阵的行数，即重构相空间中重构向量的个数。

设重构相空间矩阵中第 j 个重构向量 $X(j)$ 为 $\{x(j),x(j+\tau),\cdots,x[j+(m-1)\tau]\}$，将其按照元素的数值大小进行升序排列，即

$$x[i+(j_1-1)\tau] \leqslant \cdots \leqslant x[i+(j_m-1)\tau] \qquad (5-16)$$

式中　$j_1,j_2,\cdots,j_m$——向量 $X(j)$ 中每个元素进行排序前所在列的索引。

假设重构向量中有相等的元素，如 $x[i+(j_p-1)\tau]=x[i+(j_q-1)\tau]$。则这两个元素按 j_p 和 j_q 原来的顺序进行排列，即当 $j_p<j_q$ 时，有：$x[i+(j_p-1)\tau]\leqslant x[i+(j_q-1)\tau]$。

因此，对于任一重构向量 $X(j)$ 均可得到一个与之对应的符号序列 $S(l)=\{j_1,j_2,\cdots,j_m\}$，其中，$l=1,2,\cdots k$ 且 $k\leqslant m!$。

设一个 m 维重构相空间对应的符号序列的概率分别为 P_1，P_2，$\cdots$，P_k，则对于一维时间序列 $X(i)$ 的 k 个重构向量对应的符号序列，排列熵可表示为

$$H_P(m)=-\sum_{j=1}^{k}P_j\ln(P_j) \tag{5-17}$$

当 $P_j=\dfrac{1}{m!}$ 时，排列熵 $H_P(m)$ 最大，取值为 $\ln(m!)$。将 $H_P(m)$ 归一化，可得：$H_P=\dfrac{H_P}{\ln m!}$，得到的 H_P 就是一维时间序列 $\{X(i),i=1,2,\cdots,N\}$ 的排列熵。H_P 的取值为 $[0\quad 1]$，其大小反映了一维时间序列复杂程度。排列熵值越大，时间序列的复杂度就越高，反之，排列熵值越小，时间序列就越规律。

在排列熵的计算中，延迟时间 τ 和嵌入维数 m 对计算结果影响较大，需要预先确定，选用的参数不同，得到的排列熵值也会不同。嵌入维数 m 的范围为 $3\sim7$，因为 m 取值太小，重构的向量中包含的状态过少，不能准确地反映系统特性，算法将失去有效性；m 取值过大，相空间的重构将会使时间序列均匀化，导致计算量增大，计算效率低并且无法反映时间序列的细微变化。延迟时间 τ 对时间序列的影响不大。本书利用互信息法确定 τ，利用伪邻近法确定 m。

利用排列熵算法对结构进行损伤诊断（图 5-18），具体步骤如下：

（1）采用小波阈值-EMD 联合降噪方法对原始振动信号进行降噪处理，减小强背景噪声对结构损伤特征信息的干扰，提高信号的信噪比。

（2）选取适当的子序列长度 L，将降噪后的振动信号分成若干个子序列。为了提高排列熵的损伤诊断精度，采取最大重叠方式，即将每个长度为 L 的子序列依次向后滑动，直至取到最后一个数据点。

（3）利用排列熵对子序列进行复杂度分析，计算每个子序列的排列熵值，将不同工况下结构振动信号的熵值变化规律进行对比，从而实现结构损伤的识别。

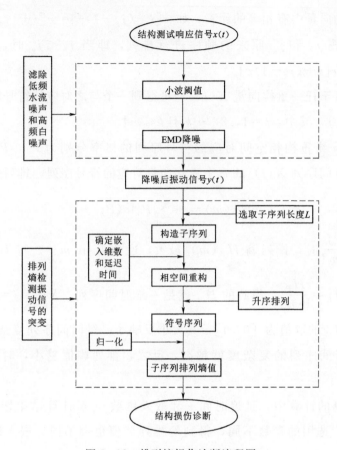

图 5-18　排列熵损伤诊断流程图

2. 模型试验

以泄流激励下的悬臂梁模型为研究对象，通过采用 DASP 智能数据采集和信号分析系统对悬臂梁结构的动应变响应进行测试，进而对其进行损伤诊断。悬臂梁材料密度 $\rho = 2321\text{kg/m}^3$，弹性模量 $E = 155\text{MPa}$，其尺寸大小为 $6\text{cm} \times 4\text{cm} \times 40\text{cm}$（长×宽×高），将其底部用 AB 胶固结于有一定重量和厚度的钢板上。为了防止水流把模型掀翻，用橡皮泥将水槽和钢板的底部固定。在悬臂梁模型的背水面和一个侧面分别布置 5 个应变传感器，各个测点为等间距布置，其背水面顶部测点记为测点 1，下面的测点依次为测点 2～5，其侧面最顶部测点记为测点 6，最底部记为测点 10，同时为了降低试验时温度等因素对应变片测试结果造成影响，在同一试验环境中布置温度补偿片，测点布置及温度补偿片布置如图 5-19 所示。试验时通过控制上下游水位以保证不同试验工况在相同流速下进行，即确保各工况下激励源能量近似相同，悬臂梁流激振动试验如

图 5 - 20 所示。

图 5 - 19 测点及温度补偿片布置

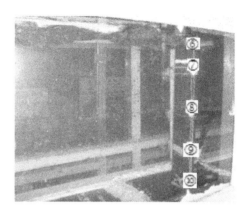
图 5 - 20 悬臂梁流激振动试验

泄流激励下结构测试采样频率 $f_r = 300\text{Hz}$，试验设置测点 3 在 5 种工况：①0mm 损伤；②5mm 损伤；③10mm 损伤；④15mm 损伤；⑤20mm 损伤。各工况的损伤均为贯通裂纹。测点 3 在 5 种工况下应变时程如图 5 - 21 所示。

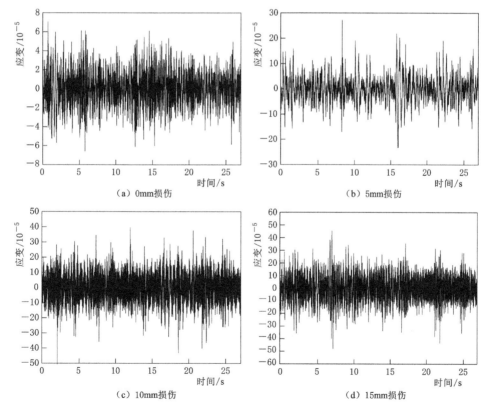
（a）0mm损伤

（b）5mm损伤

（c）10mm损伤

（d）15mm损伤

图 5 - 21（一） 测点 3 在 5 种工况下应变时程图

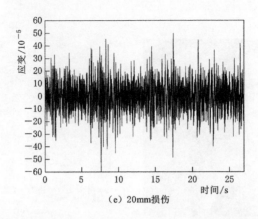

（e）20mm损伤

图 5-21（二）　测点 3 在 5 种工况下应变时程图

不同损伤程度结构的振动幅值存在明显差异，结构损伤时振动信号的幅值比正常无损状态要高。但由于受到环境激励作用下低频水流噪声和高频白噪声的影响，结构振动特性会受到干扰，因此根据时程图无法准确地判断结构的损伤程度，应对原始信号进行降噪处理。

首先利用小波阈值滤除信号中的高频白噪声，实现信号的初次滤波；然后

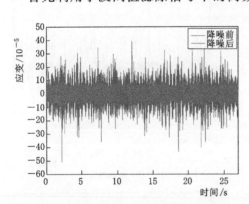

图 5-22　10mm 损伤工况下测点 3 振动信号降噪前后时程对比图

利用 EMD 进一步滤除高频白噪声和低频水流噪声，实现信号的二次滤波，从而提高滤波精度；经过小波阈值-EMD 联合降噪方法降噪处理后，振动信号的信噪比明显增大。10mm 损伤工况下测点 3 振动信号降噪前后时程对比如图 5-22 所示。

对结构不同损伤状态下降噪后的振动信号进行分析，对比不同子序列长度 L、不同嵌入维数 m 的分析结果，选取子序列长度 $L=2000$、$m=$ 4；其中 L 采取最大重叠方式，将每个长度 $L=2000$ 依次向后滑动得到下一个子序列，直至取到最后一个数据点（即各工况下参与计算的数据长度为 4000 个点），计算每个子序列的排列熵，进而得到各个工况下排列熵值的变化规律。测点 3 在 5 种工况下的排列熵如图 5-23 所示。

不同工况下结构振动信号的排列熵值存在明显差异，同一工况下振动信号的排列熵值相差很小，在一个固定值附近波动。设测点 3 振动信号在 5 种工况下的排列熵值分别为 PE_1，PE_2，PE_3，PE_4，PE_5。$PE_1 > PE_2 > PE_3 > PE_4 > PE_5$，正常工况下结构振动信号的排列熵值最大，其次是 5mm 损伤工况，10mm 损伤工况，15mm 损伤工况，20mm 损伤

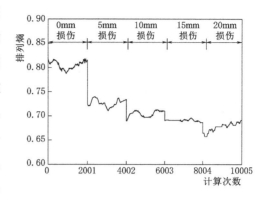

图 5 - 23　测点 3 在 5 种工况下的排列熵

工况的排列熵值最小，即随着损伤程度的增加，排列熵值依次减小，这是因为无损伤的正常工况下结构的振动信号复杂度较高，在不同的频段内能量分布随机性较大，自相似性低，因此排列熵值较大。当结构出现损伤时，振动信号在特定的频带会产生共振频率，能量主要在共振频率处集中，振动信号的随机性降低，则排列熵减小。且随着损伤程度的增加，振动更加剧烈，能量更加集中，振动信号的自相似性更高，则排列熵值进一步降低。测点 3 振动信号在 5 种工况下的平均熵值见表 5 - 5。

表 5 - 5　　　　　　　　　测点 3 振动信号在 5 种工况下的平均熵值

平均熵值	$\overline{PE_1}$	$\overline{PE_2}$	$\overline{PE_3}$	$\overline{PE_4}$	$\overline{PE_5}$
$\overline{PE}$	0.8050	0.7269	0.7046	0.6909	0.6772

由表 5 - 5 可知，无损伤的正常工况到 5mm 损伤工况的平均熵值降低幅值最大，约为 0.08 左右，而其他工况间的幅值较小，约为 0.02，说明排列熵算法对结构的初期损伤敏感性较高。

应用该方法对无损伤点测点 4 和测点 2 在 5 种工况下的振动信号进行分析，得到测点 4 和测点 2 在 5 种工况下的排列熵分别如图 5 - 24、图 5 - 25 所示。

由图 5 - 24 可知，测点 4 在不同工况下的排列熵均在 0.725 附近波动，基本保持不变。测点 2 在不同工况下的排列熵均在 0.85 附近波动，基本保持不变；即无损伤测点在不同工况下的排列熵波动较小，其数值基本保持不变。另外，对比损伤点测点 3 在不同工况下的排列熵可知，结构发生损伤时排列熵变化比较明显，损伤程度越大排列熵越小，而未损伤时排列熵波动较小，基本保持不

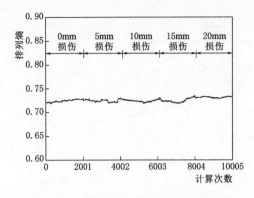

图 5-24 测点 4 在 5 种工况下的排列熵

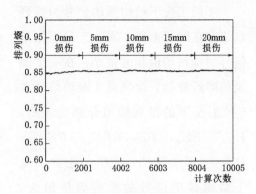

图 5-25 测点 2 在 5 种工况下的排列熵

变。由此说明，排列熵算法能够有效地检测结构的动态变化，确定结构的损伤，且诊断精度较高。

5.2.2.3 基于 VMD-HHT 边际谱的水工结构损伤诊断

1. Hilbert 变换边际谱

对 VMD 分解得到的每个 IMF 分量进行 Hilbert 变换，则原始信号可表示为

$$x(t) = Re \sum_{i=1}^{n} a_i(t) e^{j\int \omega_i(t) \mathrm{d}t} \qquad (5-18)$$

式中 Re——实部；

$\omega_i(t)$、$a_i(t)$ ——分别为信号的瞬时频率和瞬时振幅。

由于 $x(t)$ 是关于时间 t 和 $\omega_i(t)$ 的函数，故也可表示为

$$H(\omega, t) = Re \sum_{i=1}^{n} a_i(t) e^{j\int \omega_i(t) \mathrm{d}t} \qquad (5-19)$$

$H(\omega, t)$ 为 Hilbert 谱，对其积分，得到边际谱 $h(\omega)$ 为

$$h(\omega) = \int_{0}^{T} H(\omega, t) \mathrm{d}t \qquad (5-20)$$

式中 $h(\omega)$——信号幅值在整个频域范围内随频率的变化情况。

常用的功率谱只能反映某一频率实际存在的可能性大小，而边际谱幅值能够准确反映某一频率是否真实存在，表征某特定频率在不同时刻对应的幅值（或能量）之和，某一频率对应的幅值发生变化，其对应的能量也随之改变。此外，边际谱与常用的功率谱相比，准确性和分辨率显著提高，能够有效抑制能量泄漏效应。

2. 损伤灵敏指数 Q

考虑到相同损伤程度，不同水工结构的应变模态有所差异，其绝对值的大小并不能有效地反映应变模态对结构损伤的灵敏程度，为了消除个体差异，定义损伤灵敏指数 Q 为

$$Q = \frac{\sum_{f=f_M-0.01}^{f_M+0.01} P(f)}{\sum_{f=0}^{\infty} P(f)} \tag{5-21}$$

式中　f_M——边际谱的峰值所对应的频率；

　$P(f)$——频率为 f 的信号的幅值，表示应变模态对水工结构损伤的灵敏程度。

3. 马氏距离

选择不同工况下的损伤灵敏指数 Q 作为损伤特征向量 S，求出同种工况下所有特征向量 S 的标准特征向量 $\overline{S_i}$ 和方差 $var(S_i)$。其中 $i=1, 2, \cdots, k$ 分别对应不同的工况。则某特征向量 S_x 与各工况下的标准特征向量 $\overline{S_i}$ 之间的马氏距离为

$$d_i = \frac{|S_x - \overline{S_i}|}{var(S_i)} \tag{5-22}$$

比较 $d_1, d_2, \cdots, d_k$ 的大小，选取最小判别距离所对应的状态作为被诊断信号的损伤类型，从而判断水工结构的运行状态。

4. VMD-HHT 边际谱的水工结构损伤诊断

（1）采用提出的小波阈值-EMD 联合降噪等方法对原始信号进行降噪处理，滤除其中的低频水流噪声和高频白噪声，减小环境激励对结构损伤特征信息的干扰，提高信号的信噪比。

（2）运用方差贡献率信息融合技术计算降噪后各个测点信号的方差贡献率，以方差贡献率为依据，根据信息的相对重要性分配融合系数，实现不同测点信号信息的动态融合，提取结构的完整工作特征信息。

（3）利用 VMD 算法将包含结构完整工作特征信息的动态融合信号分解为若干个 IMF 分量之和，然后对各个 IMF 分量进行 Hilbert 变换求其边际谱 $h(\omega)$。

（4）确定不同工况下各样本信号的损伤灵敏指数 Q，并以此作为损伤特征向量。求出不同工况下所有特征向量 S 的标准特征向量 $\overline{S_i}$ 和方差 $var(S_i)$，其中 $i=1, 2, \cdots, k$ 分别对应不同的工况。

（5）按照上述方法求出待检测信号 $x(t)$ 的特征值 S_x，计算 S_x 与各工况下的标准特征向量 $\overline{S_i}$ 之间的马氏距离 d_i。

（6）比较 d_1，d_2，…，d_k 的大小，选取最小判别距离所对应的状态作为被诊断信号的损伤类型，从而判断水工结构的运行状态。

5. 试验验证

以前述泄流激励下的悬臂梁模型为研究对象，运用方差贡献率信息融合技术实现多测点（测点 1～5）信号振动信息的动态融合，提取结构的完整工作特征信息，从而进一步提高结构损伤诊断的精度。在此仅给出不同工况下动态融合信号应变时程如图 5-26 所示。

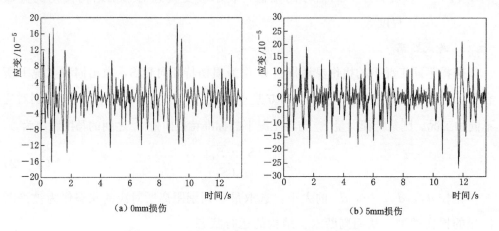

（a）0mm损伤　　　　　　　　　　（b）5mm损伤

图 5-26　不同工况下动态融合信号应变时程图

利用 VMD 算法将包含结构完整工作特征信息的动态融合信号分解为一系列从高频到低频的 IMF 分量，然后对每个 IMF 分量进行 Hilbert 变换并求其相应的边际谱 $h(\omega)$，Hilbert 边际谱准确地反映了结构振动信号的实际频率成分，同时提供了振动信号的频域能量特征。15mm 损伤工况下 Hilbert 边际谱如图 5-27 所示。每种工况随机选取 20 组样本信号，对其进行上述的降噪、信息融合及边际谱处理，确定不同工况下各样本信号的损伤特征向量即损伤灵敏指数 Q。损伤灵敏指数对比图如图 5-28 所示。

根据各样本信号的损伤特征向量 Q，计算不同工况下特征向量的标准特征向量 $\overline{S_i}$ 和方差 $var(S_i)$，见表 5-6。分析可知，不同工况下结构的损伤灵敏指数存在明显差异，随着损伤程度的增加，损伤灵敏指数也随之增大，区分度好，将其作为损伤特征向量能够有效判定结构的运行状态。

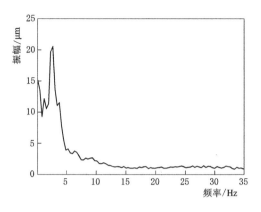

图 5-27　15mm 损伤工况 Hilbert 边际谱

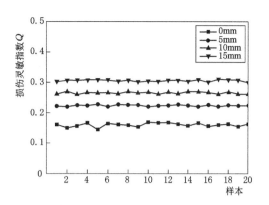

图 5-28　损伤灵敏指数对比图

表 5-6 标准特征向量及其方差

工　况	标准特征向量	方　差
0mm 损伤	0.1608	0.0070
5mm 损伤	0.2237	0.0024
10mm 损伤	0.2649	0.0032
15mm 损伤	0.3052	0.0031

对 4 种工况下的 80 组样本信号进行马氏距离分析，计算待检测信号 $x(t)$ 的特征值 S_x 与各工况下的标准特征向量 $\overline{S_i}$ 之间的马氏距离 d_i（其中 $i=1$、2、3、4 分别对应 0mm、5mm、10mm、15mm 损伤工况）。马氏距离诊断结果如图 5-29 所示。

从图 5-29 可以看出，不同损伤工况下的待检振动信号的特征值 S_x 与相应的标准模式的特征向量 $\overline{S_i}$ 之间的马氏距离明显小于与其他标准模式的特征向量 $\overline{S_i}$ 之间的距离。0mm 损伤（无损伤）工况下，其相应的马氏距离 d_1 均小于 d_2、d_3 和 d_4，且有 $d_1 < d_2 < d_3 < d_4$，即无损工况下，5mm、10mm、15mm 损伤对应的马氏距离 d_2、d_3 和 d_4 与 d_1 之间的距离依次增大，随着损伤程度的增大，其相应的马氏距离与 d_1 之间的距离也随之增大。同样，10mm 损伤工况下，其相应的马氏距离 d_3 小于 d_1、d_2 和 d_4，且 d_3 与 d_2 和 d_4 之间的距离相对较小，与 d_1 之间的距离相对较大，也即 10mm 损伤工况下，其相应的马氏距离 d_3 与 5mm、15mm 损伤对应的马氏距离 d_2、d_4 之间的距离较小，而与 0mm 损伤对应的马氏距离 d_1 之间的距离较大。这是由于 10mm 损伤工况的损伤程度位于 5mm 和 15mm 之间，因此 d_3 与 d_2 和 d_4 之间的距离相对较小，而

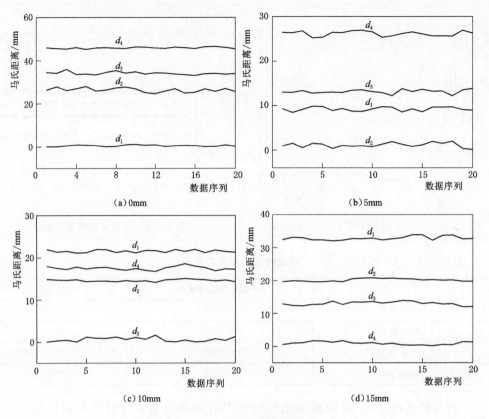

图 5-29　马氏距离诊断结果

10mm 损伤工况的损伤程度与 0mm 损伤差别较大，因此 d_3 与 d_1 之间的距离比其与 d_2 和 d_4 之间的距离要大。分析结果表明，本书方法能够有效识别水工结构的不同运行状态和损伤。

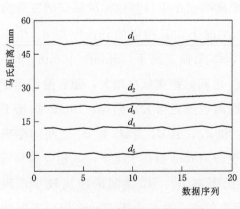

图 5-30　20mm 损伤工况马氏距离
诊断结果

为了进一步验证本方法的有效性，在相同的试验条件下设置测点 3 在 20mm 损伤工况进行试验研究，该工况随机选取 20 组样本信号按照上述方法和过程进行降噪、信息融合及边际谱处理，并对其进行马氏距离分析。20mm 损伤工况马氏距离诊断结果如图 5-30 所示。

从图 5-30 可以看出，20mm 损伤工况下，其相应的马氏距离 d_5 均

小于 d_1、d_2、d_3 和 d_4，且有 $d_5 < d_4 < d_3 < d_2 < d_1$。20mm 损伤工况的损伤程度与 15mm 损伤最为相近，其次是 10mm 损伤、5mm 损伤、0mm 损伤，因此 d_5 与 d_4 之间的距离最小，其次是 d_3，d_2，d_1，该工况的损伤程度与 0mm 损伤差别最大，所以 d_5 与 d_1 之间的距离最大，分析结果与实际一致，说明该方法能够有效地提取结构的损伤特性，识别结构的损伤，实现泄流激励下的水工结构损伤诊断，且诊断精度较高。

5.2.2.4 基于小波-ICA 联合技术的泄流结构应变损伤识别

1. 基本原理

N 自由度系统的运动方程的物理坐标表达式为

$$M\ddot{x}(t) + C\dot{x}(t) + Kx(t) = f(t) \tag{5-23}$$

式中　　　M、C 和 K——系统的质量矩阵、阻尼矩阵和刚度矩阵；

$\ddot{x}(t)$、$\dot{x}(t)$ 和 $x(t)$——加速度、速度和位移向量；

$f(t)$——系统的外荷载向量。

假设阻尼矩阵 C 为比例阻尼矩阵，即

$$C = \alpha M + \beta K \tag{5-24}$$

式中　　α、β——比例阻尼系数。

采用振型分解法，将物理坐标转为模态坐标，使方程解耦成为一组由模态坐标和模态参数表达的独立方程，进而求出结构相应的模态参数。系统响应按振型展开为

$$x(t) = \sum_{i=1}^{N} \phi_i a_i e^{-\xi_i \omega_{ni} t} \sin(\omega_{Di} t + \varphi_i) = [x_1(t), x_2(t), \cdots, x_N(t)]^{\mathrm{T}}$$
$$\tag{5-25}$$

式中　　　$x(t)$——系统响应；

ω_{ni}——固有频率；

ξ_i——阻尼比；

$\omega_{Di} = \omega_{ni}\sqrt{1-\xi_i^2}$——有阻尼的固有频率；

φ_i——初始相位角；

ϕ_i、a_i——常数项。

用矩阵形式表达为

$$x(t) = \Phi q(t) \tag{5-26}$$

$$q(t) = a_i e^{-\xi_i \omega_{ni} t} \sin(\omega_{Di} t + \varphi_i)$$

式中　Φ——振型矩阵；

$\quad\quad q(t)$——结构正则坐标向量。

正则坐标向量可以看作 ICA 问题中的源信号矢量，且已经满足 ICA 中关于源信号各分量不相关的假定条件。运用 ICA 分离思想，从振型分解的响应信号中估计出结构输入信号和分离矩阵 $W = A^{-1}$，而振型向量 $\Phi = A = W^{-1}$。再利用傅里叶变换（FT）、希尔伯特变换（FFT）等从分离信号 $q(t)$ 识别出结构的频率。因此，ICA 技术可以应用于结构参数识别。

ICA 局限性的主要原因在于，结构模态响应受到阻尼和环境激励的干扰，影响了各响应分量之间的独立性，响应模态的相关性逐渐增加，响应信号不再满足 ICA 的分离假定，进而导致 ICA 算法不能有效识别出结构参数。因此，为精确辨识结构的振型和信号有用信息，将小波阈值降噪和 ICA 联合运用，对结构进行损伤识别的研究。

2. 基本流程

（1）确定小波分解层数。信号经小波分解后白噪声能量主要分布在大多数小波空间上，在这些层次的小波空间中白噪声起控制作用，因而小波系数表现出白噪声特性；有用信号则被压缩到少数大尺度小波系数空间上数值较大的小波系数中，有用信号起主导作用，小波系数表现非白噪声特性；通过判断各层小波系数是否具有白噪声特性可以自适应地确定分解层数，即对各层小波系数进行白化检验。

由数理统计知识可知，白噪声是随机函数，它由一组互不相关的随机变量构成。离散随机变量的自相关序列为

$$\rho(k) = \begin{cases} 1, k=0 \\ 0, k \neq 0 \end{cases} \tag{5-27}$$

在实际振动测试信号中，由于白噪声中含有一种弱相关信号，无法确定是有用信号的弱相关信号还是噪声产生的随机信号，因此采用小波系数去相关的白化检验。小波系数去相关白化检验流程如图 5-31 所示。

（2）计算各层小波系数阈值。Donoh 提出的阈值计算公式对于高信噪比的信号比较适用，对于被噪声淹没的低信噪比泄流结构振动信号则因保留了太多较大噪声小波系数而影响降噪效果，噪声小波系数随着分解层数的增加不断降低，且 Donoh 提出的阈值公式计算的是全局阈值，这显然不合理，因此采用改

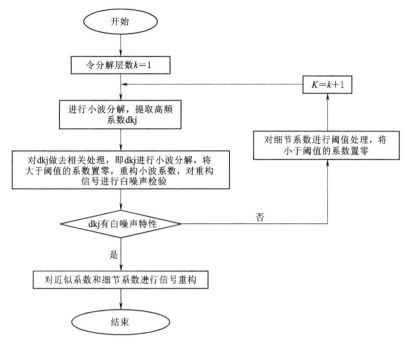

图 5-31　小波系数去相关白化检验流程

进阈值公式，即

$$\lambda = \frac{\sigma\sqrt{2\lg N}}{\ln(e+j-1)} \tag{5-28}$$

式中　σ——噪声方差；

　　　N——信号数据长度；

　　　e——底数 $e \approx 2.71828$；

　　　j——分解层数。

（3）选取合适的阈值函数。阈值函数通常使用 Donoh 提出的软、硬阈值函数。但硬阈值函数不连续，出现伪吉布斯现象，软阈值函数虽连续，但处理后的小波系数存在偏差，因此采用改进阈值函数，即

$$\widehat{w_{j,k}} = \begin{cases} w_{j,k} - 0.5\dfrac{\lambda^p r}{w_{j,k}{}^{p-1}} + (r-1)\lambda, & w_{j,k} > \lambda \\[2mm] \mathrm{sgn}(w_{j,k})0.5\dfrac{r|w_{j,k}|^q}{\lambda^{q-1}}, & |w_{j,k}| < \lambda \\[2mm] w_{j,k} - 0.5\dfrac{(-\lambda)^p r}{w_{j,k}{}^{p-1}} - (r-1)\lambda, & w_{j,k} < -\lambda \end{cases} \tag{5-29}$$

式中　　p、q、r——阈值函数的调节因子。

其目的是增强阈值函数在实际去噪应用中的灵活性。p、q 决定阈值函数形状，r 取值为 0~1，决定了小波阈值的逼近程度。

（4）对重构信号进行 ICA 分解。原始信号通过小波阈值消噪后，降低了混频效应，满足 ICA 分解的条件，使得 ICA 能够正确分解信号，精确识别结构的模态参数。

（5）对不同工况下的模态参数进行对比，实现结构的损伤识别。

3. 试验验证

试验的目的旨在设置不同的工况，通过采集泄流激励下悬臂梁的动应变响应数据，联合运用小波阈值和 ICA 对其进行模态参数辨识；由于应变模态相比其他模态参数对损伤有更高的敏感度，根据应变模态的差异能够有效识别结构的局部损伤，因此，通过对比不同工况下的应变振型，进而验证本书提出的结构损伤识别方法。测点 2 与测点 3 降噪前后时程图如图 5-32 所示。

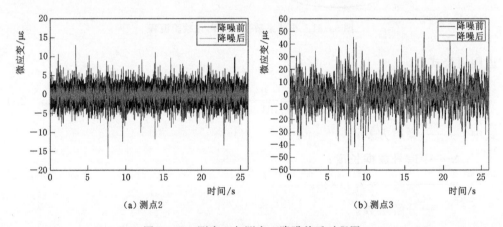

图 5-32　测点 2 与测点 3 降噪前后时程图

由图 5-33 可得：降噪后测点 2 和测点 3 的互相关函数明显减小，信号间的相关性降低，水流噪声对信号的影响大大降低，有利于 ICA 对结构模态参数的识别。

运用 ICA 方法分别对完好情况和损伤情况下背水面测点 1~5 降噪后的数据进行分析，得到包含模态振型信息的振型矩阵 Φ 和包含频率信息的分离信号 $q(t)$；对矩阵 Φ 中列向量进行归一化处理，得到结构模态振型，如图 5-34 所示。不同工况下的第一阶时程如图 5-35 所示。利用现代功率谱对图 5-35 的数据变换得到结构频谱图，如图 5-36 所示。

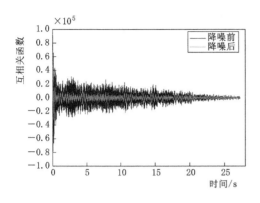

图 5-33　测点 2、测点 3 的互相关函数降噪
前后对比图

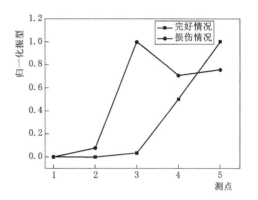

图 5-34　第一阶应变振型图

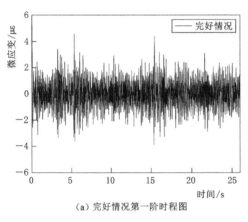

（a）完好情况第一阶时程图

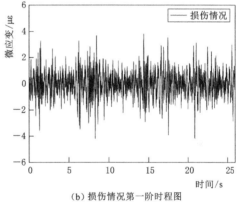

（b）损伤情况第一阶时程图

图 5-35　第一阶时程图

对比完好情况和损伤情况第一阶振型图，发现测点 3 处发生明显的突变，说明该处有损伤发生，识别结果与本试验的工况设置吻合。另外，对比图 5-36 中两工况下的频率，发现结构发生损伤后第一阶频率由 6.8Hz 变为 6Hz，表明结构发生损伤后其频率会发生相应的减小，但其对损伤的敏感度远不如应变

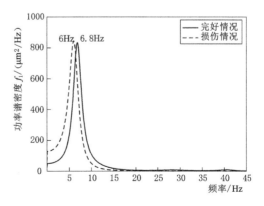

图 5-36　第一阶频率对比图

振型。

5.2.2.5 基于决策级信息融合的拱坝结构损伤诊断

1. ARMA 模型

对于时间序列 $\{x_t\}$，ARMA 模型一般表示为

$$x_t - \sum_{i=1}^{p} \phi_i x_{t-i} = \varepsilon_t - \sum_{j=1}^{q} \theta_j \varepsilon_{t-j} \tag{5-30}$$

式中　　　　　p——AR 部分阶次；

q——MA 部分阶次；

$\phi_i(i=0,1,\cdots,p)$——自回归系数；

ε_t——均值为零、方差为 σ^2 的白噪声序列；

$\theta_j(j=0,1,\cdots,q)$——滑动平均系数。

采用 AIC 信息准则确定 $ARMA$ 模型的阶次 p 和 q。该准则由模型最大似然函数和独立参数个数两部分组成，即

$$AIC(p) = N\ln\sigma_\beta^2 + 2p \tag{5-31}$$

式中　N——样本数据长度；

σ_β^2——残差方差；

p——建立统计模型的个数。

$ARMA(p, q)$ 模型定阶时，拟合阶数 p 增大，方差 σ_β^2 相应降低。当 AIC 信息准则函数取最小值时，AR 部分阶数 p 在某阶保持稳定为最佳阶次，而 MA 部分的平均阶数不能保持稳定，则建立的模型结构为 $ARMA(p, p-1)$，此时所建立模型结构即为最合适有效的模型。

2. 主成分分析

统计模式识别技术需要大量的统计变量作为支持，这些样本难以直接利用进行损伤诊断。由振动响应得到的时序模型参数中包含的特征信息具有重叠，因此采用主成分分析方法压缩主要特征信息到少数的几维参数中，以实现特征信息的压缩与降维。

某一样本 AR 参数 $\varphi_k(k=1,2\cdots,p)$ 为 p 维向量，将所有样本的 AR 参数按行排列，构成 AR 参数矩阵 $X=(X_1,X_2,\cdots,X_P)$。向量 X 的均值为 μ，其协方差矩阵为 Σ。将向量 X 进行线性变换，得到新的综合变量 Y，线性变换过程为

$$\begin{cases} Y_1 = u_{11}X_1 + u_{12}X_2 + \cdots + u_{1p}X_p \\ Y_2 = u_{21}X_1 + u_{22}X_2 + \cdots + u_{2p}X_p \\ \qquad\qquad\qquad\vdots \\ Y_p = u_{p1}X_1 + u_{p2}X_2 + \cdots + u_{pp}X_p \end{cases} \qquad (5-32)$$

3. 双诊断指标

均值控制图通过结合时间序列模型来构建样本统计量，AR 参数包含了系统的固有特性并且服从正态分布，当结构发生损伤，其总体均值会发生显著性变化。均值控制图包括四个部分：中心线（CL）、上控制线（UCL）、下控制线（LCL）和一系列按照时间顺序统计样本特性的描点序列。中心线由结构无损状况主成分的均值确定，根据选定的置信度并结合方差确定上、下控制线。

设共有 i 个子组，每个子组都有 j 个样本 τ_{i1}，τ_{i2}，$\cdots$，τ_{ij}，即

$$\overline{X}_i = mean(\tau_{ij}) \qquad (5-33)$$

$$S_i = std(\tau_{ij}) \qquad (5-34)$$

各控制线为

$$CL = mean(X_i) \qquad (5-35)$$

$$UCL,LUL = CL \pm Z_{\alpha/2}\frac{s}{\sqrt{n}} \qquad (5-36)$$

式中　　$S = mean(S_i)$；

$Z_{\alpha/2}$——由置信度 α 确定的正态检验临界值；

n——子组样本数。

当置信度 $\alpha = 0.05$ 时，溢出点来自非健康状态的概率为 95%，来自健康状态的概率为 5%，即判定错误是小概率事件，它实际上不发生，均值控制图在理论上具有较高的损伤识别精度。

采用 D_{SPR} 距离指标进行损伤诊断的基本原理是通过计算无损状态和待检测状态结构参数的 $Mahalanobis$ 距离，根据该距离的大小来诊断结构损伤的存在和程度。$Mahalanobis$ 距离是一种有效地计算两个未知样本集相似度的方法，可以排除变量之间相关性的干扰。选取前两阶主成分作为分析的依据，将待检测特征向量 $\vec{v}_t$ 到参考总体 $\vec{G}_R$ 的 $Mahalanobis$ 距离作为损伤敏感指标，用 D_{SPR} 表示为

$$D_{SPR} = d_M(\vec{v}_t,\vec{G}_R) = \left[(\vec{v}_t - \vec{\mu})^{\mathrm{T}}\sum{}^{-1}(\vec{v}_t - \vec{\mu})\right]^{\frac{1}{2}} \qquad (5-37)$$

4. 信息融合技术

信息融合技术作为多源信息处理的一项新技术，可以有效地应用于结构损

伤诊断问题，D-S（Dempster-Shafer）合成是 D-S 证据理论的基础。通过对两种损伤判别结果进行融合，以期优化损伤诊断效果，是一种决策层级的融合。设 m_1，m_2，$\cdots$，m_n 分别是各信息源对应的基本概率赋值，如果

$$N = \sum_{\cap_{i=1}^{n} E_i \neq \varnothing} \prod_{i=1}^{n} m_i(E_i) > 0 \tag{5-38}$$

则

$$m(A) = (m_1 \oplus \cdots \oplus m_n)(A) = \frac{1}{N} \sum_{\cap_{i=1}^{n} E_i = A} \prod_{i=1}^{n} m_i(E_i) \tag{5-39}$$

融合后的事件发生概率用信度区间表示，Bel 和 Pl 分别是信度函数和似真度函数，信度区间定义为

$$[Bel(A), Pl(A)] \subseteq [0, 1] \tag{5-40}$$

其中

$$Bel(A) = \sum_{D \subseteq A} m(D) \tag{5-41}$$

$$Pl(A) = \sum_{D \cap A \neq \varnothing} m(D) \tag{5-42}$$

5. 拱坝损伤诊断试验

以拉西瓦拱坝为对象，进行损伤诊断试验，设计工况如下：工况 1，健康工况，无任何开裂损伤；工况 2，设置迎水面左岸约 1/4 坝段处深度为 1/2 坝厚的裂缝；工况 3，在工况 2 基础上，增加迎水面右岸约 1/4 坝段处深度为 3/5 坝厚的裂缝。传感器（测点）布置于拱坝坝顶均匀分布的 11 个节点处，作为测点 1~11（编号从左岸至右岸），其中损伤位置设定为测点 4、测点 9（节点 148、节点 259 号）。两处损伤设置以及传感器布置如图 5-37 所示。

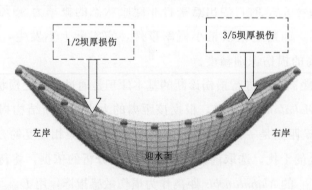

图 5-37 损伤设置

在三种工况下分别施加三种振源等效荷载激励，各荷载时程如图 5-38 所示，施加时间共 40s，步长 0.01s。

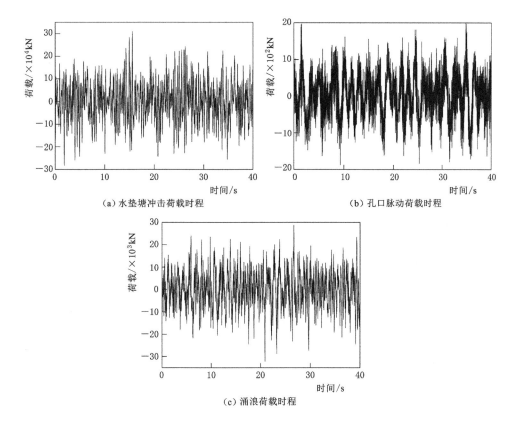

（a）水垫塘冲击荷载时程　　　　　　　　（b）孔口脉动荷载时程

（c）涌浪荷载时程

图 5-38　拱坝泄流振源等效荷载

　　分别采集各工况下 11 个测点 4000 个位移响应数据。对数据分别采用 *AIC*
准则进行定阶，算得它们的 *AR* 部分阶数能够稳定在 26 阶，将模型阶数定为
ARMA（26，25）。

　　分别用健康工况下数据样本建立 *ARMA*（26，25）模型，经过参数估计可
以得到 200 组 26 维的自回归参数。同理，得到损伤一工况下 *ARMA*（24，23）
模型 AR 部分的 24 个特征参数以及损伤二工况下 *ARMA*（26，25）模型 AR 部
分的 26 个特征参数。采用主成分分析方法处理三种工况模型，依次得到健康工
况下的特征信息主成分矩阵（26×25），损伤一工况的特征信息主成分矩
阵（24×23）和损伤二工况的特征信息主成分矩阵（26×25）。

　　为检查各阶主成分含原变量特征信息的比例，计算三种工况下特征信息主
成分矩阵每维主成分的贡献比。测点 1 在三种工况下主成分贡献比见表 5-7。

表 5 - 7　　　　　　　　　　　测点 1 各工况前两阶主成分贡献比

主成分	健康工况	损伤一工况	损伤二工况
第一阶/%	70.618	93.778	99.753
前两阶/%	96.142	96.985	99.969

由表 5 - 7 可知，损伤工况第一阶主成分贡献率均超过 90％，三种工况前两阶主成分贡献率均超过 95％。这说明前两阶主成分已包含绝大部分特征信息，选取第一阶和前两阶主成分进行后续分析完全能够保证结构损伤诊断准确度。

（1）均值控制图。3 种工况下各测点提取的主成分为 200 个数据，每 4 个一组分为 50 个子组，每个子组的均值作为样本数据。限于篇幅限制，仅给出测点 2、测点 8 在两种损伤工况下的均值控制图，如图 5 - 39 所示。

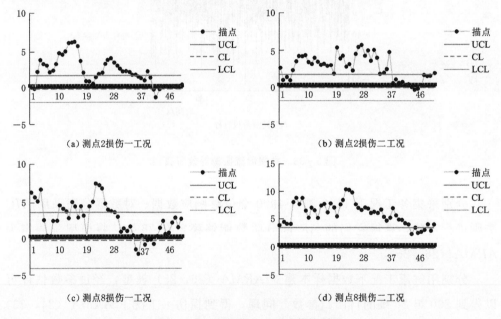

（a）测点 2 损伤一工况　　　　　　　　　　（b）测点 2 损伤二工况

（c）测点 8 损伤一工况　　　　　　　　　　（d）测点 8 损伤二工况

图 5 - 39　两损伤工况下均值控制图

从图 5 - 39 中可以初步看出，同一侧点在不同工况下，损伤严重的工况溢出点更多；同一工况下不同测点的溢出点也不一样，说明均值控制图方法反映出的损伤信息包含了损伤程度和损伤位置，能够识别拱坝结构的状态模式差异。将两种损伤工况下各测点的溢出点个数进行统计，结果见表 5 - 8，并绘制变化曲线，如图 5 - 40 所示。

表 5 - 8　　　　　　　　　　　均 值 溢 出 点 统 计 表

测点	1	2	3	4	5	6	7	8	9	10	11
损伤一	18	30	42	47	38	26	19	15	9	5	3
损伤二	28	37	45	49	43	40	44	47	50	46	44

　　两种损伤工况在相同的损伤位置测点 4 以及损伤二工况下的测点 9，其均值控制图溢出点个数均达到极值（出现尖角），表征拱坝结构在该位置整体刚度降低，测得的振动位移响应与健康状态有明显模式差异。这说明均值控制图对结构状态的变化具有敏感性，能准确辨识拱坝结构的健康和损伤状态。其次，在损伤二工况下，

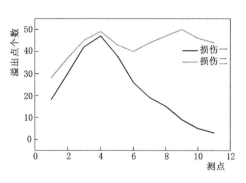

图 5 - 40　溢出点变化曲线图

均值控制图在损伤位置测点 4 和测点 9 其溢出点变化曲线不仅均达到极值，而且在损伤更加严重的测点 9 达到最大值，这说明均值控制图对拱坝结构的损伤程度和损伤位置具有较为理想的识别效果。

　　（2）D_{SPR} 距离指标。取健康工况下的前两阶主成分，共 200 行 2 列，将其分成两段，分别记为 $[X_R]$、$[X_1]$。取前一段 $[X_R]$ 作为参考总体 $\vec{G}_R$，两损伤工况中各取 100 行依次作为矩阵 $[X_2]$、$[X_3]$。分别算出 $[X_1]$、$[X_2]$、$[X_3]$ 与参考总体 $\vec{G}_R$ 之间的 D_{SPR} 距离。限于篇幅，仅给出测点 2、测点 8 的 D_{SPR} 分布。

　　健康工况的 D_{SPR} 值离 x 轴最近，后两组损伤工况和健康工况的 D_{SPR} 值分布出现明显分层，表征 D_{SPR} 距离指标识别出结构模式差异；测点 2 靠近两种损伤工况相同的损伤位置（测点 4），其损伤工况距离指标则相近而远离健康状态，测点 8 靠近损伤二工况独有的损伤位置（测点 9），其损伤一工况距离指标较小而靠近健康状态，相反，损伤二工况距离指标则较大而远离健康状态，表明方法对拱坝结构的损伤程度具有良好的识别能力。为更直观的进行损伤判别，统计各测点在三种工况下 D_{SPR} 平均值，见表 5 - 9。对两种损伤工况的数据进行归一化处理，绘制 D_{SPR} 均值变化曲线，如图 5 - 41 所示。

表 5 - 9 各工况下 D_{SPR} 均值

测　点	健康工况	损伤一	损伤二
1	0.84	5.63	8.4
2	0.84	8.58	10.56
3	1.07	10.3	12.92
4	0.99	10.95	13.53
5	1.09	9.9	13.18
6	1.08	7.64	12.76
7	0.88	7.11	13.79
8	0.85	5.84	14.9
9	0.89	4.54	15.27
10	0.92	3.27	15.21
11	0.82	1.85	14.84

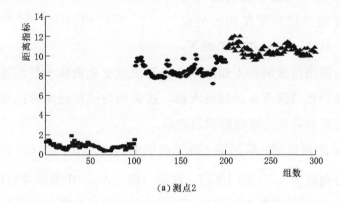

(a) 测点 2

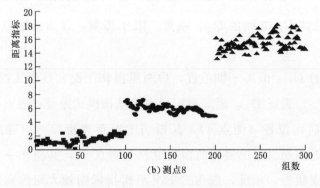

(b) 测点 8

图 5 - 41 D_{SPR} 距离分布图

从图 5 - 41 中可以明显看出，损伤一工况下在损伤位置测点 4 其 D_{SPR} 值达到最大值；损伤二工况下设置在损伤位置的测点 4 以及测点 9 其 D_{SPR} 值均达到极值，并且在损伤更加严重的测点 9 部位达到最大值。

为定量描述 D_{SPR} 距离指标在结构不同状态下的模式差异水平，给出健康工况分别与两损伤工况的 t 检验结果。显著性水平 α 取 0.05，查 t 分布表可知该假设检验的拒绝域 H_1 为 $|T|>$ 1.966。经分析可知，即使是损伤程度较小的损伤一工况，与健康工况的 D_{SPR} 距离指标的检验结果均为 H_1，检验结果都远远大于 1.966，这表明损伤敏感指标 D_{SPR} 对结构状态的变化具有敏感性。D_{SPR} 均值变化曲线如图 5-42 所示。D_{SPR} 的 T 检验结果见表 5-10。

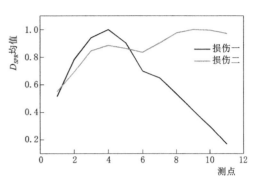

图 5-42 D_{SPR} 均值变化曲线

表 5-10 D_{SPR} 的 T 检验结果

测点	1	2	3	4	5	6	7	8	9	10	11
损伤一	118	93	96	101	55	80	72	81	70	77	49
损伤二	173	181	112	111	92	131	55	87	60	102	177

距离指标采用前两阶主成分，理论上更为精确，但是其诊断效果存在一定不足：其一是两损伤工况各自作归一化处理，缺失了工况之间的对比分析效果；其二是损伤严重时 D_{SPR} 值在损伤位置虽然是极值，但是和相邻测点相差较小，损伤特征不突出。为此，引入 D-S 证据合成法融合两种损伤判别结果，以优化诊断效果。

将均值控制图和 D_{SPR} 距离在各测点的损伤判别结果分别转化为损伤概率，

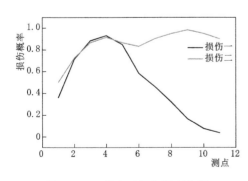

图 5-43 融合后损伤概率曲线

用 D-S 合成公式将两种诊断结果进行融合。获得各测点损伤概率信度区间，取各区间中点值，绘制两种损伤工况下损伤概率曲线，如图 5-43 所示。

分析可知，两损伤工况相同损伤位置（测点 4）的损伤概率更为契合；损伤二工况测点 9 损伤特征更为突出，改善了单个损伤指标的诊断效果，说明两种统计模式损伤识别方法具有互补性，结合 D-S 证据推理的决策级信息融合技术发挥良好的损伤诊断能力。

5.2.2.6　基于信息融合技术的高拱坝损伤识别

1. D-S 证据理论及损伤基本概率赋值

基于信息融合技术的结构损伤识别方法是近十多年来发展起来的新技术。证据理论又被称为 D-S 证据理论，它能通过其组合规则对多种信息源进行融合处理，提高信息的可信度。

本节拟用 D-S 组合规则对前文的二滩拱坝模型结构静动态损伤信息进行信息融合，来对结构的健康状况进行评价。

根据 D-S 理论的定义 3 可以知道，要进行静动力损伤识别的信息融合，首先要对基于静态和动态测试数据的高拱坝损伤识别信息进行基本概率赋值。出于偏安全考虑，当高拱坝结构的弹性模量参数降低 50% 时即被完全破坏，以结构的破坏程度作为结构的基本概率。因此，可以假设高拱坝模型中的各个子区域弹性模量（静态损伤指标）降低了 $x\%$，子区域动弹性模量（动态损伤指标）降低了 $y\%$，那么根据前面的定义可以知道基于破坏程度的静动态损伤指标概率赋值为

$$m_1 = \frac{x}{0.5} \tag{5-43}$$

$$m_2 = \frac{y}{0.5} \tag{5-44}$$

2. 基于 D-S 证据理论的结构损伤诊断

基于静动态测量数据的识别结果信息，进行 D-S 证据理论的信息融合。选择坝体多损伤工况损伤识别结果进行计算，验证算法应用在损伤识别中的识别效果。

将坝体损伤工况为：一、五、九区分别损伤 20%、25%、30% 且在 5% 噪声级别下的基于静态测量数据的损伤识别结果，利用上述公式对该识别信息进行静态损伤指标的概率赋值。同时坝体损伤工况为：一、五、九区分别损伤 20%、25%、30% 且在 10% 噪声级别下的基于三次动态测量数据的损伤识别结果进行动态损伤指标的概率赋值。损伤概率赋值图如图 5-44、图 5-45 所示。

由图 5-44 所示，根据损伤识别结果进行的损伤概率赋值结果可以看出，在一、五、九区出现的损伤概率值较大，但是在二、四和八区也出现了损伤概率值的误判，特别是四区子区域出现了较大的误判，这和设定的损伤工况不符，

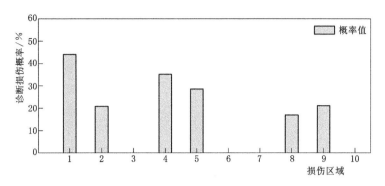

图 5-44 基于静态测量数据损伤诊断损伤概率值

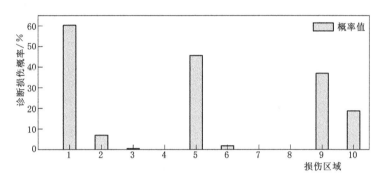

图 5-45 基于动态测量数据损伤诊断损伤概率值

出现误诊的情况。

由图 5-45 所示，基于动态测量数据损伤诊断较为准确的反映了一、五和九区损伤概率明显大于其他区域损伤概率值，但是十区出现了损伤概率值较大情况，与本书设定的损伤工况不符合，出现误判情况。

针对上述两种分别基于静、动态测量数据的损伤概率值利用 D-S 证据理论对其进行信息融合，融合后的损伤概率值如图 5-46 所示。

由融合后的损伤概率值的结果可以看出，基于 D-S 证据理论联合高拱坝的静态和动态损伤识别结果后的损伤诊断结果要比单独使用基于静态或者动态测量数据的损伤识别结果要好。从融合后的结果可以容易看出，对于损伤的定位方面来说大大减少的识别结果出现的误判区域，其融合后的结果证明了联合使用两种测量数据下损伤识别结果对于损伤的定位效果非常显著。

3. 基于融合结果的损伤识别

对基于静态和动态测量数据的损伤识别结果进行融合后，其融合后的损伤

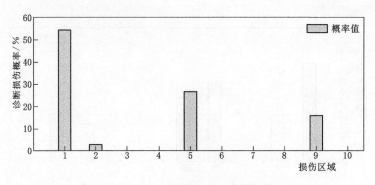

图 5-46 融合后诊断损伤概率值

诊断概率能很好地对损伤区域起到定位的效果。所以可以根据这一偏好信息（即认为损伤的位置是已知的）对基于静态或动态测量数据的遗传算法进行损伤识别的方法进行改进。在本节中，利用基于 5％噪声级别下的静态测量（各测点静力位移）数据下，对高拱坝模型进行重新损伤识别，如图 5-47所示。

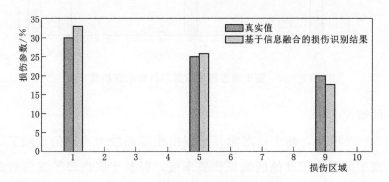

图 5-47 基于融合结果的损伤识别

由损伤识别结果可以看出，在非损伤区域没有出现误判这一情况，这是因为利用融合后结果对损伤位置进行了定位，再去识别结构的损伤程度。损伤区域的损伤识别误差在 8％左右，考虑到是使用在 5％噪声级别下的静态测量数据进行损伤识别这一情况，认为识别结果还是可以接受的。

5.3 基于地质雷达扫描技术的水工结构损伤探测

探地雷达（Ground Penetrating Radar，简称 GPR）又称为地质雷达，是用高频率的无线电波来确定地下介质分布的一种方法。探地雷达方法是通过发射天线向地下发射高频电磁波，通过接收天线接收反射回地面的电磁波，电磁波在地下介质中传播时遇到存在电性差异的截面时发生发射，根据接收到电磁波的波形、振幅强度和时间的变化特征推断地下介质的空间位置、结构、形态和埋藏深度。

在坝体渗流探测中，渗透水流使渗漏部位或浸润线以下介质的相对介电常数增大，与未发生渗漏部位介质的相对介质常数有较大的差异，在雷达剖面图上产生反射频率较低反射振幅较大的特征影像，以此可推断发生渗漏的空间位置、范围和埋藏深度。20 世纪 70 年代以后，由于技术的发展，探地雷达技术的应用范围迅速扩大，探地雷达技术已在众多领域中得到越来越多的应用。目前在水利工程中主要利用探地雷达技术去监测水利工程施工中出现的隐蔽的地质缺陷；测定混凝土浇筑质量、土体含水量、浸润线等指标；监测地基处理效果；探测坝基的密实度、完好程度及洞穴、裂缝、陷落等堤坝隐患。

5.3.1　检测设备

目前，工程检测一般使用的仪器是美国 GSSI 公司生产的 SIR30E 型地质雷达，针对检测目标的工程特点，采用工作频率为 400MHz 的天线，该仪器的特点是分辨率高，擅长于进行大数据量、高密度的连续探测并实时显示彩色波形图，比较适合工程的检测需要。

5.3.2　工作原理

地质雷达扫描通常是一种利用高频至特高频波段（及空气中电磁波波长 10m 波段至分米波段）电磁波的反射法无损探测方法。在系统主机的控制下，发射机通过天线向隧洞衬砌表面定向发射雷达波。垂直于隧洞壁向衬砌及围岩内传播的电磁波，当遇到有电性差异（介电常数、电导率、磁导率不同）界面或目标体时即发生反射，反射波被天线接收进入接收机，并传到主机，主机对从不同深度返回的各个反射波进行放大、采样、滤波、数字叠加等一系列处理，可在显示器上形成种类似于地震反射时间剖面的地质雷达连续探测彩色削面。该创面的横坐标沿隧洞轴向，表示距离，单位为米，随着距离的不断增加，以等距离间隔扫描反射回一系列的反射波曲线，纵坐标代表时间（ns），即表示每条扫描取样反射曲线上各个反射波往返旅行时间。

5.3.3　工程案例

5.3.3.1　工程概况

珠江三角洲水资源配置工程深圳分干线起点为罗田水库南侧新建的罗田加压泵站，终点为公明水库，线路下穿公明水库 4# 主坝左坝肩进入水库，在库内设进库闸。线路全长 11.9km 设计输水流量为 30m²/s，盾构隧洞外径 6.0m，内衬钢管内径为 4.8m，流速为 66m/s 前段 5.8km 采用钻爆法施工，后段 6.1km 采用盾构法施工，本次选择深圳分干线桩号 GM10＋200.67～GM11＋866.51 作为试验段项目，通过盾构隧洞结构性试验和施工工艺试验得出试验数据，验证高内水压盾构隧洞受力模型，研究探索出一种经济实用、安全可靠的高内水压盾构隧洞结构型式，并为其余盾构段施工提供指导。本次检测检测桩号为 GM11＋726.51～GM11＋866.51，其中 GM11＋761.13～GM11＋781.13 段为二次补强注浆段。

5.3.3.2　检测过程

1. 技术参数

本次检测内容主要为管片衬砌后注浆缺陷，本工程选用中 6280 土压平衡式盾构机，混凝土衬砌预制管片直径为：6000mm，管片厚度为 300mm，管周同步注浆厚度约为 150mm。考虑部分地方存在超挖等现象，采用下列参数满足检测要求。见表 5-11。

表 5-11　　　　　　　　　　技 术 参 数 汇 总 表

采集时窗	400MHz 天线（20ns）
采集方式	连续来集里程轮定点
采样点数	512 点扫描线
点距	0.67cm
增益方式	指数增益
滤波器	400MHz 天线（HP：100 MHZLP：800MHz）

通过对现场已知厚度混凝土实际测量，对应电磁波探测结果，计算出：本隧洞混凝土衬砌介电常数为 9，电磁波速度为 0.10m/ns。

2. 测线布置

隧洞检测测线位置及数量，按照规范婴求并参照隧洞地质雷达检测范例，沿隧洞走向分别在拱顶、左右拱腰、左右边墙、拱底布置六条纵向测线，测线布置如图 5-48 所示。每条测线长约 140m，用 400MHz 天线检测，共计约 840m。

3. 成果分析

本次检测共发现一处不密实区域，见表 5-12。拱顶 GM11＋753.10～GM11＋753.70 不密实区域如图 5-49 所示。

表 5-12　　　　　　　　　隧洞衬砌缺陷检测结果表

序号	起始长度	终止长度	深度	病害类型	位置
1	GM11＋753.10	GM11＋753.70	0.55	不密实	拱顶

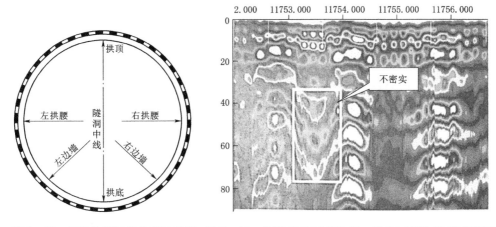

图 5-48　雷达检测测线布置示意图　图 5-49　拱顶 GM11＋753.10～GM11＋753.70 不密实区域

5.3.4　结论

本次雷达检测段衬砌混凝土管片背后质量整体较好，从雷达波图像上未发现明显较大面积的异常脱空。

利用地质雷达进行隧洞衬砌检测由于受到村砌内钢筋网复杂电磁环境干扰，对检测深度和检测精度影响较大，在后期数据信号反复放大的过程中可能存在失真，在仅使用单一方法的情况下，可能对衬彻检测的结果误差较大。

5.4　小结

（1）本章以广西桂林小溶江水利枢纽工程为例，研究了声波透射法在结构损伤识别中的应用。

（2）针对水工结构流激振动问题，提出了基于泄流振动响应的导墙损伤诊断方法，并以某大型水电站导墙为研究背景，进行了结构损伤诊断，同时提出了该导墙的频率安全监控指标。

（3）结合水工结构的工作特点，从动力学角度，探索研究结构安全运行损伤敏感性指标体系，首先提出水工结构数据最佳分析长度的确定方法；针对水工结构运行过程中损伤诊断困难的问题，构建了基于排列熵指标的多指标运行诊断模型，揭示了闸坝结构多阶模态参数与多损伤位置之间的非线性映射关系；提出基于改进变分模态分解（IVMD）和 Hilbert - Huang（HHT）边际谱的多种水工结构损伤灵敏度指数指标方法，解决了强干扰、强耦合条件下损伤敏感特征量的提取难题；提出了基于多元信息融合的结构损伤诊断模型修正方法，实现了水工结构运行安全动力学诊断。

（4）采用地质雷达扫描技术对公明水库进行水工结构损伤探测，简化了水工混凝土结构运行风险评价过程，为工程安全运行与防控提供了重要的科学依据和技术支撑。

第 6 章 水工混凝土结构损伤防控与监测技术研究

大型水工混凝土结构,包括大坝、发电站厂房等建筑,使用年限一般超过几十年甚至上百年。在其运行过程中,由于荷载作用、材料老化、构件存在缺陷等综合因素的影响,水工混凝土结构会逐渐产生损伤并不断积累,从而导致混凝土结构的承载力逐渐降低,抵抗变形的能力下降。在地震、洪水等灾难性的荷载作用时,可能会产生严重的破坏,带来不可预估的损失。

因此,对水工混凝土结构产生的损伤进行预防、控制与监测显得尤为重要。本章节从温度控制、保温技术以及裂缝处理方法等方面对水工混凝土结构进行研究,结合工程案例分析。

6.1 水工混凝土结构温度控制与保温技术

6.1.1 大坝混凝土温度控制

大坝是水利水电工程最重要的组成部分,其施工质量的好坏直接决定整个工程质量的好坏。而施工温度控制是保证大坝施工安全顺利进行的重要保障,在大坝施工中必须要做好温度的控制工作,从施工的各个角度去考虑,结合技术和工程特点,采用最实用的技术手段。而在选择之前,必须要对温度控制的标准以及常用的技术的特点有充分的了解。本节以大藤峡水利枢纽工程厂房混凝土为例,来介绍温度控制的标准及措施。

6.1.1.1 工程概况

大藤峡水利枢纽工程位于珠江流域西江水系的黔江河段末端,坝址在广西桂平市黔江彩虹桥上游 6.6km 处,地理坐标为东经 110°01′,北纬 23°28′,是红水河梯级规划中最末一个梯级。大藤峡水利枢纽是一座以防洪、航运、发电、补水压咸、灌溉等综合利用的流域关键性工程。水库正常蓄水位 61.00m，汛限水位 47.60m，死水位 47.60m，总库容 $34.79 \times 10^8 m^3$，总装机容量 1600MW，工程规模为Ⅰ等大（1）型工程。

枢纽建筑物主要包括泄水、发电、通航、挡水、灌溉取水及过鱼建筑物等，挡水建筑物由黔江主坝、黔江副坝、南木江副坝组成。泄水、发电、通航建筑物布置在黔江主坝上，鱼道分别布置在黔江主坝和南木江副坝上。灌溉取水口及生态放流设施布置在南木江副坝上。

6.1.1.2　温度控制标准

1. 基础温差标准

基础温差是指基础约束区范围内，混凝土的最高温度与该部位稳定温度之差。厂房混凝土基础温差见表 6-1。

表 6-1　　　　　　　　　　基 础 温 差 表　　　　　　　　单位：℃

部　　位	高　　程	基础温差
闸墩、胸墙、隔墙、挡水墙、尾水闸墩	29.00m 以下	14
	29.00m 以上	19
主厂房	29.00m 以下	14
副厂房	19.95m 以下	14
安装间及安装间挡水坝	21.95m 以下	14
	21.95m 以上	19

2. 上、下层温差标准

在老混凝土面上下各 1/4 块长范围内，上层新浇混凝土的最高平均温度与开始浇筑混凝土时下层老混凝土的平均温度之差。本工程厂房混凝土上下层温差的控制标准为 15℃。

3. 内、外温差标准

内、外温差指混凝土内部最高温度与混凝土表面温度之差，本工程厂房混凝土内外温差的控制标准为 15℃。

4. 容许最高温度

按照基础温差要求，厂房混凝土容许最高温度见表 6-2。

按照内、外温差要求，厂房混凝土容许最高温度见表 6-3。

表 6 - 2　　　　　　　　　　按照基础温差要求，容许最高温度表　　　　　　　　单位：℃

部　　位	高　程	容许最高温度
闸墩、胸墙、隔墙、挡水墙、尾水闸墩	29.00m 以下	30
	29.00m 以上	35
主厂房	29.00m 以下	30
副厂房	19.95m 以下	30
安装间及安装间挡水坝	21.95m 以下	30
	21.95m 以上	35

表 6 - 3　　　　　　　　　　按照内、外温差要求，容许最高温度　　　　　　　　单位：℃

项　目	月　份											
	1	2	3	4	5	6	7	8	9	10	11	12
平均气温	12.4	13.4	17.1	21.4	25.5	27.4	28.7	28.3	27.0	23.6	18.7	14.4
内外温差	15.0	15.0	15.0	15.0	15.0	15.0	15.0	15.0	15.0	15.0	15.0	15.0
容许最高温度	27.4	28.4	32.1	36.4	40.5	42.4	43.7	43.3	42	38.6	33.7	29.4

对于厂房混凝土的容许最高温度应同时满足基础温差和内、外温差要求，最终确定的厂房混凝土容许最高温度采用值详见表 6 - 4。

表 6 - 4　　　　　　　　　　　　　容　许　最　高　温　度　　　　　　　　　　单位：℃

部　　位		月　份											
		1	2	3	4	5	6	7	8	9	10	11	12
闸墩胸墙	29.00m 以下	27.4	28.4	30	30	30	30	30	30	30	30	30	29.4
	29.00m 以上	27.4	28.4	32.1	35	35	35	35	35	35	35	33.7	29.4
主厂房	29.00m 以下	27.4	28.4	30	30	30	30	30	30	30	30	30	29.4
副厂房	19.95m 以下	27.4	28.4	30	30	30	30	30	30	30	30	30	29.4
安装间	21.95m 以下	27.4	28.4	30	30	30	30	30	30	30	30	30	29.4
	21.95m 以上	27.4	28.4	32.1	35	35	35	35	35	35	35	33.7	29.4

6.1.1.3　温度控制措施

1. 加强施工管理，提高混凝土抗裂性能

（1）根据施工期混凝土配合比试验成果，加强施工管理，提高施工工艺，改善混凝土性能，提高混凝土抗裂能力。

（2）根据骨料的实际含水量变化情况应及时调整混凝土用水量和加冰量，确保混凝土强度、坍落度等性能指标满足要求。

（3）混凝土拌和时必须按照监理工程师审批的混凝土配料单进行配料，严禁擅自更改。

2. 降低混凝土出机口、入仓温度

混凝土出机口温度指在拌和楼出料口取样测得的混凝土表面以下5cm处的混凝土温度，高温季节浇筑的混凝土需采用堆场初冷、风冷粗骨料、冷水拌和、加片冰拌和等组合方式控制混凝土出机口温度，以满足浇筑温度要求。控制不同浇筑温度时不同气温条件下的出机口温度和入仓温度参考控制值见表6-5。

表6-5 不同浇筑温度时不同气温条件下出机口温度和入仓温度参考控制值 单位：℃

日平均气温	浇筑温度12℃		浇筑温度15℃		浇筑温度17℃	
	出机口温度参考控制值	入仓温度参考控制值	出机口温度参考控制值	入仓温度参考控制值	出机口温度参考控制值	入仓温度参考控制值
12.0	—	—	—	—	—	—
13.0	11.5	11.6	—	—	—	—
14.0	10.9	11.2	—	—	—	—
15.0	10.4	10.9	—	—	—	—
16.0	9.9	10.5	14.5	14.6	—	—
17.0	9.4	10.2	13.9	14.2	—	—
18.0	8.8	9.7	13.4	13.9	16.5	16.6
19.0	8.3	9.4	12.9	13.5	16.0	16.3
20.0	7.9	9.1	12.4	13.2	15.5	15.9
21.0	7.3	8.7	11.8	12.7	14.9	15.5
22.0	7.0	8.5	11.3	12.4	14.4	15.2
23.0	—	—	10.8	12.0	13.9	14.8
24.0	—	—	10.3	11.7	13.4	14.5
25.0	—	—	9.8	11.3	12.9	14.1
26.0	—	—	9.2	10.9	12.3	13.7
27.0	—	—	8.8	10.6	11.8	13.3
28.0	—	—	8.2	10.2	11.3	12.9
29.0	—	—	7.7	9.8	10.8	12.6
30.0	—	—	7.2	9.5	10.3	12.3

3. 降低混凝土浇筑温度

（1）混凝土浇筑温度指入仓混凝土经过平仓振捣后，覆盖上层混凝土前，在距本层混凝土表面以下10cm处的混凝土温度。严格控制混凝土浇筑温度满

足不大于表 6-5 要求，在混凝土运输、浇筑过程中应控制混凝土温度回升。

（2）卸入仓面的混凝土应及时振捣，高温季节对混凝土振捣完毕的区域立即覆盖临时保温材料进行保温，防止温度倒灌。

（3）应充分利用低温季节和高温季节的早晚及夜间气温较低的时段浇筑混凝土。

（4）在大风和干燥气候条件下施工，应采取专门措施保持仓面湿润。

4. **混凝土浇筑层厚和高差控制**

（1）混凝土浇筑层厚：基础约束区为 1.5m，脱离约束区为 3.0m。

（2）混凝土施工中，各坝块应均匀上升，一般情况相邻坝段高差不宜超过 8～12m。

5. **混凝土浇筑间歇时间**

混凝土施工过程中应做到均匀上升，升层间歇时间控制在 5～10d。

6. **通水冷却**

（1）冷却水管采用高强度聚乙烯塑料冷却水管（ϕ32mm，壁厚 2mm）。高强度聚乙烯塑料冷却水管指标见表 6-6。

表 6-6　　　　　　　　　高强度聚乙烯塑料冷却水管指标

项　目	单　位	指　标
导热系数	kJ/(m·h·℃)	≥1.0
拉伸屈服应力	MPa	≥20
纵向尺寸收缩率	%	<3
破坏内水静压力	MPa	≥2.0

（2）冷却水管采用蛇型布置，水管距迎水坝面 2.0～3.0m，距背水坝面 1.5～2.5m，距横缝及厂房内部孔洞周边距离 1.0～1.5m；水管距基岩面或老混凝土面距离不小于 0.3m。水管不允许穿过各种缝及各种孔洞；单根循环蛇型水管长度不大于 250m。

（3）冷却水管均应编号标识，并作详细记录。冷却水管在浇筑混凝土之前应进行通风试验，检查水管是否堵塞或漏风；如发现问题，应更换水管或接头。

（4）在混凝土浇筑过程中应注意保护已埋设的冷却水管，谨防混凝土浇筑时压裂或其他可能的破坏的发生。

（5）冷却水管使用完后，采用水灰比 0.5∶1 水泥浆进行灌浆封堵。露出混凝土表面的水管接头应割去，留下的孔应立即用砂浆回填。

6.1.2　大坝混凝土保温技术

在水利水电工程中，保温措施一直是大体积混凝土温度控制中非常重要的措施。大坝混凝土裂缝多为表面裂缝，深层裂缝和贯穿裂缝也多由此发展而成，加强表面保温是有效防止混凝土表面裂缝的重要措施。经过多年的理论研究和实践应用分析，在众多的保温材料中进行反复试验，新型的聚氨酯硬质泡沫作为混凝土保温材料，效果较为突出，与用其他传统的保温材料相比，聚氨酯材料具有外形美观、保温隔热性能优良、不受气候影响、施工简单等优点，因此常用作大坝混凝土理想的保温材料。

6.1.2.1　聚氨酯保温材料

多年来，大坝工程的保温防裂一般采用泡沫塑料板、纸板、聚氯乙烯薄膜、聚苯乙烯泡沫塑料板、保温被、聚乙烯气垫薄膜、聚乙烯泡沫塑料被等，存在施工工艺复杂、保温效果不稳定等问题。通过对大坝保温材料的性能和施工工艺进行比较，选取聚氨酯泡沫塑料作为大坝保温材料。聚氨酯泡沫塑料制作简单，性能稳定可靠，热导率低，并且能够和大坝表面无缝黏结，屏蔽空气对大坝的扰动。

硬泡聚氨酯是以异氰酸酯（俗称黑料）和聚醚多元醇（俗称白料）为主要原料，在发泡剂、催化剂、助燃剂、抗老剂等多种外加剂的作用下，通过专用设备均匀混合，经高压喷涂、现场发泡而成的高分子聚合物泡沫塑料，是一种高科技新型防水保温隔热材料。硬泡聚氨酯泡沫塑料性能指标见表 6-7。

表 6-7　　　　　　　　　　硬泡聚氨酯泡沫塑料性能指标

检测项目	单　　位	技术指标
密度	kg/m³	≥35
导热系数	W/(m·K)	≤0.024
吸水率	%	≤3
黏接强度	MPa	≥0.2
断裂延伸率	%	≥8
尺寸稳定性	%	≤1
不透水性	0.3MPa，30min	不透水

6.1.2.2　聚氨酯喷涂设备

大坝保温工程施工过程中，聚氨酯喷涂施工是一项对聚氨酯喷涂设备和技术操作人员要求都比较高的施工项目，也对水电工程混凝土大坝聚氨酯保温工程的施工质量起着关键性的作用。现阶段，聚氨酯保温工程施工现场的聚氨酯喷涂设备主要有两类：一类是气混式喷涂机；二类是高压喷涂机。

气混式喷涂机工作原理相对简单，聚氨酯黑料、聚氨酯白料经计量泵同时送入一个管状混合器中，出口有一个缩径嘴，背面接压缩空气。两种料在管内通过时产生混合，被高压气源吹出，由于出来时有缩径嘴，所以产生一定的雾化状，喷到基材上发泡，其混合的原理是靠来自聚氨酯白料、聚氨酯黑料的压力形成的碰撞以及出口的变径造成的涡流，再加之压缩空气的输送等，从而实现混合过程。压缩空气另一个作用是在停机（停止计量泵）时，将混合残液吹出以免其在混合管中发泡堵塞喷枪。此发泡设备存在弊端，在工程应用中较少，主要用于特殊部位的灌注。

高压喷涂机的工作原理是：利用气动活塞泵将聚氨酯黑料、聚氨酯白料组分送至高压混合头中，在输送中途经由增压器来进行二次增压，打开混合头的开关阀，分别以较高压力形成对射，在混合室内猛烈撞击而混合后由喷嘴喷出，以雾状的混合液喷到基材而形成均匀发泡层。此发泡设备是适用于水利水电工程喷涂聚氨酯的首选设备。

6.1.2.3　大坝喷涂聚氨酯施工工艺

由于聚氨酯喷涂发泡机、空压机、原料储槽等设备都是各自独立的设备，各种管道交错，材料配方比较复杂，因此选用比较好的喷涂工艺流程，正确合理地将上述设备系统、灵活地组装在一起，对方便施工将起到很大的作用。

1. 聚氨酯喷涂施工关键技术

（1）硬泡聚氨酯喷涂技术较难掌握，易产生喷涂的聚氨酯泡孔不均匀等问题，应加强喷涂施工人员的培训工作，使其熟练掌握喷涂技术，能够独立解决喷涂施工中遇到的技术问题。

（2）喷涂受乳白时间和雾化效果的控制，形成泡沫需经历发泡和熟化两个阶段。

（3）从黑、白料混合开始到泡沫体积膨胀停止，这个过程称为发泡。发泡过程中，体系释放出大量的反应热，采用聚氨酯喷涂工艺时，应考虑泡孔的均匀性。

2. 聚氨酯喷涂施工工序

混凝土大坝喷涂聚氨酯保温工艺是一套科学的复杂的新型技术，除了许多简单常见的施工操作外，还有很多复杂的工序。经过试验和实践，将混凝土坝保温施工主要划分以下工序：活动升降工作平台安装、混凝土表面清理、喷涂设备安装、喷涂保温管道安装、设备调试、喷涂保温层、喷涂表面防护层等。

（1）工作平台安装。因为进行聚氨酯喷涂施工时需采用高压喷涂设备、双组分原材料、供气设备（空压机）、材料加热装置等其他设备，所以需要一个稳定的工作平台来承载以上设备。工作平台在设计制作时要方便安装、拆卸及运输。

（2）坝面检查、清理、冲洗。混凝土坝表面的检查、清理、冲洗是混凝土表面保温施工中较为重要的工序之一，如不进行混凝土表面的检查、清理、冲洗，就难以保证其施工质量，有可能会在喷涂材料与混凝土表面之间产生夹层，喷涂材料与混凝土表面之间就不能得到较好的黏接，将直接影响到混凝土表面保温的效果。

（3）喷涂设备安装。聚氨酯喷涂设备安装的好坏是确保设备能否良好运行的重要环节，聚氨酯喷涂设备的安装是一项较为复杂而精密、细致的工作，如果安装工序有误，重则会造成整台设备彻底的报废，轻则造成系统的瘫痪、材料的遗漏和浪费，也无法达到正常工作压力，使得喷涂设备无法正常运行。

（4）喷涂设备调试。喷涂设备在开始喷涂物料之前，必须根据喷涂的物料及环境对其进行调试，从而得到最佳的喷涂效果。

（5）安装调试聚氨酯喷涂设备。安装调试聚氨酯喷涂设备是在对喷涂设备改良的基础上进行的。它的温度自控，工作压力都要高于原设备，温度可以完全自控，能够从温度探头得到环境温度补偿。

6.1.2.4　大坝喷涂聚氨酯施工应用

1. 试验部位

大藤峡泄水闸闸墩 23# 坝段中段左侧高程 22.50～24.00m。

2. 试验参数

聚氨酯保温材料喷涂厚度为 3.0cm，喷涂用空气压力 0.3～0.4MPa。喷涂时喷枪对准混凝土面，喷枪与混凝土面垂直，距混凝土面 40～80cm，最大喷涂

距离不大于 3m，喷枪移动速度 0.5～0.8m/s，聚氨酯保温材料喷涂前要求混凝土表面洁净，无水，喷涂完成后 24h 内禁止流水冲刷。聚氨酯喷涂完成后，要

求表面平整，不准出现起伏波浪，不准出现漏喷、多喷，不准出现收缩变形，发脆、发酥、发泡量小、密度不均，大孔开裂现象，不准出现聚氨酯保温材料与混凝土脱离现象。

3. 试验过程

混凝土基面清理，干燥后，用 JH-PK-ⅢB 型喷涂机，Y1325-2 型空气压缩机喷涂，喷涂聚氨酯材料（A 组：B 组，比例 1:1）A 组俗称黑料，B 组俗称白料，预埋温度检测仪，粘贴原混凝土表面后，喷涂厚度为 3cm。实验仪器及现场施工如图 6-1～图 6-5 所示。

图 6-1　JHPK-ⅢB 型喷涂机

图 6-2　Y1325-2 型空气压缩机

图 6-3　施工现场图（一）

图 6-4　施工现场图（二）

图 6-5　施工现场图（三）

4. 硬泡聚氨酯泡沫保温效果统计表

聚氨酯喷涂完成后，对气温与埋设温度计进行了检测，具体检测结果见表 6 - 8。

表 6 - 8　　　　　　　23#闸墩硬泡聚氨酯泡沫保温情况统计表　　　　　单位：℃

测温时间	气温	埋设温度计读数
9：00	27.9	23.7
17：00	26.8	23.7
22：00	23.7	23.6
15：00	28.2	23.9
9：00	24.9	24.0
16：00	33.0	26.3
9：30	19.6	24.2

5. 总结

在泄水闸 23# 坝段闸墩（22.50～24.00m）进行了喷涂聚氨酯保温试验，并对气温及埋设温度计进行检测，从检测的情况看：气温变化幅度为 19.6～33.0℃，其相差 13.4℃；埋设温度计变化幅度为 23.6～26.3℃，其相差 2.7℃。为此可以看出，喷涂聚氨酯保温效果较好。

6.2　水工混凝土结构裂缝处理方法

6.2.1　表面处理

表面处理的目的是进行缝口封闭，以防止渗漏和钢筋锈蚀。对位于有抗冲耐磨要求的过流面裂缝，表面处理可增强其抗冲摩能力。表面处理的方法包括沿缝口凿槽嵌缝、缝口贴橡皮板和做防渗层（浇沥青防渗层），缝口涂刷、贴环氧玻璃丝布，高分子聚合物缝口浸渍等。

1. 缝口凿槽嵌缝

对平面上的表面浅层裂缝常用凿槽法处理，即在裂缝两侧用风镐、风钻或人工将混凝土凿除至看不到裂缝为止，对深度小于 20cm 的裂缝，可不再采用其他措施；当缝深超过 20cm，可在槽内铺涂砂浆抹平，表面上再视情况铺设钢筋。缝口凿槽虽然是一种较为简易的方法，当由于能够消除缝端的应力集中，防止裂缝延伸，因此广泛采用。

2. 铺设钢筋

在缝面上铺设钢筋也是一种简易的裂缝处理方法。铺设钢筋除了用于处理裂缝和防止裂缝发展外，还用在认为可能产生裂缝的部位，以预防裂缝的发生，如陡坡、并缝、分缝处。

在已发生裂缝处铺设钢筋，一般放置一层 $\phi25\sim\phi32$ 的钢筋，长度 $500\sim800cm$（大多采用 500cm 长），间距 20cm 左右。重要部位也有铺设两层钢筋的。钢筋的直径和长度最好按照裂缝的实际情况配备，这样符合实际，不致造成浪费，不过会给施工带来麻烦。如果不论什么裂缝，一律用统一规格的钢筋，施工是简单了，却浪费了大量的钢材。如葛洲坝一期工程，2\#机组是按照实际情况配扎钢筋的规格，多达 24 种，而二期工程则采用统一规格，规格最多（10\# 机组）只有 6 种，可是这样一来钢筋耗量增加了。如果二期工程也按裂缝实际状况配筋，按统计资料计算可少耗费钢筋 1/4。

裂缝表面铺设骑缝钢筋，是历来沿用的技术措施之一，对于已经冷却到稳定温度的老混凝土面上的裂缝，因为不会发展，一般不采取铺设钢筋的方法，对尚未冷却到稳定温度的混凝土面上的裂缝，通常铺设钢筋，实践证明，铺设钢筋并非一种完善的措施，不能制止混凝土初期裂缝的增加和延伸，实际上许多裂缝穿过钢筋或绕过钢筋向上延伸。不过裂缝表面铺设骑缝钢筋，对建筑物后期运行时的传力和完整性是有利的。

3. 缝口粘贴橡皮板

缝口粘贴橡皮板主要用于处理挡水坝段迎水面裂缝，防渗效果好。由于橡皮弹性好和抗渗性能优越，用以修补稍微稳定的裂缝为宜。

常用橡皮板厚 5mm，为粘贴牢固，橡皮表面应先用钢丝刷刷毛或以浓硫酸浸泡腐蚀，进行表面凿毛。

我国许多大坝挡水面裂缝均用此方法修补，如东江电站大坝，紧水滩电站大坝等。葛洲坝工程位于大江和二江电站厂房上游面的竖向裂缝采用此方法修补获得良好的效果。东江电站大坝上游面防渗层所用橡皮有两种：一种是氯丁橡胶片；另一种是氯化丁基橡胶片。黏合剂为 SH。葛洲坝工程粘贴橡胶皮所用黏合剂为环氧材料。

4. 缝口设置防渗层

此方法适用于挡水大坝上游面裂缝防线如恒仁和丰满大坝上游面的沥青混

凝土防渗层等。

（1）丰满大坝。该坝体存在大量裂缝等缺陷，渗漏严重，有大量钙质析出，为防止混凝土继续发生渗漏破坏，在上游高程 245.00～226.00m 部位，外挂 6cm 厚混凝土预制板，内浇沥青混凝土防渗层。预制板留有楔口，现场安装使用锚筋固定。安装前先对坝面的老化破损混凝土进行凿毛处理，然后清理干净，涂抹冷底油过渡层，再浇热沥青混凝土。

（2）恒仁大坝。恒仁水电站大坝为混凝土，大坝蓄水前，已发现裂缝 2084 条，其中劈头缝 29 条，施工期已发现空腹严重漏水。大坝投入运行后，又发现新裂缝 104 条，其中劈头缝 11 条，裂缝长一般为 15～20m，最长达 46m；缝宽一般为 0.5m，最大宽 3mm，裂缝缝深一般为 2～3m，最深达 8m。防渗补强处理于 1983 年 4 月开始，分两期进行。第 1 期处理上游及坝顶裂缝，第 2 期处理坝面水下部位、底孔坝段和空腹盖板等部位的裂缝。上游坝面先预设锚筋，外挂钢筋混凝土预制板，然后在板与坝之间浇筑 10cm 厚沥青混凝土防渗层。锚筋孔深 50cm，以 1∶1 水泥砂浆填孔，并同时采用封口楔子固定锚筋，混凝土预制板尺寸为 63cm×203cm×6cm，标号 C25，板的四周设有楔口，便于安装时衔接并防止沥青混凝土泄漏。防渗层形成后，大坝空腹漏水量减少至原漏水量的 25%。坝顶裂缝采用沥青席（即油毛毡）防渗层，先将坝顶疏松层凿除，涂抹清底油，然后铺上沥青席做防渗层，其上再浇一层混凝土，以便于对沥青席起保护作用。与此同时，为防止已有裂缝扩展，对大坝空腹进行保温，在原封腔板面铺设厚 15cm 的沥青膨胀珍珠岩，其上再铺设沥青席做防渗层，顶部用 3cm 厚钢丝网水泥砂浆保护。

5. 弹性聚氨酯缝口灌注

此法适用于"活缝"缝口防渗封闭。一般施工程序是：先在缝口凿槽，然后以弹性聚氨酯浆液填灌。

葛洲坝二江泄水闸上游防渗板，原设计未设置止水，为恢复永久止水，在所有缝口先凿开宽 20cm、深 20cm 的三角形槽，后灌注弹性聚氨酯。三江冲沙闸底板的一条贯穿性裂缝的表面处理亦采用此法进行。

6. 缝口贴玻璃丝布

此达除用于缝口保护外，还用于嵌缝止漏。一般采用"三液两布"（即三层环氧基液、两层玻璃丝布）的"玻璃钢"，也有采用"两液一布"的，主要取决于要求的高低。

7. 缝口浸渍处理

浸渍是高分子材料的复合单体聚合作用,对混凝土表层产生浸渍渗入,强化低强混凝土表面,同时使表面浅层裂缝的缝口封堵黏合。由于高分子材料浸渍聚合后,具有较高的强度,因此可提高混凝土表面的抗冲耐磨能力。

8. 环氧砂浆贴紫铜片

首先在裂缝两侧开浅槽,然后以环氧砂浆粘贴紫铜片,形成防渗层。葛洲坝一期工程蜗壳顶板下表面裂缝曾以环氧砂浆粘贴1mm厚紫铜片,应用效果良好。

9. 嵌补环氧橡皮粉胶泥防渗

在环氧砂浆中加入粒径小于1.2mm的橡皮粉制成胶泥,用于缝口开槽后的嵌补。由于此材料弹性好、抗磨强度高,不但能够适应裂缝随季节的变化,尤其适用于抗冲磨区的缝口修补。

6.2.2　灌浆处理

灌浆是混凝土裂缝内部补强最重要的方法,应用范围最广,主要用于深层及贯穿裂缝修补。通过灌浆,旨在恢复结构的整体性和设计应力状态。实践证明,只要选材得当,工艺合理,灌浆除能填塞裂缝达到防渗目的外,还可恢复结构的整体性。

灌浆技术被广泛应用于大型水工结构的建设,是整个建设过程的重要组成部分。灌浆技术与大坝建成后的质量直接相关,还与水工结构设施建设的质量以及大坝周围居民和行人的人身安全密切相关。根据不同水工结构的设计特点,浇筑技术可分为固结灌浆、帷幕灌浆、旋喷灌浆、高压灌浆等多种类型。

6.2.2.1　固结灌浆

固结灌浆是利用钻孔将高标号的水泥浆液或者化学浆液压入岩体中,使之封闭裂隙,从而加强基岩的完整性,达到提高岩体强度和刚度的目的。常规的灌浆是在整个基础大面积内进行,此时应分批逐步完成整个灌浆工程,应根据坝基压力、地质条件等合理设计灌浆孔深、孔距、灌浆压力和浆液稠度,即先进行灌浆试验。常用的灌浆处理方法有水泥灌浆和化学灌浆,由于化学灌浆具有水泥灌浆所无法比拟的优越性,水泥灌浆已较少应用,而化学灌浆应用日益广泛，浆材品种也逐渐增多。

1. 水泥灌浆

由于水泥是一种颗粒性材料，经水搅拌后的水泥浆是一种悬浊液体，在其凝固过程中体积发生收缩，硬化后在缝内会留下一条细缝。较细的裂缝，水泥颗粒无法灌入，故水泥浆仅用于灌注宽度不小于 2mm 的裂缝。水泥浆的起始水灰比一般采用 1∶1～3∶1，不宜过稀，因浆液越稀其干缩后产生的缝隙越大。

水泥灌浆之所以用得比较普遍，主要是因为这种材料比较易取且价廉，适用大面积处理工作。由于水泥系脆性材料，故水泥灌浆较适用于"死缝"。又因水泥自身强度较低，灌入裂缝后，在温度应力作用下，反复承受拉力和压力，以致发生解体或被渗水溶蚀。对已灌水泥浆的裂缝，数年后挖开观察，多呈粉末状，也无强度和黏结力可言。

为提高水泥灌浆的可灌性和耐久性，克服水泥浆凝结后体积收缩的缺陷，近年来国内许多单位做了努力，旨在减小水泥粒径，使它能够灌入更细的缝隙，灌后体积不会收缩，并且改善力学性能，提高抗拉、抗压等强度。如新安江水电厂所用改性水泥是以 525 普通硅酸盐水泥为基料，按 4∶1 的比例掺入添加料，经过两小时的研磨而成，其抗折强度比基料提高了 12.8%，抗压强度提高了 48.9%，水泥的中位粒径平均为 9.65μm，比表面积为 530m^2/kg，由于颗粒细、强度高，而且凝固后体积能够微膨胀，可以灌入更细的缝，因此效果较好。

2. 化学灌浆

化学浆是一种真溶液，渗透性能好，系当前进行混凝土裂缝灌浆的主要材料。化学灌浆（简称化灌）材料品种很多，其中环氧材料是用得最多的补强加固灌浆材料。

（1）环氧。环氧浆材力学性能好，但性脆，只能用于灌注"死缝"。根据裂缝灌浆需要，还可配置弹性环氧和刚性环氧浆材。

由于环氧浆材比重稍大于水，故灌浆中能以浆顶水，灌注有水裂缝。

环氧浆材黏度较高，虽掺入稀释剂后，黏度可能降低，但由于受到掺量的限制，故浆液黏度仍然偏高，一般用于灌注缝宽大于等于 0.2mm 的裂缝。葛洲坝工程的大多数裂缝以环氧浆液灌注，共耗用浆液 13910L。

（2）甲凝。甲凝是以甲基丙烯酸为主剂的化学灌浆材料，具有黏度低（低

于水），可灌性好的优点，但固化过程中体积收缩较大，比重低于水，不能以浆顶水，对缝宽小的缝灌注效果差，故一般用于灌注大坝迎水面细缝及其他缝宽在 0.2mm 以下的裂缝，据现场观察可灌注 0.05mm 的缝。

（3）丙凝浆液及丙凝-水泥混合浆液胶液以丙烯酰胺为主剂的浆液称丙凝浆液。

丙凝固化物强度甚低，一般不宜作为以恢复结构整体性为目标的混凝土补强灌浆，但由于其防渗性能好，尤其是凝结速度快，并可进行有效的控制，故可作为渗水裂缝堵漏或裂缝缝口防渗用。葛洲坝工程各类廊道的渗水裂缝多灌注丙凝堵漏。为改善丙凝固化物强度不足的弱点，葛洲坝工程曾采用丙凝-水泥混合浆液灌注廊道内部分漏水裂缝。

6.2.2.2　帷幕灌浆

帷幕灌浆是指将一定浓度的浆液注入具有钻孔间距适宜的钻孔（一排或几排）中压至岩土体的缝隙或者孔洞内，在地层中形成具有一定结构、强度及抗渗性能的幕墙，主要用于水闸、大坝的沙砾石地基中或是岩石当中。帷幕的顶部和混凝土底板或盖重连接，或是和坝体连接，帷幕的底部则延伸到相对不透水岩层，通过帷幕截断渗漏通道或增加渗径，可以有效减少或是彻底阻止地基中地下水向坝体内的渗透，同时一定程度降低渗透水流对大坝造成压力场，从而达到防渗堵漏目的。

1. 分段灌浆

该技术的适用性较强，可以对处于不同水文环境及地形条件下的水利项目进行建设。如果以施工顺序为依据，可以将该技术细分为自下而上灌浆和自上而下灌浆，不同的灌浆顺序往往对应不同的施工要点。首先是自下而上对该方式进行应用，需要施工人员以孔位高度和钻孔深度为依据，在科学地划分施工区域的基础上，确定灌浆工序，避免出现孔位相距较远、工序错乱等情况。在实际施工时，应确保先对下部孔位进行灌浆，再对上部孔位进行灌浆，这样做可以使灌浆质量更接近预期。现阶段，该方法主要用来对硬岩地质进行施工，其优势在于可避免冒浆问题出现。其次是自上而下，该方式和上述方式的灌浆顺序相反，在水利工程建设过程中极为常见。

2. 一次性灌浆

该方法强调的重点是待钻孔作业告一段落，用混凝土对现有钻孔进行浇筑，确保帷幕防水墙可以一次成型。该方法的优势及不足都十分明显，其优势主要体现在简单易行，省略了停顿环节，使施工效率得到了显著提高。但是该技术需要施工人员同时浇筑多个孔洞，并且要保证灌浆作业持续开展，这也是其对现场水势和地形提出水流速度较慢且地形平稳要求的原因。如果项目所在区域不具备以上条件，就不能发挥一次性灌浆优势。

6.3　化学灌浆技术在大坝混凝土结构裂缝处理中的应用

6.3.1　工程概述

小溶江水利枢纽位于兴安县溶江镇和灵川县三街镇境内，坝址位于漓江上游支流小溶江下游峡谷出口河段黄茅岭村附近，开发任务为以桂林市防洪和生态补水为主，结合发电等综合利用，距桂黄公路兴安马口岭收费站 2km。小溶江水库正常蓄水位为 267m，总库容 1.52 亿 m^3，属大（2）型水库，Ⅱ等工程。拦河坝、泄水建筑物及引水建筑物进水口为主要建筑物，按 2 级建筑物设计，按 100 年一遇洪水设计，1000 年一遇洪水校核。次要建筑物按 3 级建筑物设计，电站厂房按 4 级建筑物设计。消能防冲建筑物设计洪水标准为 50 年一遇。水电站厂房洪水标准按 50 年一遇洪水设计，100 年一遇洪水校核。小溶江水利枢纽是一座以城市防洪和漓江生态环境补水为主、结合发电等综合利用的大型水利枢纽工程。

小溶江水利枢纽由拦河坝和发电厂房等建筑物组成；拦河坝为碾压混凝土重力坝，由左岸非溢流坝段、右岸非溢流坝段和溢流坝段组成。坝顶总长 255m，坝顶高程 271.50m，坝顶宽 7m，最大坝高 90.5m。左岸非溢流坝段长 93m，右岸非溢流坝段长 123m，左、右岸非溢流坝段坝体上游面高程 215.00m 以上为铅直面，高程 215.00m 以下坝坡为 1∶0.2；体下游坝坡为 1∶0.75，起坡点高程 262.00m，高程 262.00m 以上为铅直面。溢流坝段长 39m，溢流坝段共布置 3 个带胸墙式表孔，表孔溢流堰采用实用堰，堰顶高程为 251.50m，孔口尺寸为 9m×12m。溢流坝顶部设交通桥，桥面宽 6m。电站引水系统由坝式进水口、坝内埋管及坝后背管组成。电站进水口设在右岸非溢流坝段，进水口底高程 218m。

2014 年 2 月，在小溶江水利枢纽大坝溢流坝段（5[#]坝块）发现一条顺水

流方向的贯穿性裂缝。2014 年 3 月，经业主、质监、设计、监理及施工单位对现场查勘及协商讨论，形成了对溢流坝段裂缝处理的方案，主要采用化学灌浆方法对裂缝进行处理。2014 年 6 月，施工单位完成对溢流坝段裂缝的化学灌浆工作。2014 年 6 月 14—26 日对广西桂林小溶江水利枢纽溢流坝段裂缝处理工程开展了混凝土压水试验检测、混凝土内部缺陷检测和混凝土钻芯法试验检测。

2014 年 2 月 21 日，施工人员在溢流坝段（5#坝块）246.50m 高程碾压混凝土平台发现一条裂缝，该条裂缝发展方向呈现一定规律，裂缝沿⑤坝块横向分布，基本平行于顺水流方向，位于坝体纵向桩号坝 0＋111.38～坝 0＋112.86，坝体横向桩号坝 0－002.80～坝 0＋035.22，裂缝在该坝段外表面上述桩号范围沿坝体横向相贯通，下游末端延伸至 3 号闸墩尾端下游溢流面高程227.13m，上游自 3 号闸墩上游悬挑部位右侧基本沿垂直方向向下延伸至高程215.30m。裂缝沿坝体横向总长 70.905m，裂缝最窄处 0.75mm、最宽处3.25mm，裂缝深度 18～31m。溢流坝裂缝位置示意图如图 6－6 所示。溢流坝裂缝剖面示意图如图 6－7 所示。

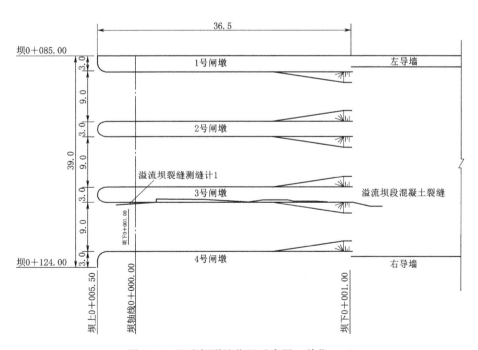

图 6－6　溢流坝裂缝位置示意图（单位：m）

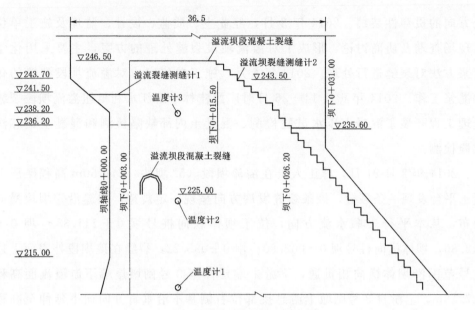

图 6-7   溢流坝裂缝剖面示意图（单位：m）

6.3.2   裂缝成因

大坝混凝土结构尺寸相对较大，而大坝碾压混凝土设计龄期较长，混凝土凝固期间释放出大量的水化热积蓄于坝体内，造成坝体内部温度较高，其内部热量散失并趋于稳定需较长一段时间；同时，施工区位于河川峡谷地区，多风，且短期内外界气温变化幅度较大（最高气温降幅达 20℃多），由于环境气温及外界条件影响（降雨、结冰等），造成表面温度低，内部温度高，在表面形成拉应力，在混凝土内部形成压应力，当拉应力大于混凝土的抗拉强度时，就会出现裂缝。因此混凝土内外温差过大产生的温度应力是本次裂缝形成的主要原因。

6.3.3   裂缝检测

6.3.3.1   裂缝检测内容及检测方法

针对小溶江水利枢纽工程溢流坝段裂缝处理工作的实际情况，结合之前发现的问题以及相关工程技术资料，本次专项检测的内容和方法如下：

（1）压水试验：检测化学灌浆后裂缝处混凝土的渗透参数。

（2）声波透射法试验：检测化学灌浆后裂缝处混凝土的完整性及内部铁陷。

（3）钻芯法试验：检测化学灌浆后裂缝处混凝土的芯样抗压强度、劈拉强

200

度，填充浆液饱满程度以及浆液与混凝土的胶结情况。

6.3.3.2 裂缝检测依据

（1）《水工建筑物化学灌浆施工规范》（DL/T 5406—2010）。

（2）《水利水电工程钻孔压水试验规程》（SL 31—2003）。

（3）《超声法检测混凝土缺陷技术规程》（CECS 21—2000）。

（4）《建筑地基检测技术规范》（JGJ 106—2003）。

（5）《水工混凝土试验规程》（SL 352—2006）。

（6）《关于小溶江水利枢纽溢流坝段混凝土裂缝处理方案》（GXS 006301 - W - 2014 - 01）。

6.3.3.3 检测结果

1. 压水试验

（1）试验情况。本次压水试验采用单点压水法，根据设计要求压水试验的压力采用 0.3MPa，压浆泵加压。在高程 246.50m 平台处沿裂缝两侧各布置 4 个与地面成 60°夹角的斜孔钻进至坝体内并穿透裂缝，试验孔深为 6.5～9.5m。试验过程概况如图 6-8～图 6-10 所示。

图 6-8　止水栓塞安装

图 6-9　压水设备调试运行

图 6-10　压水试验数据采集

（2）试验结果。压水试验结果见表 6-9。

表 6 - 9 压 水 试 验 结 果 表

检测孔编号	试验段长度/m	压力/MPa	流量/(L/min)	透水率/Lu
Y - 1#	6.00	0.32	2.31	1.20
Y - 2#	6.00	0.34	2.48	1.22
Y - 3#	6.00	0.31	4.21	2.22
Y - 4#	6.00	0.33	2.43	1.23
Y - 5#	9.00	0.34	2.31	1.13
Y - 6#	9.00	0.30	2.21	1.23
Y - 7#	9.00	0.34	4.20	1.37
Y - 8#	9.00	0.35	3.33	1.06

（3）检测结论。对广西桂林小溶江水利枢纽溢流坝段裂缝处理工程进行压水试验检测，共计检测 8 个孔，孔深为 6.50～9.50m。8 个试验孔测得的透水率为 1.06～2.22Lu，而由于设计单位没有提供相关的设计指标参数，故不对本次压水试验的检测结果进行评判。

2. 混凝土内部缺陷检测

（1）试验情况。为比较无裂缝的完整混凝土与经过化学灌浆处理后的裂缝混凝土之间的波速变化，本次试验采用声波透射法来检测混凝土波速，在 246.50m 高程平台处共布置 4 个声波检测孔。检测孔沿裂缝左岸、右岸方向各布置 2 个。平行于裂缝发育方向垂直钻进至坝休，孔深均为 25m，采用两孔实测测读剖面波速，共计检测 6 个剖面。试验过程概况如图 6 - 11、图 6 - 12 所示。

图 6 - 11 声波测试仪安装

图 6 - 12 声波换能器提升测试

（2）试验结果。混凝土内部缺陷试验检测结果见表 6 - 10。

表 6 - 10 混凝土内部缺陷试验检测结果

剖 面	孔深/m	声速平均值/(km/s)	波幅平均值/dB
1 - 3	25.00	4.273	104.79
2 - 4	25.00	4.331	103.03
1 - 2	25.00	4.213	93.08
3 - 4	25.00	4.203	94.64
2 - 3	25.00	4.193	91.75
1 - 4	25.00	4.104	94.11

注 除剖面1-3、剖面2-4未穿透裂缝外，其余4个剖面均穿透裂缝。

（3）检测结论。采用声波透射法进行混凝土内部缺陷检测，共计检测6个剖面。通过分析高程-波速（$H-V$）曲线图、高程-波幅（$H-A$）曲线图中的数据，化学灌浆处理后裂缝混凝土（剖面1-2、剖面3-4、剖面2-3、剖面1-4）与附近未发现裂缝的完整混凝土（剖面1-3、剖面2-4）间波速差别较小，表明裂缝缝隙被化学浆液填充得较为密实、裂缝与混凝土的胶结较好，经化学灌浆处理后裂缝处混凝土内部基本完整。

3. 混凝土抗压强度、劈拉强度试验

（1）试验情况。为检测裂缝中化学浆液的充填情况以及跨裂缝混凝土芯样的抗压强度、劈拉强度，在高程246.50m平台沿裂缝开裂方向，骑缝布置4个检查孔。钻孔深度根据现场实际情况确定，每隔0.3m提取一次钻头，以检查钻孔是否经过裂缝。如提取的芯样未见裂缝，继续钻进至完整混凝土0.5～1.0m后停止钻进。试验过程概况如图6-13～图6-16所示。

图 6 - 13 钻机调试运行

图 6 - 14 加接钻杆

图 6-15　提取芯样

图 6-16　芯样抗压、劈拉试验

（2）试验结果。混凝土芯样抗压强度、劈拉强度试验检测结果见表 6-11。

表 6-11　混凝土芯样抗压强度、劈拉强度试验检测结果

孔号	孔深 /m	设计混凝土 强度 /MPa	裂缝修补段芯样		无裂缝段芯样	
			抗压强度 /MPa	劈拉强度 /MPa	抗压强度 /MPa	劈拉强度 /MPa
Z-1#	4.20	C15	20.6	0.91	22.1	1.24
Z-2#	5.00	C15	18.9	0.72	20.6	1.07
Z-3#	2.10	C15	21.7	0.85	22.1	1.08
Z-4#	4.00	C15	19.3	1.01	18.2	1.22

注　芯样抗压均为内聚破坏。

（3）检测结论。采用钻芯法对广西桂林小溶江水利枢纽溢流坝段裂缝处理工程进行混凝土抗压强度、劈拉强度检测，共计检测 4 个孔，抽取抗压、劈拉，芯样各 8 组。钻取出来的芯样基本连续、胶结较好、骨料分布较均匀，断口基本吻合，局部芯样侧面有少量气孔，芯样均为短柱状。经检测，裂缝修补段混凝土芯样裂缝内浆体饱满充实，修补液浆体与混凝土胶结良好，芯样抗压均为内聚破坏。裂缝修补段混凝土芯样抗压强度为 18.9～21.7MPa，满足 C15 的设计强度要求，劈拉强度为 0.72～1.01MPa；无裂缝段混凝土芯样抗压强度为 18.2～22.1MPa，满足 C15 设计强度要求，劈拉强度为 1.07～1.24MPa。

6.3.4　裂缝处理方案

6.3.4.1　裂缝处理思路

由于裂缝沿坝块横向分布，在⑤坝块中间偏右，对大坝的结构不会产生影响。裂缝处理的总体思路是先对裂缝内部采用 HK-G-2 型低黏度环氧灌浆材

料灌浆，起补强加固和防渗作用；为确保裂缝不漏水再对大坝上游迎水面裂缝表止水和涂刷 HK-996 环氧改性防水涂料；为防止裂缝向上延伸在裂缝表面布置双层并缝钢筋片。

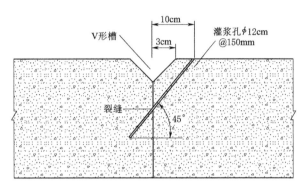

图 6-17　凿槽嵌缝内部灌浆示意

HK-G-2 环氧灌浆材料的摔和工艺：按 A：B＝5：1 的比例配置浆液（如需延长凝固时间，可减少 B 组掺量），将 A、B 两组充分混合均匀，混合温度控制在 35℃以下。

6.3.4.2　裂缝处理关键步骤及主要施工措施

本工程溢流坝段裂缝为一条完整的上下游贯穿性裂缝，因此需对其进行一次性处理。为确保坝体内部裂隙空隙能被化学灌浆材料填充密实，缝内化学灌浆采取自下而上、逐步推进的方案，即先对坝体表面所有裂缝缝面进行凿槽、嵌缝埋管处理，同时，为保证裂缝整体处理效果，对坝体高程 225.00m 廊道内相应可疑渗漏部位（桩号坝 0＋115.80 附近）的预制廊道表面混凝土进行凿除，对暴露出的裂缝缝面按上述坝体表面裂缝处理方法一并进行凿槽、嵌缝埋管处理。待凝后，采用 1 台灌浆泵自坝上游面裂缝最底端（高程 215.30m）开始自下而上逐步进行化学灌浆施工，待逐渐灌至基本与高程 225.00m 廊道以及坝下游裂缝末端（高程 227.00m）齐平时，在廊道及下游面增加 1 台灌浆泵，与上游面灌浆泵一起按两个工作面平行开展施工作业，直至灌至坝顶（高程 246.50m）。

为保证坝内裂缝间隙能采用化学灌浆填充密实，在溢流堰顶（高程 246.50m）相对高程 225.00m 廊道位置下游侧沿缝一侧补打 3 个斜孔，孔间距 3～5m，孔深约 10m，在孔底部与坝内缝面相交，以便进行灌浆质量检查及补强灌浆处理。考虑溢流坝段高速水流过流的需要，溢流堰面处的裂缝化灌完成后需对其表面进行打磨处理，以确保平整度等满足过水要求。

考虑到坝上游面防渗的需要，对本次坝体上游迎水面裂缝按照永久裂缝进行处理。在按照上述要求对裂缝化灌处理完毕后，重新在缝面开凿 V 形槽，在缝面及两侧一定范围涂刷防水涂料，并按照面板坝表面止水的施工工艺进行嵌、缝填料及表面止水施工。将防水涂料颜色调整成与坝体混凝土颜色相近，并对表面止水外露面一并采用与坝体混凝土相近的颜色的防水涂料涂刷。

灌浆结束后可在坝体上游面及高程 225.00m 廊道处预留灌浆管，方便后期对裂缝观测后需要进行补充灌浆时可进行补灌。

6.3.4.3　上游迎水面防渗处理措施

1. 上游迎水面裂缝表面涂刷防水涂料

大坝上游迎水面的垂直裂缝应在缝口凿槽嵌缝与内部化学灌浆结合处理后，再对裂缝周围 5m 范围内采用 HK - 996 环氧改性防水涂料进行涂刷，厚度不小于 1mm。

防水涂料涂刷关键施工要点如下：

（1）清理基面：将混凝土表面需涂刷部位打磨干净，并除去浮尘，保持干燥。

（2）材料配置：按 A：B＝1：1（重量比）进行配置，A、B 两种材料混合后，采用电动搅拌器或手工将其充分混合搅拌均匀。

（3）涂刷：采用油漆刷或刮刀均匀刮涂混合材料，若有厚度要求，需在表干后继续涂刷。

2. 上游迎水面裂缝表面止水

大坝上游迎水面的垂直裂缝在灌浆结束后，还需对裂缝进行表面止水。具体做法是：沿裂缝中心凿成的表面的宽度 10mm，深度为 8mm 的 V 形槽，沿裂缝中心布设 $\phi25mm$ 氯丁橡胶棒嵌缝后，再填充 SR 嵌缝材料，最后采用 SR 三元乙丙增强型橡胶防渗盖片固定，盖片两侧采用镀锌扁钢压条锚固团。表面止水两端分别与上游迎水面裂缝端部完整坝体混凝土搭接 100cm。溢流坝段上游迎水面混凝土裂缝表面止水示意图如图 6-18 所示。

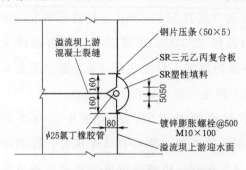

溢流坝上游混凝土裂缝

钢片压条（50×5）

SR三元乙丙复合板

SR塑性填料

镀锌膨胀螺栓@500 M10×100

溢流坝上游迎水面

$\phi25$氯丁橡胶管

图 6-18　溢流坝段上游迎水面混凝土裂缝表面止水示意图（单位：mm）

6.3.4.4 裂缝缝面加强处理措施

为确保后续浇筑的溢流面及闸墩等结构不受影响，防止裂缝向上部溢流面及闸墩延伸，沿溢流堰表面裂缝缝而布置双层并缝钢筋片细钢筋为 $\phi 28$ 螺纹钢筋，网格尺寸为 15cm×15cm，底层钢筋网片距混凝土面 15cm，两层钢筋网片间距 10～15cm，底层钢筋网片横向钢筋长 6m，上层钢筋网片横向钢筋长 4.5m。另外，为观测处理后的裂缝变化情况，在裂缝缝面布设 1～2 组测缝计。

6.4 固结、帷幕灌浆技术在大坝混凝土结构裂缝处理中的综合应用

6.4.1 工程概况及大坝基础地质条件

6.4.1.1 工程概况

莽山水库工程位于湖南省郴州市宜章县境内的珠江流域北江二级支流长乐水的上游，坝址控制流域面积 230km²，水库正常蓄水位 395.00m，设计洪水位 398.50m，校核洪水位 399.43m，发电死水位 355.00m，总库容 1.332 亿 m³，防洪库容 2400 万 m³。是一座以防洪、灌溉为主，兼顾城镇供水与发电等综合利用的大型水利枢纽工程。

枢纽工程由主坝、副坝、引水发电洞、坝后厂房、反调节坝等建筑物组成。主坝设计采用碾压混凝土重力坝，坝顶高程 399.80m，宽 6.0m，建基面高程 298.50m，最大坝高 101.30m；副坝为沥青混凝土心墙土石坝，坝顶高程 400.60m，坝顶长 120.6m，顶宽 8.0m，坝顶设 1.2m 高的 L 形混凝土防浪墙，墙顶高程 401.80m；引水发电洞进水口底板高程为 335.00m，采用塔式进水口直插式分层取水，两台机组发电引用流量为 35.4m³/s，采用一管二机，衬砌后洞径 3.5m，至分岔处长 370.85m，出口分岔成压力钢管引向电站厂房，压力钢管管径为 3.5～2m；电站厂房位于左岸下游，装机 2×9MW。

6.4.1.2 工程地质条件

主坝坝线区主要地层为燕山早期大东山花岗岩，岩性为浅肉红色中、粗粒斑状（黑云母）花岗岩和细粒花岗岩，局部为浅肉红色绿泥石化花岗岩、脉状

细粒花岗岩。

6.4.2　坝基垫层混凝土裂缝成因分析

坝段基础垫层裂缝发展情况不一,均由表及里、宽窄不一。又位于基础强约束区内,约束强,相同温差下,应力水平要高于其他部位。根据基岩地质、裂缝位置、走向、缝长、缝宽及裂缝发展情况,综合浇筑时间为 9 月早晚气温大,混凝土浇筑后,表面没有及时覆盖,受风吹日晒,表面游离水分蒸发过快,产生急剧的体积收缩,而此时混凝土早期强度很低,不能抵抗这种变形应力而导致开裂。再加上混凝土养护时间短,距离下一仓浇筑时间近,造成混凝土内外温差过大,以及可能跟混凝土配合比有关,水泥、粉煤灰的用量都会导致水化热的大小不一样,总结产生裂缝的原因主要为温度变化引起的裂缝、水泥水化热引起的裂缝、岩石基础形成强约束区产生的应力应变引起的裂缝等。

6.4.3　灌浆设计方案

水库蓄水运行过程中,发现下游坝坡出现渗水现象,为进一步提高工程质量,对 5#、6#、7#、9# 坝段高程 311.00～353.00m 坝体混凝土进行补强、防渗帷幕灌浆处理,其中 6#、7# 坝段进行固结灌浆处理;5# 坝段,9# 坝段坝基排水孔因排水量偏大,需查明原因,进行加密补强灌浆处理;9# 坝段高程356.80～399.80m 范围进行混凝土裂缝帷幕灌浆。

6.4.3.1　固结灌浆处理

坝体基础垫层混凝土裂缝的处理目的,是提高基础混凝土抗渗能力、整体性及强度,确保大坝建成后的安全可靠性要求。根据现场观察,针对 6#、7# 坝段基础混凝土产生的裂缝性质、开度,参考裂缝处理实例,了解所有裂缝走向、产状、宽度和探明深度,通过测试比较,掌握各种裂缝处理措施的优缺点,综合考虑到基础混凝土标号高达 C40,超细水泥灌浆难以达到该标号,决定裂缝处理方法为:先进行表层封闭处理;再进行内部补强化学灌浆处理。通过化学灌浆充填裂缝,恢复坝体的整体性,防止渗漏,并提高坝体强度。坝基裂缝环氧树脂化学灌浆施工现场如图 6-19 所示。

经检测,本次灌浆施工过程规范、资料完整,压水试验吸水率最大值为0.005L/min,满足设计要求(设计要求吸水率不大于 0.01L/min);浆液 28d 抗压强度为 45.7MPa，均满足设计要求；现场钻孔取芯的芯样均填充饱满，满足设计要求。坝基裂缝化学灌浆后压水试验现场如图 6-20 所示。6#、7# 坝块化学灌浆钻孔取芯样分别如图 6-21、图 6-22 所示。

图 6-19　坝基裂缝环氧树脂化学灌浆施工现场

图 6-20　坝基裂缝化学灌浆后压水试验现场

图 6-21　6# 坝块化学灌浆钻孔取芯样

图 6-22　7# 坝块化学灌浆钻孔取芯样

由于化学灌浆处理后的后续混凝土浇筑未及时跟进，原灌浆裂缝部分裂缝再次拉开。计划对再次拉开裂缝进行复灌处理。前期进行化学灌浆导致部分缝隙已被充填，缝宽较窄，水泥灌浆要求缝宽不小于 0.5mm，因此继续采用化学灌浆完成裂缝处理。莽山水库大坝基础的裂缝复灌处理计划按高程由低至高采用骑缝孔进行环氧树脂化学灌浆补强修补处理，具体施工处理措施如下。

1. 裂缝灌注前现场准备工作

（1）电源准备：从基础现场电源点接取电源。

（2）水源准备：现场就近水源点接水供冲洗用水使用。

（3）仓储管理：现场找 10m² 左右空地，做好简易围栏和警示标志，用于堆放灌浆材料及打孔灌浆设备工具。

（4）针对裂缝部位将裂缝表面进行清理干净。用高压水清洗，对于槽内的和残渣及可能的尘灰进行压力水冲洗。

2. 灌浆工艺

裂缝处理原则必须满足补强技术要求，拟对基础裂缝采取表面骑缝灌浆处理方法来消除裂缝对坝体的危害。其具体工艺流程如下：

施工准备—裂缝凿槽—埋灌浆盒—槽内清洗与嵌补—冲洗了裂缝—压水/压气检查—浆液配置—浆液灌注—屏浆—灌浆结束—浆液待凝—拆除结束。

（1）布设灌浆盒。对基础裂缝采用表面骑缝灌浆处理方法进行灌浆处理。根据裂缝表面张开度，在裂缝表面较宽处布设灌浆盒，原则上每 0.5m 左右布设一个灌浆盒。

（2）凿缝。沿裂缝凿槽嵌缝，在裂缝两侧用切割机、风镐凿一条宽、深 2~4cm 的 U 形槽（预留灌浆盒的部位不做处理），再用钢丝刷将混凝土表面的灰尘、浮渣及松散层仔细清除，并清洗干净，干燥后进行槽内回填改性环氧砂浆。

（3）冲洗与检查。钻孔结束后，用高压风水将钻孔及 U 形槽冲洗干净，吹净槽内粉末，然后进行通气通水试验，确保裂缝通畅之后，用高压风将缝内积水冲干。

（4）埋灌浆盒。将预留埋设灌浆盒处裂缝的混凝土表面清洗干净，再用环氧砂浆将灌浆盒贴牢。

（5）封缝待凝。用风水轮换将裂缝吹洗干净，然后用环氧砂浆将裂缝封堵，确保灌浆时浆液不外漏。

（6）配浆灌浆。待进行环氧砂浆固化超过 24h 后，在施工现场配置浆液，用灌浆泵按自下而上原则逐盒进行灌浆，原则上灌浆压力采用 0.3~0.6MPa，并根据现场施工实际情况调整，确定具体灌浆压力，具体要求见灌浆技术要求。

3. 灌浆材料

本次化学灌浆采用的改性环氧树脂灌浆材料系自配材料（重量配比为改性环氧树脂：固化剂：稀释剂：促凝剂＝100：85：80：3），该材料黏度低，可灌性好，抗压强度高达，同混凝土的黏结强度高，一般都大于混凝土本身的抗拉强度，并且有亲水性，对潮湿面的亲和力好。该改性环氧灌浆材料主要性能指标则见表 6-12。

表 6-12　　　　　　　　　　　改性环氧材料主要性能指标

项　　目	测　值　范　围
黏度/(25℃，MPa·s)	20～25
密度/(g/cm³)	1.08±0.04
凝固时间/d	1～7
28d 抗压强度/MPa	大于 40.0
28d 抗拉强度/MPa	大于 10.0
28d 黏结强度/MPa（干燥面）	大于 2.5
28d 黏结强度/MPa（湿面）	大于 2.0

4. 灌浆技术要求

（1）浆液配制：由专人负责现配现用，严格配料程序，用量杯天平称量准确，并搅拌均匀。

（2）灌浆：每条裂缝灌浆时，灌浆时则从缝一端向另一端逐盒灌注，即对灌浆盒进行灌注，待灌浆盒排出浓浆时，将该灌浆盒扎管，逐盒进行，至该缝最后一盒灌浆结束，进浆 15min，进浆压力 0.3～0.6MPa。

（3）灌浆压力：应由低至高，逐步升高，最高压力不超过 0.6MPa。

（4）灌浆结束标准：正常情况下，在达到最高设计灌浆压力下，如不吸浆或吸浆率不大于 10mL/min，持续进浆 15min，即可结束灌浆。

（5）特殊情况处理。

（6）如灌浆时发现明显外漏，则应将外漏处进行快速封闭处理，然后继续进行灌浆处理。

（7）伸缩缝及靠岸坡灌浆盒要严格控制灌浆压力及进浆量，如遇进浆量异常，则暂停灌注，待浆液初凝后再复灌。

（8）灌浆结束后，应对混凝土表面进行人工磨平，砂轮机抛光处理。避免形成人为的施工缝而影响上层混凝土表面的层间结合。

5. 施工组织及灌浆施工流程

（1）施工组织管理机构。整个工程的施工实行项目负责制，工程施工由经

图 6-23　现场组织机构图

过严格技术培训，并具有一定实际施工经验的人员上岗操作。现场组织机构如图 6-23 所示。

1）项目负责人。负责工程施工中的全方位工作，包括工程项目的日常事务，工作计划。

2）施工负责人。安排整体工程的具体施工、落实施工计划、组织材料的进场、材质质量检查，负责现场施工记录等。

3）安全员。负责监督整个施工过程中的安全。

4）施工人员。负责本工程的具体施工操作。

（2）施工设备。施工所使用的主要设备见表 6-13。

表 6-13　　　　　　　　　施 工 设 备 清 单

设备名称	型号规格	数量	单位	备注
电子天平	ES-C200A	1	台	
电钻	东城	4	台	
灌浆泵	HONGXIN-999	4	台	
风钻钻机	YT27 气腿式凿岩机	2	台	
空压机	V-06/7	1	台	

（3）施工材料。施工所使用的主要材料见表 6-14。

表 6-14　　　　　　　　　施 工 材 料 清 单

设备名称	型号规格	计划数量	单位	备注
改性环氧树脂	CYD-128	600	kg	
固化剂	氨类	500	kg	
稀释剂	复合	450	L	
促进剂	DMP-30	30	kg	
灌浆盒	自制	100	个	

（4）灌浆施工流程。

1）总施工流程：抬动观测孔→固结灌浆试验孔→试验检查孔。

抬动观测孔施工流程：全孔一次性成孔→安装内管→安装外管。

2）固结灌浆试验孔施工流程：序孔Ⅰ接触段施工→序孔Ⅱ接触段施工→序

孔Ⅰ施工→序孔Ⅱ施工。

单孔流程：钻孔至第一段（混凝土以下3m）→洗孔→单点压水试验→灌浆→钻孔至下一段（段长5m）→洗孔→单点压水试验→……→终孔段（段长不大于6m）洗孔→单点压水试验→灌浆→封孔（自上而下灌浆工艺）。

试验检查孔施工流程：钻孔至第一段（混凝土以下3m）→洗孔→单点压水试验→钻孔至下一段（段长5m）→洗孔→单点压水试验→……→终孔段（段长不大于6m）洗孔→单点压水试验→全孔灌浆→封孔。

3）抬动观测孔施工。为及时控制洗孔、压水、灌浆等过程可能出现的地表抬动破坏，先施工抬动观测孔，对洗孔、压水、灌浆、封孔全过程进行抬动变形观测。

抬动观测孔孔径91mm，孔向铅直，孔深为不小于试验孔孔深，采用风动冲击钻进，一次性钻至设计孔深，下入ϕ25mm螺纹钢至孔底。用M10水泥砂浆在孔底锚固，长度1m。待凝24h后，再下入ϕ50mm外管，对外管与孔壁之间回填细砂或黏土，在孔口浇筑一小块混凝土平台放置抬动观测孔千分表。

本工程设计施工2个抬动变形观测孔，分别位于灌浆试验1区和试验2区地段，孔号编为"6-T1"和"7-T1"。在进行压水试验和灌浆施工过程中，施工单位派专职观测员随时观测混凝土抬动观测情况，在施工过程中，出现混凝土被抬动，但都没超过规范要求值（0.2mm）。

6．固结灌浆具体施工措施

（1）造孔。

1）孔位：根据设计图纸测量放线，平面误差不大于10cm。

2）孔径：开孔孔径91mm，终孔孔径91mm。

3）孔深：按设计孔深控制。

4）孔向：孔向铅直，开钻前用水平尺校正钻孔方向。

5）钻孔机械：根据固结灌浆试验区和当地实际地形地貌，选用重庆探矿机械厂生产的XY-2型地质钻机。

6）钻进方法：全孔一次性成孔，采用自下而上分段灌浆的方法。

因灌浆试验需做不少于5%灌前压水，采用自上而下分段钻孔、洗孔、简易压水，终孔后自下而上分段灌浆的施工工艺。

（2）洗孔。钻孔至段位后用灌浆泵进行压力水裂隙冲洗，孔底沉积厚度不得超过 20cm，冲洗时间可至回水清净时止。洗孔压力为各段设计灌浆压力的80％，该值若大于 1MPa 时，采用 1MPa。自下而上分段灌浆前，先连同孔底段一起进行全孔冲洗，压力为该孔孔底段洗孔压力。

（3）简易压水。需压水的孔段钻至段位洗孔后进行简易压水。简易压水采用 GJY－I 灌浆自动记录仪记录。GJY－I 灌浆自动记录仪能自动按 5min 间隔记录流量和压力，并自动计算出透水率。压力为灌浆压力的 80％并不大于 1MPa，压水时间 20min，每 5min 测读一次压入流量，取最后的流量值作为计算流量，其成果以透水率 q 表示为

$$q = \frac{Q}{PL} \tag{6-1}$$

式中　q——透水率，Lu；

　　　Q——计算流量，L/min；

　　　P——压力，MPa；

　　　L——试段长度，m。

（4）灌浆。

1）灌浆材料。灌浆材料采用 P.O.42.5R 级水泥，灌浆用水采用水质合格的河水。

2）灌浆机械。制浆：400L 制浆搅拌机；送浆：3SNS 型灌浆泵；记录仪：GJY－I 灌浆自动记录仪。

3）制浆。纯水泥浆液的搅拌时间，使用普通搅拌机时，不少于 3min；浆液在使用前过筛，自制备至用完的时间小于 4h。浆液温度不低于 4℃。

4）灌浆方法。固结灌浆试验采用自下而上分段孔内循环式灌浆方法。

5）灌浆段长及压力。接触段为 3m，其下每隔 5m 分一段。孔底剩余段最大段长不宜大于 10m，否则分两段。固结灌浆段段长及压力划分见表 6-15。

表 6-15　　　　　　　　　固结灌浆段段长及压力划分表

序孔	第 一 段		第 二 段	
	段长/m	压力/MPa	段长/m	段长/m
I	3	0.25	5	0.3
II	3	0.3	5	0.35
III	3	0.4	5	0.45

6）灌浆水灰比。本次固结灌浆试验灌浆水灰比采用 3∶1、2∶1、1∶1、0.5∶1 四个浆液比级，开灌水灰比为 3∶1。浆液遵循由稀到浓的原则，浓度变换条件按下述标准执行：

灌浆压力保持不变，注入率持续减小时；或注入率不变而压力持续升高时，不改变水灰比；某一比级的浆液灌注量达 300L 以上时或灌注时间已达 1h，而灌浆压力和注入率均无改变或改变不显著时变浓一级浆液；注入率大于 30L/min 时，根据具体情况越级变浓一级浆液。

7）结束标准。在设计压力下，当注入率不大于 1L/min 时，连续灌注 30min 即可结束。

（5）封孔。采用集中封孔，用 0.5∶1 的水泥浆置换出孔内积水或浓度较低的浆液，再用水泥砂浆人工捣实填至孔口（人工补封）。

6.4.3.2　帷幕灌浆处理

根据现场观察，针对 $5^{\#}$、$9^{\#}$ 坝段基础混凝土的裂缝处理方法为：采用自上而下钻孔压水，自下而上灌浆法。通过自上而下钻孔压水，保证后期灌浆充足，不留孔隙；自下而上帷幕灌浆，保证一次成孔，下面的段次都会被重复灌浆，且没有负面影响，纯灌时间可以相应缩短。

1. 一般规定

（1）钻孔灌浆过程中，应执行《水工建筑物水泥灌浆施工技术规范》（SL 62—2014）及其他相关要求。

（2）对于帷幕线上的裂隙、断层，灌浆施工前应详细了解前期的处理情况，并根据具体情况采取相应的工程措施。

（3）灌浆孔位应按图纸进行定位，施工前应按要求划分灌浆单元，排定施灌孔序。

（4）灌浆工程所用风、水、电应统一规划，设置专用管路和线路。灌浆废液应有组织排放，以免造成环境污染。

（5）灌浆应在盖板混凝土施工完成并达到设计强度，盖板砂浆锚杆施工完成并达到设计强度的情况下进行。

（6）已完成灌浆和正在灌浆的区段，不得有可能损害灌浆工程的其他作业。

（7）对施工情况做好记录，资料应及时整理，分析研究钻孔灌浆资料，绘制图表，分析各序的灌浆效果，以备质量检查和竣工验收。

（8）帷幕灌浆孔的设计深度是根据初设阶段的地质资料确定的，施工时须布设先导孔，并按先导孔揭示的地质情况复核设计帷幕灌浆深度等特征参数。

（9）灌浆施工前应要求进行灌浆试验，取得灌浆施工的各项参数。

2. 施工工序

帷幕灌浆按分序加密的原则，分序、分段施工。帷幕灌浆孔分三序施工，次序孔施工必须在先序孔超前 15m 之后。

帷幕灌浆钻孔的施工顺序为：物探孔→抬动观测孔→先导孔→序孔Ⅰ→序孔Ⅱ→序孔Ⅲ→质量检查孔。

帷幕灌浆孔单孔施工程序为：钻机就位固定、确定角度→至上而下钻孔→验收孔深、孔斜→全孔一次性冲洗→最后一段压水→自下而上灌浆直至全孔灌浆结束封孔。

3. 灌浆材料、制浆和灌浆设备

（1）灌浆材料和浆液。

1）灌浆水泥宜选用 42.5 级普通硅酸盐水泥，水泥细度要求为通过 $80\mu m$ 方孔筛的筛余量不大于 5%。

2）灌浆水泥应妥善保存，严格防潮并缩短存放时间；不得使用受潮结块的水泥。

3）黏土宜采用浆液形式加入，并筛除大颗粒和杂物。

4）灌浆用水应符合拌制水工混凝土用水的要求。

5）据灌浆需要，可在水泥浆液中加入一些掺和料及外加剂，各类浆液中加入掺合料和外加剂的品种、性能及数量，应根据工程情况和灌浆目的，通过室内浆材试验和现场生产性灌浆试验确定，外加剂的品质应符合《水工混凝土外加剂技术规程》（DL/T 5100）的有关规定。

6）坝基全风化层以下灌浆采用纯水泥浆液，坝基全风化层内灌浆采用膏状浆液；坝基全风化层以下灌浆在实际施工工程中若出现特殊地质条件，可根据需要通过现场生产性灌浆试验论证，采用细水泥浆液、稳定浆液等浆液。

（2）灌浆设备和机具。

1）制浆机的转速和拌和能力应分别与所搅拌浆液的类型和灌浆泵的排浆量相适应，保证能均匀、连续地拌制浆液。高速制浆机的搅拌转速应不小于 1200r/min。

2）灌浆泵的技术性能与所灌注的浆液类型、浓度应相适应。额定工作压力应大于最大灌浆压力的 1.5 倍，排浆量应能满足灌浆最大注入率的要求。

3）灌浆管路应保证浆液流动畅通，并应能承受 1.5 倍的最大灌浆压力。

4）灌浆泵和灌浆孔口处均应安设压力表。使用压力宜在压力表最大标值的 1/4～3/4。

5）灌浆塞应与所采用的灌浆方式、方法、灌浆压力及地质条件相适应，应有良好的膨胀和耐压性能，在最大灌浆压力下能可靠的封闭灌浆孔段，并且易于安装和卸除。

6）集中制浆站的制浆能力应满足灌浆高峰期所有机组用浆需要，并应配备防尘、除尘设施。当浆液需加入外加剂时，应增设相应的设备。

7）所有灌浆设备应注意维护保养，保证其正常工作状态，并应有备用量。

8）钻孔灌浆的计量器具，如测斜仪、压力表、流量计、密度计、自动记录仪等，应定期进行校验或检定，保持量值准确。

（3）制浆。

1）制浆材料必须按规定的浆液配比计量，称量误差应小于 5%。水泥等固相材料宜采用质量（重量）称量法计量。

2）各类浆液必须搅拌均匀并测定浆液密度。

3）黏土加入制浆前宜进行浸泡、润胀，或强力高速搅拌，充分分散黏土颗粒。

4）纯水泥浆液的搅拌时间，使用普通搅拌机时，应大于 3min；使用高速制浆机时，应大于 30s。纯水泥浆液在使用前应过筛，自制备至用完的时间不宜大于 4h。

5）膏状浆液应使用大扭矩的搅拌机，搅拌时间应结合浆液配合比通过试验确定。

6）输送浆液的管道流速宜为 1.4～2.0m/s。各灌浆地点应测定从制浆站或输浆站输送来的浆液密度，然后调制使用。

7）当气温过低时，应注意施工浆液温度应保持在 5℃以上。

4. 钻孔、裂隙冲洗和压水试验

（1）钻孔。

1）当采用自上而下或孔口封闭法进行帷幕灌浆时，优先采用回转式钻机和金刚石钻进，以使钻孔孔形圆整，钻孔方向较易控制，有利于灌浆；当采用自下而上法进行帷幕灌浆时，可采用回转式钻机或硬质合金钻头钻进；固结灌浆基岩钻孔可采用各种适宜的钻机和钻头钻进，孔深不大于5m的浅孔可采用凿岩机钻进，5m以上的中深孔可采用潜孔锤或岩芯钻机钻进。

2）帷幕灌浆孔位与设计孔位的偏差应不大于10cm，孔深应符合设计规定，孔径不宜小于56mm；固结灌浆孔与设计孔位的偏差不宜大于10cm，孔径不得小于56mm，钻孔深度及终孔直径应符合设计规定。当钻孔需穿透盖重混凝土或其他结构物时，应采取有效措施防止钻断钢筋、预埋件等，必要时应埋设导向管。实际孔位、孔深应有记录。

3）帷幕灌浆孔应进行孔斜测量，孔底的偏差不得大于下表规定。发现钻孔偏斜值超过设计规定时，应及时纠正或采取补救措施。钻孔孔底允许偏差见表6-16。

表 6-16　　　　　　　　　　钻 孔 孔 底 允 许 偏 差

孔深/mm	20	30	40	50	60
允许偏差	0.25	0.50	0.80	1.15	1.50

4）钻孔过程中，遇岩层、岩性变化，发生掉钻、坍孔、钻速变化、回水变色、失水、涌水等异常情况，应详细进行记录。

5）钻孔遇有洞穴、塌孔或掉块难以钻进时，可先进行灌浆处理，再行钻进。如发现集中漏水或涌水，应查明情况、分析原因，经处理后再行钻进。

6）当钻孔施工作业暂时中止时，孔口应妥加保护，防止流进污水和落入异物。

（2）裂隙冲洗和压水试验。

1）各灌浆孔（段）在灌浆前应采用压力水进行裂隙冲洗，直至回水清净时止。冲洗压力可为灌浆压力的80%，并不大于1MPa。冲洗时间至回水清净时止，并不大于20min。各灌浆段在灌浆前宜进行简易压水，按《水工建筑物水泥灌浆施工技术规范》（SL 62—2014）附录B执行。简易压水可结合裂隙冲洗进行。

2）帷幕灌浆先导孔应自上而下分段进行压水试验，试验采用单点法，按《水工建筑物水泥灌浆施工技术规范》（SL 62—2014）附录B执行。

3）固结灌浆孔各孔段灌浆前应采用压力水进行裂隙冲洗，冲洗时间可至回水清净时止或不大于20min，压力为灌浆压力的80%，并不大于1MPa。

4）固结灌浆孔灌浆前的压水试验应在裂隙冲洗后进行，试验孔数不宜少于总孔数的 5％，试验采用单点法，按《水工建筑物水泥灌浆施工技术规范》（SL 62—2014）附录 B 执行。

5. 灌浆方法和灌浆方式

（1）基岩灌浆方法应根据地质条件，并结合现场生产性灌浆试验和现场压水试验等情况综合确定。

（2）进行帷幕灌浆时，混凝土和基岩接触部位的灌浆段应先行单独灌注并待凝。接触段在岩石中的长度不得大于 2m，以下灌浆段长度宜采用 5m，特殊情况下可适当缩减或加长，但不应大于 10m。

（3）采用孔口封闭法进行帷幕灌浆时，孔口封闭器应具有良好的耐压和封闭性能，灌浆管能灵活转动和升降。孔口段应先行单独灌注并待凝，待凝时间不宜小于 24h；孔口管段以下 3 个灌浆段（含孔口管段），段长宜短，灌浆压力递增宜快；再以下各段段长为 5m，结合现场生产性灌浆试验确定的最大灌浆压力灌注。

（4）采用自上而下分段法进行帷幕灌浆时，灌浆塞应阻塞在该灌浆段段顶以上 0.5m 处，以防漏灌。各灌浆段灌浆结束后一般可不待凝，但在灌前涌水、灌后返浆或遇其他地质条件复杂情况，则宜待凝，待凝时间应根据工程具体情况确定。

（5）采用自下而上分段法进行帷幕灌浆时，如灌浆段的长度因故超过 10m，对该段灌浆质量应进行分析，必要时宜采取补救措施。

（6）幕灌浆先导孔各孔段可在进行压水试验后及时进行灌浆，也可在全孔压水试验完成之后自下而上进行灌浆。

（7）帷幕灌浆孔各灌浆段，不论灌前透水率大小均应按本技术要求进行灌浆。

6. 灌浆压力和浆液变换

（1）帷幕灌浆压力随深度加深压力而逐渐增加，增加值暂定为 0.05MPa/m，但最大灌浆压力不超过 3MPa，实施时应通过现场灌浆试验进行调整。实际灌浆施工过程中可根据地质情况适当调整。

（2）灌浆自动记录仪的压力变送器应安装在孔口回浆管路上，压力变送器与孔口的距离不宜大于 5m。压力值宜读取压力表指针摆动的中值，指针摆动范围应小于灌浆压力的 20％，摆动范围宜做记录。自动记录仪应能测记间隔时段内灌浆压力的平均值和最大值。

（3）灌浆应尽快达到设计压力，且应结合工程及地质情况，合理选用压力提升方法，对于注入率较大或易于抬动的部位应分级升压。

（4）灌浆浆液应由稀至浓逐级变换。帷幕灌浆浆液水灰比可采用 3、2、1、0.8、0.6、0.5 六个比级，开灌水灰比可采用 3：1。

（5）浆液变换原则。当灌浆压力保持不变，注入率持续减少时，或注入率不变而压力持续升高时，不得改变水灰比当某级浆液注入量已达 300L 以上，或灌注时间已达 30min，而灌浆压力和注入率均无改变或改变不显著时，应改浓一级水灰比；当注入率大于 30L/min 时，可根据具体情况越级变浓。

（6）灌浆过程中，灌浆压力或注入率突然改变较大时，应立即查明原因，采取相应的措施处理。

（7）灌浆过程中应定时测记浆液密度，必要时应测记浆液温度。当发现浆液性能偏离规定指标较大时，应查明原因，及时处理。

7. 结束标准及封孔方法

（1）帷幕灌浆采用自上而下分段灌浆法时，在最大设计压力下，当注入率不大于 1L/min 后，继续灌注 60min，可结束灌浆；采用自下而上分段灌浆法时，在该灌浆段最大设计压力下，当注入率不大于 1L/min 后，继续灌注 30min 灌浆可以结束；采用孔口封闭法时，灌浆全过程中，在设计压力下的灌浆时间不得少于 120min，在最大设计压力下，当注入率不大于 1L/min 后，继续灌注 60min，可结束灌浆。

（2）灌浆孔灌浆结束后，应使用水灰比为 0.5 的浆液置换孔内稀浆或积水，采用全孔灌浆法封孔。

6.4.4　固结灌浆试验成果分析

6.4.4.1　概述

本次固结灌浆试验在 6# 坝段、7# 坝段上进行，固结灌浆试验各段次在灌浆施工之前各取一个孔进行了灌前简易压水试验，总计施工 39 个固结灌浆孔，试验 1 区一序孔 6 个，二序孔 8 个，划分为 28 个灌浆段，灌前压水试验 2 段，灌浆 28 段；试验 2 区一序孔 9 个，二序孔 6 个，三序孔 10 个（试验过程中，监理要求分三序进行试验），划分为 50 个灌浆段，灌前压水试验 2 段，灌浆 50 段。

灌后，钻固结灌浆检查孔 2 个，进行压水试验 4 段，灌浆 4 段。

6.4.4.2　各序孔压水试验成果分析

试验 1 灌前压水第一段透水率为∞，无回水压力，第二段 28.99Lu；灌后检查孔第一段透水率为 13.03Lu，第二段为 5.31Lu。

试验 2 灌前压水第一段透水率为∞，无回水压力，第二段 28.33Lu；灌后检查孔第一段透水率为 4.52Lu，第二段为 2.58Lu。

以上情况说明：

（1）第一段（高程 298.50～295.50m）透水率明显比第二段（高程 290.50～295.50m）大，表明第一段裂隙较发育；与前期孔内电视摄像（高程 294.00～298.50m）该地层有多条缓倾角裂隙贯穿性发育，裂隙部分呈张开状态相符。灌后透水率比灌前明显减小。

（2）试验 2 检查孔透水率均小于设计标准 5Lu，符合设计要求。

6.4.4.3　各序孔单位注入量分析

试验 1 区序孔Ⅰ、序孔Ⅱ、检查孔单位注入量成果见表 6-17。

表 6-17　　　　　　　　试验 1 区各序孔单位注入量成果表

序孔	灌浆总长度/m	注入水泥量/kg	单位注入量/(kg/m)
Ⅰ	48	17089.52	356.03
Ⅱ	64	2045.83	31.97
检查孔	7.3	174.18	23.86
小计	119.3	19309.53	411.86

试验 2 区序孔Ⅰ、序孔Ⅱ、序孔Ⅲ、检查孔单位注入量成果见表 6-18。

表 6-18　　　　　　　　试验 2 区各序孔单位注入量成果表

序孔	灌浆总长度/m	注入水泥量/kg	单位注入量/(kg/m)
Ⅰ	72	24013.38	333.52
Ⅱ	48	4409.22	91.86
Ⅲ	80	1674.46	20.93
检查孔	7.1	92.63	13.05
小计	207.1	30189.69	459.36

（1）序孔Ⅱ单位注入量比序孔Ⅰ单位注入量小，序孔Ⅲ单位注入量与序孔Ⅱ比较，递减明显。单位注入量随灌浆次序增加而减小，说明地层被逐渐挤压密实，符合灌浆一般规律。

（2）检查孔单位注入量较小，与透水率成比例，符合一般灌浆规律。

（3）相同面积内，孔排距为 2m 的孔位布置比孔排距为 3m 的孔位布置要多灌入 1096t 水泥，可灌性好。

6.4.4.4　分区成果分析

根据试验 1 区和试验 2 区的压水与灌浆资料分析，试验 1 区序孔Ⅰ单位注入量为 356.03kg/m，序孔Ⅱ单位注入量为 31.97kg/m；试验 2 区序孔Ⅰ单位注入量为 333.52kg/m，序孔Ⅱ单位注入量为 91.86kg/m，序孔Ⅲ单位注入量为 20.93kg/m。试验 1 区和试验 2 区在进行灌前压水试验时，都出现过透水率∞的孔段。根据前期地勘资料和施工中揭示的实际地质情况可以初步判断：

第一段地层中存在大量裂隙，可灌性良好，施工中使用的孔排距较合理。

从两个区的检查孔压水数据来看，试验 2 区 2m×2m 的孔排距能够满足 1.5m 的盖重现阶段压力下的设计要求，但有时还会发生抬动。

6.4.4.5　抬动观测分析

根据试验区灌浆孔及检查孔抬动观测资料分析，抬动变化值大部为零，个别孔第一段有轻微抬动值产生，（最大变型的两个抬动孔达到了 0.08～0.09mm，我队采取降压限流，停灌待凝等措施处理），但均在允许范围（0.2mm）内。说明灌浆过程使用的压力处于安全的范围以内。抬动统计表见表 6-19。

表 6-19　　　　　　　　　　　抬 动 统 计 表

序号	孔　　号	段次	抬动变形最大值/mm
1	GS6-1-3	1	0.035
2	GS6-4-2	1	0.01
3	GS7-2-5	1	0.08
4	GS7-5-1	1	0.01
5	GS7-1-5	1	0.03
6	GS7-1-5	1	0.09

6.4.4.6 钻孔取芯分析

每个区分别布置了1个检查孔钻取岩心，进行了固结灌浆处理后，各孔的取芯率均高，个别钻进回次的取芯率达到100%，岩心也完整，试验1区岩第一段芯上没有发现水泥结石，第二段发现一处（孔深5.3m处）水泥结石，为一缓倾角裂隙。试验2区第一段芯上发现水泥结石（2.3～2.4m处，3.4～3.5m处），为一缓倾角裂隙。

6.4.4.7 特殊情况分析

在发生抬动时，即时采取降压限流、间歇灌浆、停灌待凝等措施，发现停灌待凝后，抬动值发生回座，但复灌时，此段不再吸浆。灌浆过程中序孔Ⅰ、序孔Ⅱ中均有孔发生抬动，可能是灌浆压力过大造成。

6.4.5 帷幕灌浆试验成果分析

6.4.5.1 概述

本次帷幕灌浆试验在5#坝段、9#坝段上进行，5#坝段帷幕补强、加密灌浆施工10个灌浆孔（含1个先导质检孔），1个抬动观测孔，1个检查孔，9#坝段帷幕补强、加密灌浆施工9个灌浆孔（含1个先导质检孔），1个抬动观测孔，1个检查孔。

6.4.5.2 各序孔压水试验成果分析

5#、9#坝段灌浆前均进行了先导检查孔钻孔，压水，便于分析排水孔排水偏大原因。先导检查孔压水情况见表6-20。

表6-20　　　　　先导检查孔压水情况表

孔号	次序	孔口高程/m	段次	灌浆孔段/m			岩石情况简述	透水率/Lu	设计合格标准/Lu
				起	止	段长			
W5-2	先导	329.50	1	1	4.5	3.5	混凝土	2.1	1.0
			2	4.5	7	2.5	基岩	2.3	3.0
			3	7	13	6	基岩	1.75	
			4	13	20.4	7.4	基岩	2.41	

孔号	次序	孔口高程/m	段次	灌浆孔段/m			岩石情况简述	透水率/Lu	设计合格标准/Lu
				起	止	段长			
W9-5	先导	336.00	1	1	4.7	3.7	混凝土	3.44	1.0
			2	4.7	6.7	2	基岩	2.45	3.0
			3	6.7	11.7	5	基岩	2.18	
			4	11.7	18.2	6.5	基岩	2.87	
			5	18.2	23.2	5	基岩	0.81	
			6	23.2	28	4.8	基岩	2.19	
			7	28	32.2	4.2	基岩	0.75	

5#、9# 坝段混凝土透水率均大于设计合格标准 1.0Lu，且钻孔未进入基岩时，孔口已有扬压水。下部基岩透水率均小于设计合格标准 3.0Lu，满足设计要求。但其透水率大部分接近设计合格标准，防渗效果不太理想。后对 5# 坝段高程 325.00m，9# 坝段高程 336.00m 进行补强、加密帷幕灌浆。

6.4.5.3　各序孔单位注入量分析

施工分三序，从表 6-21 可以看出，其单耗呈递减规律，但不明显。

表 6-21　　　　　　　　　　　各序孔单位注入量表

序孔	灌浆总长度/m	注入水泥量/kg	单位注入量/(kg/m)
Ⅰ	133.90	2037.00	15.21
Ⅱ	58.00	817.06	14.09
Ⅲ	221.80	2706.47	12.20
检查孔	37.5	432.40	11.53
小计	451.20	5992.93	13.28

从原始记录上看，混凝土段也进行了灌浆，其中 W5-2、W5-3 混凝土段向排水孔 P153、P154 窜浆，封堵排水孔后灌浆结束，单耗分别为 47.63kg/m 和 34.63kg/m，W9-4，W9-5 两个孔的混凝土段单耗也都超过了 10kg/m，灌浆单耗都超过了其基岩灌浆。

6.4.5.4　灌前灌后压水、排水孔渗流量对比

1. 普通水泥帷幕灌浆灌前压水成果

普通水泥帷幕灌浆灌前压水成果见表 6-22。

表 6-22　　　　　　普通水泥帷幕灌浆灌前压水试验成果统计表

单元个数	孔数	序孔	压水总段数	透水率/Lu 区间/［段数/频率（%）］						平均值/Lu
				<1	1~3	3~5	5~10	10~100	>100	
21	372	Ⅰ	274		36/13	90/33	67/25	59/22	22/8	∞
		Ⅱ	88	1/1.1	36/41	51/58				3.12
		Ⅲ	181		118/65	63/35				2.61
合计			543	1/0.2	190/35	204/38	67/12	59/11	22/4	∞

普通水泥帷幕灌浆共 21 个单元，灌前压水试验 372 孔共 543 段，透水率最大值∞Lu，最小值 1.01Lu，平均值∞Lu。

2. 普通水泥帷幕灌浆灌后压水试验成果

普通水泥帷幕灌浆灌后压水试验成果见表 6-23。

表 6-23　　　　普通水泥帷幕灌浆检查孔压水试验成果表（$q \leqslant 5.0Lu$）

单元数量	孔数	段数	透水率/Lu 区间/［段数/频率（%）］				透水率/Lu			防渗标准
			≤1	1~3	3~5	>5	最大	最小	平均	
14	32	219	38/17.4	128/58.4	45/20.5	8/3.7	19.7	0.18	2.44	$q \leqslant 5.0Lu$

普通水泥帷幕灌浆有 14 个单元（坝高小于 50.0m）防渗标准 $q \leqslant 5Lu$。灌后压水试验最大透水率为 19.7Lu（超过防渗标准的孔段，已进行补强灌浆，并补检合格），最小透水率为 0.18Lu，平均透水率为 2.44Lu，透水率小于 5.0Lu，满足设计要求。

表 6-24　　　　普通水泥帷幕灌浆检查孔压水试验成果表（$q \leqslant 3.0Lu$）

单元数量	孔数	段数	透水率/Lu 区间/［段数/频率（%）］				透水率/Lu			防渗标准
			≤1	1~2	2~3	>3	最大	最小	平均	
7	11	38	9/23.7	14/36.8	15/39.5	3/1.1	2.89	0.03	1.63	$q \leqslant 3.0Lu$

普通水泥帷幕灌浆有 7 个单元（坝高大于 50.0m）防渗标准 $q \leqslant 3Lu$，普通水泥帷幕灌浆灌后压水试验最大透水率为 2.89Lu，最小透水率为 0.03Lu，平均透水率为 1.63Lu，透水率均小于 3.0Lu，满足设计要求。

6.4.5.5　钻孔取芯分析

水泥帷幕灌浆检查孔完成取芯 43 个，通过岩芯观察，岩芯基本为花岗岩，岩芯较完整，岩芯平均采取率为 91.03%，岩芯裂隙可见水泥结石充填，胶结情况较好。

6.4.5.6　特殊情况处理

本分部工程施工过程中帷幕灌浆 16 单元、17 单元、19 单元部分检查孔段压水不合格，已查明原因，按设计、监理及规程、规范要求进行加强灌浆，加密灌浆后由设计、监理布置检查孔补检，全部孔段达到设计合格标准。

6.4.6　结论

本次试验，严格按照施工规范和设计、监理的要求进行施工。孔位偏差，钻孔深度、段长、压力、浆液浓度、抬动变形观测、结束标准等技术参数均满足相关规范和设计、监理要求。各类孔的资料齐全、固结灌浆的各项检测指标达到相关规范和设计要求、质量优良。

通过现场灌浆试验，对暂定的施工技术要求进行检验和修正，试验成果可以用以指导工程大面积正常施工。建议在生产中使用以下参数：

后续孔的施工中，分Ⅲ序进行；为避免抬动，灌浆压力序孔Ⅰ第一段为 0.2～0.25MPa，第二段为 0.25～0.3MPa；序孔Ⅱ第一段 0.25～0.3MPa，第二段为 0.3～0.35MPa；序孔Ⅲ第一段 0.35～0.4MPa，第二段为 0.4～0.45MPa 的压力；孔排距为 2m×2m，按灌浆孔总数的 5% 进行灌前简易压水试验，钻孔冲洗可按规范要求冲洗时返清水即可。施工方式采用一次成孔、自下而上的灌浆方法。浆液比级采用 3∶1，2∶1，1∶1，0.5∶1 四个比级。灌浆水泥采用 P.O.42.5R 普通硅酸盐水泥。采用 0.5∶1 水泥浆液导管注浆法封孔。6 号坝段试验区因检查孔压水成果未达到设计标准（小于 5Lu），建议加密补强灌浆。

固结灌浆，无论是从理论工艺上还是从现场的实际操作中，各类施工参数均达到了设计及规范要求，通过检查孔钻孔取芯、压水试验。说明固结灌浆施工质量好，增强了坝基的稳定性和安全性，达到了设计预期的目的，质量上是一个优良工程，也是一个让人民放心的工程。

采用固结灌浆施工工艺，其具有独立施工、工期短、效率高、工艺可靠、专业性强、质量好等特点，设计、监理对本工程拟定和实施中修正的有关参数是十分合理的。

6.5　基于尖点突变理论和 **MWMPE** 的大坝抗滑稳定监测

大坝的运行稳定分析一直以来备受关注，大坝与坝基胶结面稳定性及安全监测对于水电站的正常运行、工程设计具有十分重要的指导意义。

大坝与坝基相对稳定性评价是判定大坝安全状态的核心与前提。在大坝服役过程中，胶结面相对位移往往会出现从稳定连续跳跃到不连续状态的情况。同时，坝基失稳常伴有非均匀性和大位移变形，是一个具有高度非线性的问题。如何依据坝基面相对位移监测数据，运用非线性分析方法判定其稳定性就显得尤为重要。

依据大坝变形监测数据分析大坝稳定性，具有较大实用性，随着各种非线性理论的逐步发展，突变理论已成为研究大坝非线性问题的有力手段。Yang 等基于突变理论建立了隧道底板与岩溶相互作用模型，分析了大坝破坏机理和安全厚度；Mu 等提出了基于突变理论的层状岩体屈曲破坏模型。除此之外，突变理论还广泛应用于岩土工程各个方面；突变理论作为对不连续现象和突变过程进行定性研究的一种方法，已成为坝体稳定性的重要分析工具之一，但是，为确保大坝时刻处于安全状态，大坝的在线监测不可或缺。

Bandt 等提出排列熵（permutation entropy，简称 PE）方法来检测随机信号的突变，该方法计算简单而快速。但是，坝基面不同位置的监测数据性质复杂，包含多种时间尺度，因此，基于单一尺度结构的排列熵方法对这类复杂数据的分析效率不佳。为了解决这个问题，Aziz 等引入了多尺度排列熵（Multi-scale permutation entropy，简称 MPE），MPE 抗噪能力强，计算量小，能有效反映坝基面的非线性动力学特性。然而，MPE 在实际应用中仍存在如下不足：首先，MPE 算法中的粗粒度处理会减少时间序列的长度，进而导致信息的缺乏，特别是对于较短的时间序列，影响尤为明显；其次，MPE 方法只考虑了重构分量中元素之间的差值差异，忽略了嵌入在幅值中的信息；最后，MPE 算法仅适用于对局部区域即单个测点进行监测分析，缺乏对多个测点进行整体性分析的能力。

为了克服 MPE 的这些不足，并保留其优点，根据坝基面的非线性变形特点，同时考虑到坝基面变形监测中多个测点的分析，提出了突变理论和多通道加权多尺度排列熵（Multi‐channel Weighted Multi‐scale Permutation Entro-py，简称 MWMPE）的方法。结合广西田林县那比水电站大坝监测数据，利用突变理论，对其进行稳定性分析评价，采用 MWMPE 的方法，提取安全特征值，最后进行大坝稳定的多源信息融合，从而实现基于数据驱动、信息融合的大坝稳定在线监测。与基于 MPE 的稳定性安全监测方法向比，该方法能有效地对大坝稳定性问题进行安全在线监测，具有更高的实用价值。

6.5.1　坝基稳定判据理论

6.5.1.1　非线性动力模型反演

将不同时间的位移速率作为模型的特解，反演由监测数据得到的坝基胶结面相对位移速率的非线性动力模型。以位移速率 X 作为系统变量，得到一个动力系统为

$$\frac{\mathrm{d}X}{\mathrm{d}t} = f(X) \tag{6-2}$$

用向量和矩阵形式，$f(X)$ 为由位移变化速率矩阵 G_k 及所对应的矩阵 P_k 组成的突变特征值矩阵 D，表达式为

$$D = GP \tag{6-3}$$

保留三阶阶次后反演得到非线性动力学模型为

$$\frac{\mathrm{d}X}{\mathrm{d}t} = a_0 + a_1 X + a_2 X^2 + a_3 X^3 \tag{6-4}$$

6.5.1.2　尖点突变理论

突变是岩土工程中最为常见的现象，突变理论分析了事物变化过程中从一种状态到另一种状态跳跃变化的普遍规律，为判别坝基稳定性提出了一种新的准则。

尖点突变模型的势函数是由控制变量为 i 和 j，状态变量为 x 的双参数函数，表示为

$$V(x) = x^4 + ix^2 + jx \tag{6-5}$$

势函数的一阶导为状态曲面，二阶导为突变点集，得到尖点突变模型，如图 6‐24 所示。

6.5.1.3　大坝稳定状况判别

通过监测位移数据反演出的非线性动力学模型，在满足 $\left(\dfrac{\partial V}{\partial X}\right)_{X'}=0$ 情况下进行积分，得到方程为

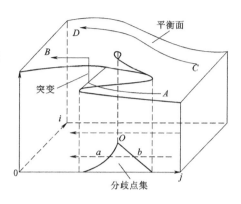

图 6-24　尖点型突变模型

$$V=b_0+b_1X+b_2X^2+b_3X^3+b_4X^4 \tag{6-6}$$

Tschirnhaus 变换，令 $X=Y-L$，其中 $L=b_3/4b_4$，则

$$V=d_0+d_1Y+d_2Y^2+d_4Y^4 \tag{6-7}$$

令 $V=d_4V^*$，E、Q、P 分别为 d_0、d_1、d_2 与 d_4 的比值，可以建立出判断大坝稳定性的尖点突变模型，势函数表示为

$$V^*=Y^4+PY^2+QY+E \tag{6-8}$$

即判断大坝失稳的充要判据，判别式为

$$\Delta=8P^3+27Q^2 \tag{6-9}$$

系统的稳定性可以通过值 Δ 的正负来判断，即

$$\begin{cases} \Delta>0 & \text{稳定状态} \\ \Delta=0 & \text{临界状态} \\ \Delta<0 & \text{失稳状态} \end{cases} \tag{6-10}$$

6.5.2　特征信息提取理论

6.5.2.1　多尺度排列熵

排列熵算法是一种用于描述时间序列复杂程度的一种非线性分析方法，后来，Aziz 等基于此提出了多尺度排列熵算法，具体运算如下：

对时间序列 $X(i)$ 进行粗粒化处理，即

$$Y(j)=\frac{1}{s}\sum_{i=(j-1)s+1}^{js}X(i),\ (j=1,2,\cdots,n/s) \tag{6-11}$$

对新的时间序列 $Y(j)$ 进行相空间重构，得到重构矩阵为

$$
\begin{bmatrix}
Y(1) & Y(1+\tau) & \cdots & Y[1+(m-1)\tau] \\
Y(2) & Y(2+\tau) & \cdots & Y[2+(m-1)\tau] \\
\cdots & \cdots & \cdots & \cdots \\
Y(K) & Y(K+\tau) & \cdots & Y[K+(m-1)\tau]
\end{bmatrix}
\tag{6-12}
$$

式中　m、τ——分别为嵌入维数和延迟时间。

$$
K = n/s - (m-1)\tau
$$

将每一行重构分量中的元素按其大小根据升序进行重新排列，若存在大小相等的情况时，按其原本所处的相对位置排列，式（6-13）中 u 表示重构分量中各个元素所在列的索引。

$$
y[i+(u_m-1)\tau] \geqslant \cdots \geqslant y[i+(u_1-1)\tau]
\tag{6-13}
$$

因此，对于任意一个重构分量，其元素的排列方式可有 $m!$ 种。计算每种序列出现的概率 P_1，P_2，$\cdots$，P_k，得多尺度排列熵定义表示为

$$
H_P(m) = -\sum_{u=1}^{m!} P_u \ln P_u
\tag{6-14}
$$

进行归一化处理后可得

$$
0 \leqslant H_p = H_p(m)/\ln(m!) \leqslant 1
\tag{6-15}
$$

H_p 的大小代表了时间序列 Y 的随机性，值越趋近于 1，表明数据越复杂没有规律。

6.5.2.2　多通道加权多尺度排列熵

多通道的原理，就是将所有时间序列同一时间的每一个值与所在时间所有值的均值的方差作为权重，每一时间求取每一个加权平均值，计算式为

$$
X(i) = \frac{\sum\limits_{e=1}^{v} X_e(i) D_e(i)}{\sum\limits_{e=1}^{v} D_e(i)}
\tag{6-16}
$$

式中　v——时间序列个数；

$X_v(i)$——原时间序列；

$D_v(i)$——方差；

$X(i)$——融合后的时间序列。

多尺度加权排列熵的原理，就是在不同尺度下，将时间序列进行粗粒化处理，再进行相空间重构、各分量加权、并计算排列熵值。由于原始的粗粒化方法会大

量减少序列长度，导致信息缺乏，故采用改进的粗粒化方法，运算过程如下：

对时间序列 $X(i)$ 进行改进的粗粒化处理，得

$$Z_i = \frac{1}{s}\sum_{t=i}^{i+s-1} X(t), \quad (i=1,2,3\cdots,n-s+1) \tag{6-17}$$

将处理后的 Z_i 进行相空间重构，再计算出每个子序列的权重为

$$\omega_i = \frac{1}{m}\sum_{k=1}^{m}\left[Z_{u+(k-1)\tau} - \overline{Z_u}\right]^2 \tag{6-18}$$

式中　$\overline{Z_u}$——每一个子序列的算术平均值。

每一种排列方式出现的概率为

$$P_\omega(Q_u) = \frac{\sum_{\text{排列方式为}Q_u}\omega_i}{\sum\omega_i} \tag{6-19}$$

有几种排列方式，Q 就有几种可能的值。所以，某一尺度下的多通道加权排列熵值为

$$H_{m,\tau} = -\frac{1}{\ln(m!)}\sum_{u=1}^{m!} P_\omega(Q_u)\ln P_\omega(Q_u) \tag{6-20}$$

所以，某个子序列下多通道加权多尺度排列熵为多个尺度下多通道加权排列熵的集合，即

$$H_{s,m,\tau} = \{H_{s,m,\tau} | s \text{ 取某一值时}\} \tag{6-21}$$

以集合中所有元素的均值 $\overline{H}$，作为某一子序列下的 MWMPE 值。

$$\overline{H} = \frac{H_{1,m,\tau} + H_{2,m,\tau} + \cdots + H_{s,m,\tau}}{s} \tag{6-22}$$

以各个子序列的 $\overline{H}$ 作为元素，观察它们随时间的变化情况，确定大坝稳定特征值。

6.5.2.3　参数选取

在计算 MWMPE 值时，合理选取嵌入维数 n 和延迟时间 τ 同样重要。在 m 值的确定上，m 过小，会导致重构的每个向量蕴含的信息过少，偶然性增加，不能准确反映系统特性；m 过大会使得时间序列均匀化，不仅更加耗费时间而且无法凸显出异常数据带来的影响。在 τ 的值的确定上，当 τ 值过大时，各重构分量的相关性太小，无法反映出时间序列的动力特性；当 τ 值过小时，使得相邻重构分量之间重复元素过多，关联程度过大，不利于构建新的空间坐标。参考张建伟等人的计算方法，选取 $m=4$，$\tau=2$。

6.5.2.4 大坝稳定稳定特征值提取

通过 MWMPE 算法提取大坝稳定性特征值的步骤如下：

（1）在大坝的关键位置布设传感器采集大坝变形信息，根据数据滑动的方式提取子序列：以所有数据的前 N 个数作为一个子序列，并按步长 h 沿 N 向后滑动，依次取子序列。

（2）选取合适的尺度因子（一般大于 10），将时间序列（大坝变形数据）进行粗粒化处理。

（3）利用互信息法与伪近临法分别确定参数 τ 和 m。

（4）采用 MWMPE 算法，分析计算多个测点的监测数据，得到一系列在各时间序列下计算出来的 $MWMPE$ 值 $\overline{H_1}$、$\overline{H_2}$、$\overline{H_3}$、…、$\overline{H_T}$，观察它们随时间的变化情况。

（5）通过 $\overline{H}$ 值的变化情况分析大坝的安全状态，提取大坝稳定特征值。

通过 MWMPE 算法提取大坝稳定性特征值流程图如图 6-25 所示。

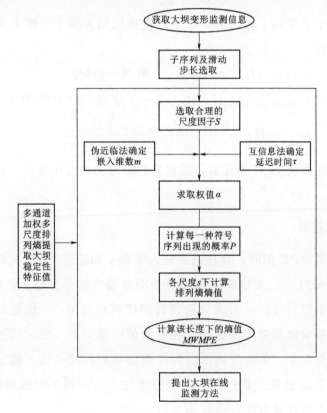

图 6-25 提取大坝稳定性特征值流程图

6.5.3 工程案例

6.5.3.1 工程概况

那比水电站是一个以发电为主的水电工程，位于广西壮族自治区田林县境内驮娘江与西洋江汇合口上游 16.3km 处的西洋江上，主要建筑物有挡水坝、溢流坝及消力池、发电引水系统及水电站厂房、开关站等。坝址控制集雨面积 4777km²，多年平均流量 59.9m³/s。水库正常蓄水位 355.00m，总库容 5720 万 m³，按库容为Ⅲ等工程，为日调节水库。水电站装机容量 48MW，属小型水电站，属Ⅳ等工程，多年平均发电量 1.785 亿 kW·h。为及时了解大坝稳定情况，分别在坝基混凝土与岩体接触面设置监测点。

6.5.3.2 大坝稳定分析

利用位移计监测了坝基混凝土与岩体接触面相对位移。根据实际情况，对大坝变形进行监测，其中坝基混凝土与岩体胶结面一个典型测点 M4 位移变形曲线如图 6-26 所示。

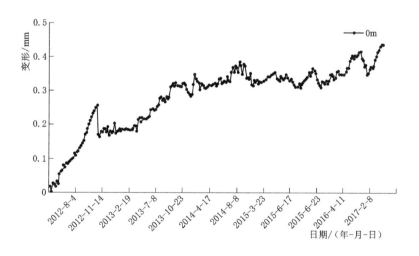

图 6.26　测点 M4 位移变形曲线

将测点 M4 的监测数据进行整理分析，可以得到测点 M4 位移速率，见表 6-25。

反演出非线性动力模型并积分，可得

233

表 6 - 25   测 点 M4 位 移 速 率

日期/(年-月-日)	位移速率/(mm·d^{-1})	日期/(年-月-日)	位移速率/(mm·d^{-1})
2012 - 3 - 2—2012 - 4 - 30	0.0010	2016 - 12 - 21—2017 - 1 - 29	− 0.0008
2012 - 4 - 30—2012 - 5 - 29	0.0002	2017 - 1 - 29—2017 - 2 - 22	0.0008
2012 - 5 - 29—2012 - 6 - 29	0.0014	2017 - 2 - 22—2017 - 3 - 21	0.0000
2012 - 6 - 29—2012 - 7 - 29	0.0009	2017 - 3 - 21—2017 - 4 - 23	0.0009
2012 - 7 - 29—2012 - 8 - 29	0.0010	2017 - 4 - 23—2017 - 5 - 21	0.0005
2017 - 8 - 29—2012 - 9 - 29	0.0021	2017 - 5 - 21—2017 - 6 - 22	0.0004

$$V = -2.263 \times 10^{-1} X^4 + 1.772 \times 10^{-1} X^3 - 1.706 \times 10^{-1} X^2 - 5.223 \times 10^{-2} X$$

$$(6-23)$$

对式（6 - 23）Tschirnhaus 变换，令 $X = Y - L$，其中 $L = b_3/4b_4 = -0.1958$，则

$$V = d_0 + d_1 Y + d_2 Y^2 + d_4 Y^4 \tag{6-24}$$

$d_4 = -0.2263$、$d_2 = -0.1186$、$d_1 = -0.1055$、$d_0 = -0.0127$

得到 $P = 0.5239$，$Q = 0.4660$，$E = 0.0560$。依据判别式可得其 $\Delta = 7.0134 > 0$，说明，M4 附近区域处于稳定状态。

根据尖点突变理论，计算得到测点 M1～测点 M9 各参数及 Δ，见表 6 - 26。

表 6 - 26   各测点监测计算结果

测点	P	Q	E	Δ	判别
M1	0.9669	− 0.4872	− 0.0399	13.64	稳定
M2	0.9678	0.4030	0.0361	11.64	稳定
M3	0.6029	− 0.0409	0.0512	1.80	稳定
M4	0.5239	0.4660	0.0560	7.01	稳定
M5	1.5994	− 0.3101	0.0030	35.33	稳定
M6	0.5902	0.2180	0.0091	2.93	稳定
M7	0.5999	0.2511	0.0289	3.43	稳定
M8	− 0.9795	0.9817	1.0121	18.50	稳定
M9	0.9011	− 0.3986	− 0.0607	10.14	稳定

由表 6 - 26 可知，各个测点位移尖点突变模型的判别式均大于零，可判定坝基处于稳定状态。

6.5.3.3　大坝稳定预警线选取

根据变形监测数据，分别计算测点 *MPE* 与 *MWMPE* 值，确定预警区间。

图 6-27 分别为各测点大坝坝基面 *MPE* 值变化情况。由图可知，大坝不同测点的熵值曲线整体平稳，其最大特征值为 0.785，最小特征值为 0.735。由尖点突变理论可知，大坝处于安全状态，运行平稳。对应大坝的安全状态，可以将特征值包含的区间 0.735～0.785 视为大坝 *MPE* 值的安全预警区间。

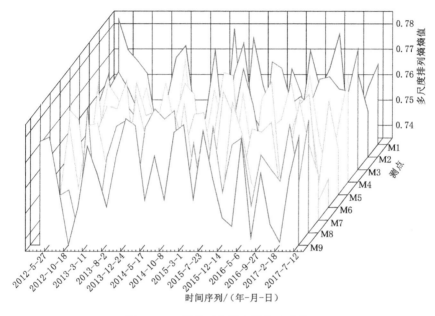

图 6-27　坝基面各测点熵值变化值

利用 *MWMPE* 对 M1～M9 通道的监测数据进行信息融合，提取大坝整体的特征信息。多通道加权信息融合的关键在权值的确定，然后通过权值计算出融合后的时间序列。根据式（6-16）～式（6-22）可计算得到多个情况的 *MWMPE* 熵值，如图 6-28 所示。

MWMPE 方法是结合了数据具有相关性的多通道的非线性分析方法，由图 6-28 可知：①熵值始终在一个范围波动，是由于大坝在无外界扰动时，大坝受到的作用无较大变化，大坝胶结面相对位移变形趋势基本不变，熵值也基本不变。但是，外界环境条件并非恒定不变，一般情况下，伴随着水位的小幅度上下波动等客观原因，熵值也会存在一定波动，但只要处于安全区间内，大坝仍处于稳定状态；但若由于外界环境突变，或大坝的累进性破坏，使得熵值超出

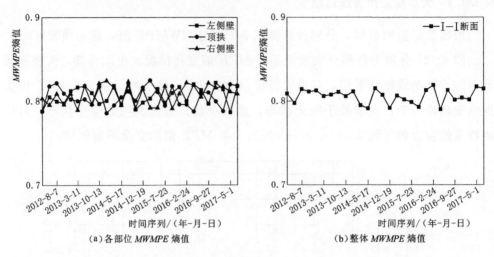

图 6 - 28　MWMPE 值变化值

了安全区间范围，应及时预警，并视情况采取应对措施；②图 6 - 28（a）各部位 *MWMPE* 熵值曲线整体平稳，最大特征值为 0.823，最小特征值为 0.786，图 6 - 28（b）大坝断面整体 *MWMPE* 熵值曲线平稳，处于最大特征值为 0.820，最小特征值为 0.790。将特征值包含区间 0.790～0.820 视为大坝整体 *MWMPE* 熵值的安全预警区间，超出该范围的值视为大坝处于欠稳定状态，应及时报警；③图 6 - 28（b）的波动区间在图 6 - 28（a）的波动区间内，且 *MWMPE* 熵值略大于 *MPE* 熵值，这是特征信息提取特点导致的客观结果：熵值的大小反映振动信号的复杂与随机性，熵值越大，说明其信号的复杂性和随机性越大，其信号愈能反映结构自身特性；*MWMPE* 熵值曲线整体较 *MPE* 熵值往上抬，即融合后的特征信息更加丰富。

　　以往的监测多采用单通道的分析方法，单点监测只能反映局部状态，只适用于由单一测点判断单一结构或多个通道间相互独立的情况，但是在实际工程中，整体结构的监测需多个通道共同分析，不同通道之间并非相互独立、毫无关联。*MWMPE* 能够解决单测点测量范围有限、各通道间结构的整体运行状况监测的问题。*MWMPE* 算法通过各个通道所占整体结构的占比进行特征信息融合后得到一条熵值曲线，即可监测大坝整体结构的运行状态。相比于传统的单通道分析方法，更能反映并综合评价大坝的整体变形情况，将融合后的大坝稳定特征值 0.790～0.820 视为安全预警线，更加方便快捷。

6.6　基于 DFA 的大坝抗滑稳定安全评价

　　监测位移能够有效地反映大坝的变形情况，通过对监测位移的处理和分析能够有效地获取大坝动力学特性，非趋势波动分析（Detrended Fluctuation A-nalysis，简称 DFA）能对评价序列的趋势性做出有效判别。考虑到非趋势波动分析对数据良好的趋势性评价，从而对大坝稳定性进行可靠的安全评价。现有的大坝稳定性判别理论，大都基于个别工程自身特点，进行建模或实验分析。这样的方法虽然具有较高正确性，但也使得其缺少普遍适用性。据此，提出了基于监测数据的大坝抗滑稳定性 DFA 判定方法，结合现行，得到一种具有普遍参考价值的判断大坝变形趋势从而判断其稳定状态的方法，并与尖点突变理论计算结果分析对比，验证 DFA 方法评价大坝抗滑稳定性的可行性。同时从整体和分时段两种不同角度综合分析大坝稳定性，为大坝抗滑稳定性判别提供新的思路。

6.6.1　非趋势波动分析基本原理及算法

　　非趋势波动分析的计算原理如下。

　　1. 累积离差的计算

　　设非平稳时间序列为 $\{Z_p, p = 1,2\cdots,n\}$，则第 i 个节点的累积离差 $G(i)$ 表示为

$$\overline{z} = \frac{\sum\limits_{p=1}^{n} z_p}{n} \qquad (6-25)$$

$$G(i) = \sum\limits_{t=1}^{i} (z_t - \overline{z}) \qquad (6-26)$$

式中　$\overline{z}$——时间序列均值。

　　2. 序列重构

　　序列重构后将会得到一个新的序列，也就是 $G(i)$，再将新的序列 $G(i)$ 等分成 N_s 个区间，区间不重叠，并且每个区间的长度一致为 s，N_s 的表达式为

$$N_s = \frac{n}{s} \qquad (6-27)$$

通常情况下，n 不能被 s 整除，就会导致序列的最后一半会存在几个不会被使用导的数据，就会导致结果精度存在一定的影响，针对这个问题，为保证充分利用所用监测信息的情况下，可以从最后一个数据开始逆划分，以同样的方式划分，即 N_s 个区间，区间不重叠，并且每个区间的长度一致为 s。

3. 计算方差

然后对每一个划分好的数据区间拟合，计算方式是最小二乘法，并滤去趋势 $P_u(i)$，计算方差 $F^2(v, s)$，表达式为

$$F^2(v,s) \frac{=\sum_{i=1}^{s}\{G[(v-1)s+i]-P_u(i)\}^2}{s} \quad (v=1,2,\cdots,N_s) \quad (6-28)$$

$$F^2(v,s) = \frac{\sum_{i=1}^{s}\{G[n-(v-N_s)s+i]-P_u(i)\}^2}{s} \quad (v=N_s+1,N_s+2,\cdots,2N_s)$$

$$(6-29)$$

4. 计算序列的 q 阶波动函数

求各子序列方差的均值，即

$$F_q(s) = \sqrt[q]{\frac{1}{2N_s}\sum_{v=1}^{2N_s}[F^2(v,s)]^{\frac{q}{2}}} \quad (6-30)$$

在标准 DFA 的波动函数中，q 值取 $2^{[83]}$，则 (2-68) 式表示为

$$F_q(s) = \sqrt{\frac{1}{2N_s}\sum_{v=1}^{2N_s}[F^2(v,s)]} \quad (6-31)$$

5. 求解 α

先取子区间长度 s，得到若干散点 $[s, F(s)]$，各散点之间呈幂相关，这里 s 选取区间 $[q+2, n/4]$ 中整数值。然后对各点进行对数处理，将双对数坐标按最小二乘法进行直线拟合，由此求出直线的斜率。

$$\overline{\lg s} = \sum_{i=q+2}^{n/s} \lg s_i \quad (6-32)$$

$$\overline{\lg[F(s)]} = \sum_{i=q+2}^{n/4} \lg[F(s_i)] \quad (6-33)$$

令 $a = \sum_{i=q+2}^{n/4} \lg(s_i)\lg[F(s_i)]$，$b=[n/4-(q+2)]$，$c=\overline{\lg s}\ \overline{\lg[F(s)]}$，$d=\sum_{i=q+2}^{n/4}[\lg(s_i)]^2$，$e=(\overline{\lg s})^2$ 则 α 表示为

$$\alpha = \frac{a - bc}{d - be} \tag{6-34}$$

计算结果会出现三种情况，分别表示如下：

（1）当 $0 < \alpha < 0.5$ 时，前后阶段的发展趋势相反。相关趋势为负，并伴有持续性，且值越小，序列趋势性越强。

（2）当 $0.5 < \alpha < 1$ 时，前后阶段的发展趋势相同。相关趋势为正，并伴有持续性，且值越大，序列趋势性越强。

（3）当 $\alpha = 0.5$ 时，序列独立，此时不能判断前后阶段的发展趋势。

6.6.2　工程案例

6.6.2.1　计算步骤

（1）在坝基面关键位置布设位移传感器获取围岩变形信息。

（2）计算原序列累积离差，得到新的序列。

（3）选取合适的区间长度，将序列划分为个不重叠的区间。

（4）采用最小二乘法分别拟合每一个数据区间，并去掉趋势，计算每段数据的方差。

（5）先求取各子序列的二阶波动函数，再计算各子序列方差的均值。

（6）分别取不同的子区间长度，可以得到若干散点，并对各点进行对数处理，将双对数坐标最小二乘法直线拟合，得到斜率。

（7）分别对大坝的位移和位移速率求值，根据其所处不同的范围，判断大坝变形是否收敛。

6.6.2.2　安全评价

M4 变形速率如图 6-29 所示，测点 M4 在早期变形速率较快，后期变形较慢，接近于零，此时锚杆刚度基本不变，也就是说，支护结构的受力变化亦接近于零。

采用 DFA 方法对大坝的稳定性做进一步的判断。

1. 大坝整体变形趋势分析

利用 DFA 方法和所有位移-时间序列（共 64 个监测周期），对测点 M4 大坝变形趋势进行整体性分析，并与位移速率-时间序列的变形趋势作对比，结果

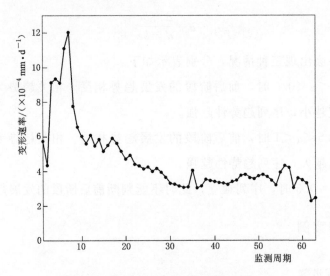

图 6 - 29　围岩变形速率时间曲线

见表 6 - 27。

表 6 - 27　　　　　　　　　　　　围岩整体变形趋势分析

分析序列	可决系数	SSE	α 值
位移-时间序列	0.951	1.139	0.795
速率-时间序列	0.933	1.211	0.716

由表 6 - 27 可得：

（1）位移-时间序列和位移速率-时间序列两列数据均具有较好的可决系数（拟合优度）和 SSE（均方误差），即具有较优秀的拟合效果，提高了 DFA 分析围岩变形趋势性的可靠度，为后面分析奠定基础。

（2）两个时间序列的 α（标度指数）均处于 0.5～1，且 $\alpha_{位移} > \alpha_{速率}$，分析得到两个序列的趋势将持续增长，且累积序列的趋势性更强，说明围岩 M4 锚杆处围岩变形趋势收敛。各测点 DFA 计算结果简表，见表 6 - 28。

表 6 - 28　　　　　　　　　　　　各测点 DFA 计算结果

测　　点	$\alpha_{位移-时间序列}$	$\alpha_{速率-时间序列}$	趋势判别	稳定判别
M1	0.776	0.753	收敛	稳定
M2	0.781	0.706	收敛	稳定
M3	0.763	0.701	收敛	稳定

测　点	α位移-时间序列	α速率-时间序列	趋势判别	稳定判别
M4	0.795	0.716	收敛	稳定
M5	0.762	0.758	收敛	稳定
M6	0.811	0.782	收敛	稳定
M7	0.795	0.739	收敛	稳定
M8	0.791	0.710	收敛	稳定
M9	0.767	0.705	收敛	稳定

由表 6-28 可知各测点处于稳定状态。

2. 围岩分时段趋势分析

匀时段分析和累积时段分析是分时段分析的两种方式。匀时段分析是将整体位移-时间序列或位移速率-时间序列分为具有相同样本数的若干时段；累积时段则是取一定长度的时间序列进行分析，而后依次增加相同长度的时间序列共同分析，直到整个时间序列分析完整。

实际观测的时间序列以 16 个周期为 1 个阶段，共 4 个阶段，下面将对两种不同的时段划分方法进行 DFA 分析对比。结果见表 6-29、表 6-30。

表 6-29　　　　　　　　　匀时段 DFA 趋势分析结果

阶　　段	分析序列	可决系数	SSE	α 值
第一阶段（1～16 周期）	位移-时间序列	0.918	0.981	0.827
	速率-时间序列	0.909	1.019	0.732
第二阶段（17～32 周期）	位移-时间序列	0.934	0.969	0.715
	速率-时间序列	0.917	1.001	0.698
第三阶段（33～48 周期）	位移-时间序列	0.941	0.968	0.743
	速率-时间序列	0.925	1.017	0.685
第四阶段（49～64 周期）	位移-时间序列	0.931	0.969	0.839
	速率-时间序列	0.923	1.006	0.721

表 6-30　　　　　　　　　累积时段 DFA 趋势分析结果

阶　　段	分析序列	可决系数	SSE	α 值
第一阶段（1～16 周期）	位移-时间序列	0.918	0.981	0.827
	速率-时间序列	0.909	1.019	0.732

阶　段	分析序列	可决系数	SSE	α 值
第二阶段（1～32 周期）	位移-时间序列	0.931	0.979	0.722
	速率-时间序列	0.927	0.985	0.668
第三阶段（1～48 周期）	位移-时间序列	0.920	1.105	0.711
	速率-时间序列	0.929	1.217	0.669
第四阶段（1～64 周期）	位移-时间序列	0.941	1.141	0.863
	速率-时间序列	0.929	1.238	0.737

由表 6-29、表 6-30 可知：①等时间段划分后，两种序列的可决系数和 SSE（均方误差）较优，均具有较优的拟合效果；②各阶段两种时间序列的 α 值互不相等且都处于 0.5～1，说明两个序列的趋势将持续增长，且各个阶段变形程度存在差异；③$\alpha_{位移} > \alpha_{速率}$，说明较速率时间序列，位移时间序列所具有的趋势性更强。以上结果可知：对于累积时段 DFA 趋势分析，其可决系数、SSE、各 α 值（大于 0.5）且随着时间序列长度的增加，α 值也存在不同的差异，也存在 $\alpha_{位移} > \alpha_{速率}$ 的现象，都与匀时段分析结果一致，联合围岩变形速率时间曲线得到位移增长速率趋近于零，即围岩变形趋于收敛，判断 M4 区域围岩处于稳定状态。但是，在累积时段分析中，相较于第二阶段、第三阶段，第一阶段、第四阶段的 α 值更大。通过对比得到，两种时间序列分段方法分析判断围岩变形趋势结果一致，但是变形趋势的程度各有差异。因此，可以运用分时段和整体性两种分析方法，对围岩的变形趋势进行综合性的分析，进而对围岩的稳定性做出评价。

6.7　小结

（1）本章介绍了水工混凝土结构温度控制、保温技术以及水工混凝土结构裂缝处理方法。以小溶江水利枢纽工程为例，介绍了化学灌浆技术在大坝混凝土结构裂缝处理中的应用；以莽山水库工程为例，介绍了固结、帷幕灌浆技术在大坝混凝土结构裂缝处理中的综合应用。

（2）通过对小溶江水利枢纽工程、莽山水库工程进行裂缝处理，无论是从理论工艺上还是从现场的实际操作中，各类施工参数均达到了设计及规范要求，通过检查孔钻孔取芯、压水试验，说明固结灌浆施工质量好，增强了坝基的稳定性和安全性，达到了设计预期的目的。通过对灌浆试验的研究，为施工提供可靠的参数和质量评定标准，对于实体项目施工的安全性、经济性均有着不可替代的价值。

（3）依据大坝变形监测数据，运用尖点突变理论和 MWMPE 算法对大坝进行抗滑稳定监测，为水工混凝土结构的损伤防控、监测预警提供理论依据和技术支撑。

（4）运用 DFA 方法从整体和分时段两个方面对大坝变形趋势进行探讨，提出将 DFA 作为判断大坝是否处于稳定态的方法。该方法为大坝抗滑稳定监测提供了新思路，为结构的运行状态评价提供了依据。

第 7 章 结 论

本书主要针对原位大尺度试验、坝基胶结面处的断裂损伤、水工结构软弱面混凝土损伤识别与防控进行研究，构建出相对完整地损伤识别方法，主要进行了理论分析、数值模拟、工程应用等方面的研究与分析，主要研究结论如下：

（1）采用平推直剪法对坝体建基岩体剪切力学参数进行试验研究，提出了基于原位大尺度试验的建基岩体性状精细测试及分区评价方法；基于现场大尺度试验试样破坏过程和破坏特征的精细描述和分析，总结了建基岩体与大坝混凝土接触面的变形破坏规律，提出了建基岩体性状是影响坝基破坏的主控因素。

（2）通过对碾压混凝土层间原位抗剪试验的研究可以发现，影响碾压混凝土层面抗剪强度的主要因素是施工工艺、施工质量和材料品质，在材料质量相同或相近时，施工工艺和施工质量就变成了主要决定因素，胶凝材料用量对抗剪强度的影响，相对而言不是特别显著。此外，通过大华侨水电站大坝碾压混凝土原位抗剪试验的结果可知，碾压混凝土现场施工时，对于特殊原因导致混凝土不能及时覆盖的部位，在混凝土初凝前，须采用铺洒净浆的处理措施，有效提高混凝土层间结合力；对于冷升层混凝土，采用冲毛铺砂浆、铺一级配混凝土的方法均能满足设计要求，但从技术角度上分析，冲毛铺一级配混凝土质量要优于冲毛铺砂浆工艺，从施工角度上分析，冲毛铺砂浆工艺较冲毛铺一级配混凝土工艺要简单。

（3）以实地坝体基岩和试验混凝土块为研究对象，将混凝土损伤力学、断裂理论有效结合，进行坝体基岩胶结面处的损伤破坏研究。运用物理模型试验、理论分析和数值模拟的方法，得出在不同因素下该胶结面处的破坏机理。揭示了混凝土刚度下降表征为软化现象的力学行为基于断裂理论的坝体基岩胶结面破坏行为，揭示了微小裂缝情况下的破坏行为特征。结合极限峰值正应力、极限峰值剪应力、黏聚力、内摩擦角、起伏波长、起伏差等合理参数，构建坝基面处混凝土断裂损伤力学分析模型，同时进行数值仿真建模与分析，充分揭示坝基胶结面处的断裂损伤演变规律。

（4）介绍了基于动力特性的水工结构损伤识别方法，并以广西桂林小溶江水利枢纽工程为例，研究了声波透射法在结构损伤识别中的应用；针对水工结构流激振动问题，提出了基于泄流振动响应的导墙损伤诊断方法，并以某大型水电站导墙为研究背景，进行了结构损伤诊断，同时提出了该导墙的频率安全监控指标；结合水工结构的工作特点，从动力学角度，探索研究结构安全运行损伤敏感性指标体系，首先提出水工结构数据最佳分析长度的确定方法；针对水工结构运行过程中损伤诊断困难的问题，构建了基于排列熵指标的多指标运行诊断模型，揭示了闸坝结构多阶模态参数与多损伤位置之间的非线性映射关系；提出基于改进变分模态分解（IVMD）和 Hilbert-Huang（HH）边际谱的多种水工结构损伤灵敏度指数指标方法，解决了强干扰、强耦合条件下损伤敏感特征量的提取难题；提出了基于多元信息融合的结构损伤诊断模型修正方法，实现了水工结构运行安全动力学诊断；最后采用地质雷达扫描技术对公明水库进行水工结构损伤探测，简化了水工混凝土结构运行风险评价过程，为工程安全运行与防控提供了重要的科学依据和技术支撑。

（5）研究了水工混凝土结构温度控制、保温技术以及水工混凝土结构裂缝处理方法。并以小溶江水利枢纽工程为例，介绍了化学灌浆技术在大坝混凝土结构裂缝处理中的应用；以莽山水库工程为例，介绍了固结、帷幕灌浆技术在大坝混凝土结构裂缝处理中的综合应用；通过对小溶江水利枢纽工程、莽山水库工程进行裂缝处理，无论是从理论工艺上还是从现场的实际操作中，各类施工参数均达到了设计及规范要求，通过检查孔钻孔取芯、压水试验，说明固结灌浆施工质量好，增强了坝基的稳定性和安全性，达到了设计预期的目的。通过对灌浆试验的研究，为施工提供可靠的参数和质量评定标准，对于实体项目施工的安全性、经济性均有着不可替代的价值。依据大坝变形监测数据，运用尖点突变理论和 MWMPE 算法对大坝进行抗滑稳定监测，为水工混凝土结构的损伤防控、监测预警提供理论依据和技术支撑。

参 考 文 献

［1］ 谢任之. 溃坝水力学［M］. 济南：山东科学技术出版社，1993.

［2］ 潘家铮，何憬. 中国大坝50年［M］. 北京：中国水利水电出版社，2000.

［3］ 吴中如. 水工建筑物安全监控理论及其应用［M］. 北京：高等教育出版社，2003.

［4］ 吴中如. 老坝病变和机理探讨［J］. 中国水利，2000，9：55-57.

［5］ 陈宗梁. 世界超级高坝［M］. 北京：中国电力出版社，1998.

［6］ J. LAGINHA SERAFIM（葡萄牙）. 大坝失事的回顾［J］. 大坝与安全，1991，4：74-76.

［7］ 张光斗. 法国马尔帕塞拱坝失事的启示［J］. 水力发电学报，1998，4：96-98.

［8］ 邢林生. 我国水电站大坝事故分析与安全对策（一）［J］. 大坝与安全，2000，1：1-5.

［9］ Ngo D，Scordelis A C. Finite element analysis of reinforced concrete beams［J］. ACI Journal. 1967，64（2）：152-163.

［10］ Babuska I，Zienkiewicz O C，Gago J. Accuracy estimates and adaptive refinement in finite element computations［M］. Chichester，West Sussex：Wiley，1986.

［11］ Bittencourt T，Wawrzynek P A. Quasi-automatic simulation of crack propagation for 2D LEFM problems［M］. 2019：34-55.

［12］ Zienkiewicz O C，De S. R. Gago J P，Kelly D W. The hierarchical concept in finite element analysis［J］. Computers & Structures. 1983，16（1）：53-65.

［13］ Bazant Z P，Oh B H. Crack band theory for fracture of concrete［J］. Matériaux Et Construction. 1983，16（3）：155-177.

［14］ Weihe S，Kroplin B，De Borst R. Classification of smeared crack models based on material and structural properties［J］. International Journal of Solids and Structures. 1998，35（12）：1289-1308.

［15］ Nguyen V B，Chan A H C. Comparisons of smeared crack models for RC bridge pier under cyclic loading［Z］. University of Sheffield，2005.

［16］ Hillerborg A，Modeer M，Petersson P. Analysis of crack formation and crack growth in concrete by means of fracture mechanics and finite elements［J］. Cement and Concrete Research. 1976，6（6）：773-782.

［17］ Dugdale D S. Yielding of steel sheets containing slits［J］. Journal of the Mechanics and Physics of Solids. 1960，8（2）：100-104.

［18］ Belytschko T，Lu Y Y，Gu L. Element-free Galerkin methods［J］. International Journal for Numerical Methods in Engineering. 1994，37（2）：229-256.

［19］ Li S，Liu W K. Meshfree and particle methods and their applications［J］. Applied Mechanics Reviews. 2002，55（1）：1-34.

［20］ 袁振，李子然，吴长春. 无网格法模拟复合型疲劳裂纹的扩展［J］. 工程力学. 2002，1：25-28.

[21] 陆新征，江见鲸. 利用无网格方法分析钢筋混凝土梁开裂问题 [J]. 工程力学. 2004，2：24 – 28.

[22] Belytschko T，Black T. Elastic crack growth in finite elements with minimal remeshing [J]. International Journal for Numerical Methods in Engineering. 1999，45 (5)：601 – 620.

[23] Sukumar N，Prevost J H. Modeling quasi – static crack growth with the extended finite element method Part I：Computer implementation [J]. International Journal of Solids and Structures. 2003，40 (26)：7513 – 7537.

[24] Unger J F，Eckardt S，Konke C. Modelling of cohesive crack growth in concrete structures with the extended finite element method [J]. Computer Methods in Applied Mechanics and Engineering. 2007，196 (41)：4087 – 4100.

[25] 杜效鹄，段云岭，王光纶. 重力坝断裂数值分析研究 [J]. 水利学报. 2005，9：1035 – 1042.

[26] 张晓东，丁勇，任旭春. 混凝土裂纹扩展过程模拟的扩展有限元法研究 [J]. 工程力学. 2013，30 (7)：14 – 21.

[27] 茹忠亮，申崴，赵洪波. 基于扩展有限元法的钢筋混凝土梁复合断裂过程模拟研究 [J]. 工程力学. 2013，30 (5)：215 – 220.

[28] Dougil J. W. On stable progressively fracturing solid [J]. Journal of Applied Mathematics and Physics，1976，27 (4)：23 – 437.

[29] 李灏. 损伤力学基础 [M]. 济南：山东科学技术出版社，1992.

[30] 黄克智，余寿文，程莉. 大变形与损伤力学 [J]. 力学与实践，1989，2：1 – 7.

[31] Loand K. E. Continuous damage models for load – response estimation of concrete [J]. Cement and Concrete Research，1980，10：392 – 492.

[32] Mazars J. Application de la mecanique de l'endommagement au comportement non lineaire et a larupture du beton de structure [D]. Univ. Paris VI，1984.

[33] Supartoko F，Sidoroff F. Anisotropic damage modeling for brittle elastic materials [J]. Symp. of Franco – Poland，1984.

[34] Krajcinovic D. Constitutive equation for damaging platerials [J]. Appl. Mech，1983，50：355 – 360.

[35] Krajcinovic D，Fonseka G. U. Continuous damage theory of brittle materials [J]. J. AppL. Mech，1981，48：809 – 824.

[36] 刘华，蔡正敏，杨菊生，等. 混凝土结构三维损伤开裂破坏全过程非线性有限元分析 [J]. 工程力学，1999，16 (2)：45 – 51.

[37] 徐道远，王向东，朱为玄，等. 混凝土坝的损伤及损伤仿真计算 [J]. 河海大学学报，2002，30 (4)：14 – 17.

[38] 唐雪松，张建仁，李传习，等. 基于损伤理论的钢筋混凝土拱结构破坏过程的数值模拟 [J]. 工程力学，2006，23 (2)：115 – 125.

[39] 杜荣强，林皋. 混凝土弹塑性多轴损伤模型及其应用 [J]. 大连理工大学学报，2007，47 (4)：567 – 572.

[40] 刘海卿，陈小波，王学庆，等. 基于损伤指数的框架结构损伤演化研究 [J]. 自然灾害学报，2008，17 (3)：186 – 190.

[41] 欧进萍，何政. 钢筋混凝土结构基于地震损伤性能的设计 [J]. 地震工程与工程振动，1999，1：21 – 30.

［42］ 郭子熊. 结构震害指数研究评述［J］. 地震工程与工程振动，2004，（10）.

［43］ 杜修力，欧进萍. 建筑结构地震破坏评估模型［J］. 世界地震工程，1991，3：52－58.

［44］ 王振宇，刘晶波. 建筑结构地震损伤评估的研究进展［J］. 世界地震工程，2001，（3）.

［45］ Doebling S W，Farrar C R，Prime M B. A summary review of vibration－based damage i-
dentification methods［J］. Shock and vibration digest，1998，30（2）：91－105.

［46］ 李小娟，王黎，高晓蓉，等. 超声无损检测成像技术［J］. 现代电子技术，2010，
33（21）：120－122.

［47］ 周正干，肖鹏，刘航航. 航空复合材料先进超声无损检测技术［J］. 航空制造技术，
2013，4：38－43.

［48］ 刘德镇. 现代射线检测技术［M］. 北京：中国标准出版社，1999.

［49］ Bull D J，Helfen L，Sinclair I，et al. A comparison of multi－scale 3D X－raytomographic
inspection techniques for assessing carbon fibre composite impact damage［J］. Composites
Science & Technology，2013，75（2）：55－61.

［50］ 彭焕良. 热成像技术发展综述［J］. 激光与红外，1997，3：131－136.

［51］ 郭伟，董丽虹，王慧鹏，等. 基于红外热像技术的涡轮叶片损伤评价研究进展［J］. 航空
学报，2016，37（2）：429－436.

［52］ 郭天太. 红外热成像技术在无损检测中的应用［J］. 机床与液压，2004，2：110－111.

［53］ Pandy A. K，Biswas M. Damage Detection in Structures Using Changes in Flexibility［J］.
Sound Vib，1994，169（1）：3－17.

［54］ Zongfen Zhang. The Damage Indices for the Constructed Facilities. Proceedings of the 10th
International Modal［J］. Analysis Conferenee，1992：1520－1529.

［55］ 孟吉复，王忠健. 高层结构模型的模态参数识别［J］. 动态分析与测试技术，1991，3：
18－26.

［56］ 尚久铣，杨连第. 导管架式海洋平台模型的模态试验与计算［J］. 振动与冲击，1990，
33（1）：22－36.

［57］ 杨和振. 环境激励下海洋平台结构模态参数识别与损伤诊断研究［D］. 青岛：中国海洋
大学，2004.

［58］ 续秀忠，华宏星，等. 基于环境激励的模态参数辨识方法综述［J］. 振动与冲击，2002，
21（3）：1－6.

［59］ Pandey A K，Biswas M. Damage detection in structures using changes in flexiblity［J］.
Journal of Sound and Vibration，1994，169（1）：3－17.

［60］ Ruotolo R，Surace C. Damage assessment of multiple cracked beams：numerical results and
experimental validation［J］. Journal of Sound and Vibration，1997，206（4）：567－588.

［61］ Trendafilove I，W. Heylen，P. Sas. Two statistical pattern recognition methods for damage
localization［J］. Proceedings of 7th IMAC，1999，1380－1386.

［62］ Friswell M I，Penny J E T，Garvey S D. A combined genetic and eigensensitivity algorithm
for the location of damage in structures［J］. Computers& Structures，1998，69（5），
547－556.

［63］ 张开银，冯文琴. 梁结构裂纹位置估计的应变模态折线图法［J］. 武汉水运工程学院学
报，1991，3：263－267.

［64］ 郭国会，易伟建. 基于频率进行简支梁损伤评估的数值研究［J］. 重庆建筑大学学报，
2001，2：17－21.

［65］　朱秋菊. 闸墩混凝土结构温度应力分析及其应用［D］. 郑州：郑州大学，2005.

［66］　Ruper Springenschmid，Rolf Breitenbucher. Beurteilung der Rerbneigung anhand der Rbtem-peratur von jungenm Beton bei Zwang［J］. Beton – und Stahlbetonbau，June，1990，161－167.

［67］　Frank J Vecchio. Nonlinear analys is of reinforced concrete frames subjected to thermal and mechanical loads. ACI Structural Journal，1987（11）：492－501.

［68］　George Earl Troxelle，Harmer E. Dvais. Compostition and Properties of Conerete［M］. New York，1956.

［69］　Elgaaly M. Thermal gradients in beams，walls，and s labs. ACI Structural Journal，1988（1）：76.

［70］　Truman K. Z.，Petruska D. J.，Norman C. D.，Creep，Shrink age，and Thermal Effects on Mass Concrete Structure［J］. Journal of Engineer ing Mechanics，1991，117（6）：1274－1288.

［71］　Bobko Christopher P，Zadeh Vahid Zanjani. Improved schmidt method for predicting tem-perature development in mass concrete［J］. ACI Materials Journal，2015（7）：579－586.

［72］　Gajda，John，Feld，etal. Mass Concrete and Power Generation［J］. Power Engineering，2011，115（11）：68－72.

［73］　Tatro S B，Ernest K. Thermal Considerations for Roller Compacted Concrete［J］. Journal of the American Concrete Institute1985，4：54－57.

［74］　Majorana C，Zavarise G，Borsetto M，etal. Nonlinear Analysis of Thermal Stresses in Mass Concrete Castings［J］. Cement and Concrete Research，1990，20（4）：559－578.

［75］　Cervera. Thermo – Chemo – Mechanical Model for Concrete［J］. Journal of Engineering Me-chanics，1999，125（9）：1018－1027.

［76］　华攸和，李梁，井向阳，等. 大岗山高拱坝多方位动态温控措施应用与分析［J］. 水力发电，2015，41（7）：59－62，84.

［77］　李松辉. 大体积混凝土防裂智能监控系统及工程应用［A］. 中国大坝协会. 高坝建设与运行管理的技术进展——中国大坝协会2014学术年会论文集［C］. 中国大坝协会，2014：10.

［78］　李小平，赵恩国，郭晨. 大体积混凝土智能通水温控系统的研制［J］. 大坝与安全，2016（2）：49－52.

［79］　田政，姚宝永，李琦. 大体积混凝土智能温控系统在丰满水电站重建工程中的应用［J］. 水利建设与管理，2018，38（2）：57－60，77.

［80］　井向阳，常晓林，周伟，等. 高拱坝施工期温控防裂时空动态控制措施及工程应用［J］. 天津大学学报，2013，46（8）：705－712.

［81］　Yi L，Guoxin Z. Discussion on key points of temperature control and crack prevention of concrete dam［J］. Water Resources and Hydropower Engineering，2014.

［82］　Zhang Guoxin，Liu Yi，Zhou Qiujing. Study on real working performance and overload safe-ty factor of high arch dam［J］. Science in China，Series E：Technological Sciences，2008，51：48－59.

［83］　聂强. 不同掺合料对水泥水化热的影响化水利水电技术［J］. 1997（4）：10－13.

［84］　吴景晖. 掺矿渣粉、粉煤灰对水泥水化热的影响［J］. 中国粉煤灰应用，1996（12）：26－29.

［85］ 张云升，胡曙光，严彩霞，等. 矿物掺合料对高性能混凝土浆体水化热的影响［J］. 河北理工学院学报. 2001，23（2）：48-52.

［86］ 李虹燕，丁铸，邢锋，等. 粉煤灰、矿渣对水泥水化热的影响［J］. 混凝土，2008（10）：54-57.

［87］ 杨和礼. 原材料对基础大体积混凝土裂缝的影响与控制［D］. 武汉：武汉大学，2004.

［88］ 王修森. 考虑钢筋作用下筏基施工期温度应力分析及裂缝研究［D］. 西安：长安大学，2015.

［89］ 张子明，宋智通，黄海燕. 混凝土绝热温升和热传导方程的新理论［J］. 河海大学学报（自然科学版），2002，30（3）：1-6.

［90］ 樊锐. 跳仓浇筑的水电站厂房坝段温度应力仿真分析［D］. 西安：西安理工大学，2010.

［91］ 李昂. 大体积混凝土基础底板跳仓法施工研究［D］. 哈尔滨：哈尔滨工业大学，2016.

［92］ 水利水电工程岩石试验规程：SL/T 264—2020［S］. 2020.

［93］ 田娜娜，吴勇，杨森. 碾压混凝土原位抗剪试验初探［J］. 中国高新技术企业，2010（34）：25-28.

［94］ 张磊，黄正均，刘钰. 岩体结构面直剪试验方法研究［J］. 实验技术与管理，2015，32（6）：55-58.

［95］ 陈建胜，陈从新，鲁祖德，等. 原位直剪试验中岩体弹性模量求取方法探讨［J］. 岩土力学，2011，32（11）：3409-3413.

［96］ R. A. Galindo，A. Serrano，C. Olalla. Ultimate bearing capacity of rock masses based on modified Mohr-Coulomb strength criterion，International Journal of Rock Mechanics and Mining Sciences，93（2017）：215-225.

［97］ 徐志伟，周国庆，刘志强，等. 直剪试验的面积校正方法及误差分析［J］. 中国矿业大学学报，2007，36（5）：658-662.

［98］ 叶佰花. 直接剪切试验方法及应用分析［J］. 土工基础，2012，26（3）：109-111.

［99］ 李红梅，刘文方. 浅谈直剪试验中常见的问题与解决方法［J］. 世界家苑，2012（6）：17.

［100］ 贾宁，王洪播，金永军，等. 国内外土工直接剪切试验方法对比［J］. 勘察科学技术，2014（z1）：12-14，56.

［101］ 罗亚琼，张超，马婷婷. 基于大型直剪试验的土石混合体剪切强度特性及剪切变形模拟方法研究［J］. 中外公路，2020，40（5）：295-301.

［102］ 于娜. 碾压混凝土施工工艺［J］. 建材与装饰，2018（48）：282-283.

［103］ 蔡胜华，杨华全，王晓军，等. 碾压混凝土施工工艺试验研究［J］. 长江科学院院报，2010，27（2）：50-53，59.

［104］ 高福平，焦阳太，宋建庆. 汾河二库碾压混凝土施工工艺特点［J］. 水利水电技术，1999，30（6）：9-12.

［105］ 王磊，陈卫烈，张延林. 碾压混凝土原位抗剪试验的实施方法［J］. 建材世界，2012，33（3）：30-32，52.

［106］ 周浪，陈国胜，王晓军. 彭水水电站碾压混凝土原位抗剪试验研究［J］. 长江科学院院报，2009，26（8）：76-79，83.

［107］ 熊昌林，瞿祖旭，高明友. 观音岩水电站右岸大坝碾压混凝土工艺试验原位抗剪试验研究［J］. 建筑工程技术与设计，2015（16）：1242-1242，1794.

［108］ 瞿祖旭，王朝阳. 观音岩水电站右岸大坝碾压混凝土工艺原位抗剪试验研究［J］. 水利

水电技术，2015，46（7）：70-71，74.

[109] 彭一江，黎保琨，屈彦玲. 碾压混凝土直剪试件细观结构的数值模拟 [J]. 三峡大学学报（自然科学版），2003，25（6）：492-494，561.

[110] 辛红梅，张湘渝，姚前元. 平推法抗剪强度试验在工程中的应用 [J]. 资源环境与工程，2007（05）：601-602.

[111] 王德强，陈红鸟，马克俭，等. 往复荷载下混凝土断裂力学特性研究 [J]. 应用力学学报，2020，37（6）：2317-2324，2689.

[112] 徐世烺. 混凝土断裂力学 [M]. 北京：科学出版社，2011.

[113] 徐世烺，董丽欣，王冰伟，等. 我国混凝土断裂力学发展三十年 [J]. 水利学报，2014，45（S1）：1-9.

[114] 张大伟，宋志强. 基于混凝土断裂力学的水工结构裂缝研究综述 [J]. 陕西水利，2012，2：103-104.

[115] 刘磊，张运坤，荣辉. 损伤力学理论在混凝土结构中的应用技术进展 [J]. 材料导报，2011，25（9）：107-111，124.

[116] Dougil J. W. On stable progressively fracturing solid [J]. Journal of Applied Mathematics and Physics，1976，27（4）：23-437.

[117] 李朝红. 基于损伤断裂理论的混凝土破坏行为研究 [D]. 成都：西南交通大学，2012.

[118] 肖维民，余欢，李锐，等. 薄层充填岩石节理抗剪强度特性试验研究 [J]. 岩石力学与工程学报，2019，38（S2）：3420-3428.

[119] Jaeger J G，Cook N，Zimmerman R W. Fundamental of Rock Mechanics. 2007.

[120] Ladanyi B，Archambault G. Simulation of Shear Behavior of A Jointed Rock Mass [J]. proc. of symp. rock mechanics，1969.

[121] Barton N. The shear strength of rock and rock joints [J]. International Journal of Rock Mechanics and Mining Sciences & Geomechanics Abstracts，1976，13（9）：255-279.

[122] 李海波，刘博，冯海鹏，等. 模拟岩石节理试样剪切变形特征和破坏机制研究 [J]. 岩土力学，2008，7：1741-1746，1752.

[123] 董伟，张利花，吴智敏. 岩石-混凝土界面拉伸软化本构关系试验研究 [J]. 水利学报，2014，6：712-719.

[124] Dong W，Wu Z，Zhou X，et al. An experimental study on crack propagation at rock-concrete interface using digital image correlation technique [J]. Engineering Fracture Mechanics，2016，171：50-63.

[125] J. Hu，S. Li，H. Liu，et al.，New modified model for estimating the peak shear strength of rock mass containing nonconsecutive joint based on a simulated experiment，International Journal of Geomechanics. 20（7）（2020）04020091.

[126] 韩朝阳. 大渡河丹巴水电站坝肩边坡变形破坏模式及稳定性研究 [D]. 成都：成都理工大学，2016.

[127] 韩学辉，聂俊光，郭俊鑫，等. 泥质砂岩中接触胶结泥质定量估算及对砂岩弹性的影响 [J]. 地球物理学报，2020，63（4）：1654-1662.

[128] 顾桂梅，王峥，汪芳莉. 基于轴向振型差变化率的风轮叶片结构损伤识别方法研究 [J]. 玻璃钢/复合材料，2014，11：11-15.

[129] 赵建华，张陵，孙清. 比例损伤结构的两阶段损伤识别研究 [J]. 振动与冲击，2015，13：146-151.

［130］ Park Y. J.，Reinhorn A. M.，Kunnath S. K.，IDARC：Inelastic Damage Analysis of Reinforced Concrete Frame – Shear – Wall Structures. Technical ReportNCEER – 87 – 0008，State University of New York at Buffalo，1987.

［131］ R. K. Nielsen s，S. Cakmak A. Evaluation of Maxium Softening as a Damage Indicator for Reinforced Concrete Under Seismic Excitation Computational Stochastic Mechanics ［M］. Springer Netherlands，1991：169 – 184.

［132］ Cakmak，On the relation between local and global damage indices ［R］，Technical Report NCEER – 89 – 0034，State University of New York at Buffalo，1989.

［133］ Dipasquale E.，Ju J.，Askar A. and Cakmak A. Relation between Global Damage Indices and Local Stiffness Degradation. J. Struct. Engng.，1990，116（5）：1440 – 1456.

［134］ E. Dipasquale，A. S. Cakmak. Seismic damage assessment using linear models. Soil Dynamics and Earthquake Engineering Volume 9，Issue 4，July 1990，Pages194 – 215.

［135］ Dipasquale E.，Cakmark AS. Detection and assessment of seismic structural damage ［R］，Technical Report NCEER – 87 – 0015，National Center for Earthquake Engineering Research，State University of New York at Buffalo，1987.

［136］ 崔广涛，练继建，彭新民，等. 水流动力荷载与流固相互作用 ［M］. 北京：中国水利水电出版社，1999.

［137］ 练继建，崔广涛，黄锦林. 导墙结构的流激振动研究 ［J］. 水利学报，1998，（11）：33 – 37.

［138］ 王志勇. 水工混凝土晚期裂缝处理工艺研究 ［D］. 青岛：中国海洋大学，2005.

［139］ 赵瑜，张建伟，院淑芳. 基于突变理论的地下厂房围岩稳定性安全评价 ［J］. 岩石力学与工程学报，2014，33（S2）：3973 – 3978.

［140］ Yang X L，Xiao H B. Safety thickness analysis of tunnel floor in karst region based on catastrophe theory ［J］. Journal of Central South University，2016，23（09）：2364 – 2372.

［141］ 穆成林，裴向军，路军富，等. 基于尖点突变模型巷道层状围岩失稳机制及判据研究 ［J］. 煤炭学报，2017，42（06）：1429 – 1435.

［142］ Chen Yonghui，et al. Critical Buckling Load Calculation of Piles Based on Cusp Catastrophe Theory ［undefined］. Marine Georesources & Geotechnology，2014，33（3）：222 – 228.

［143］ Kang Z Y. The cusp catasteophic model of instability of the quasi static rock movement ［J］. Acta Seismologica Sinica，1984（3）：352 – 360.

［144］ BANDT C，POMPE B. Permutation entropy：a natural com – plexity measure for time series ［J］. Pysical Review Letters，2002，88（17）1 – 4.

［145］ Li H M，Huang J Y，Yang X W，et al. Fault diagnosis for rotating machinery using multiscale permutation entropy and convolutional neural networks ［J］. Entropy，2020，22（8）：1 – 23.

［146］ 李火坤，张宇驰，邓冰梅，等. 拱坝多传感器振动信号的数据级融合方法 ［J］. 振动. 测试与诊断，2015，35（6）：1075 – 1082，1200.

［147］ 王海军，李康，练继建. 基于数据融合和 LMD 的厂房结构动参数识别研究 ［J］. 振动与冲击，2018，37（2）：175 – 181.

［148］ 吴永恒. 基于自适应非趋势波动分析的齿轮故障诊断 ［D］. 武汉：武汉科技大学，2014.